Rainer Bischoff
Karsten Hartmann
Karl-Udo Jahn
Johann-Adolf Müller
Helge Klaus Rieder
Burkhard Stork (Hrsg.)

Von der Informationsflut zum Information Brokering

Rainer Bischoff
Karsten Hartmann
Karl-Udo Jahn
Johann-Adolf Müller
Helge Klaus Rieder
Burkhard Stork (Hrsg.)

Von der Informations-flut zum Information Brokering

Proceedings zum
Leipziger Symposium '98

26. - 27. Oktober 1998,
HTKW Leipzig
herausgegeben im Auftrage des
Fachbereichstags Informatik

Die Deutsche Bibliothek – CIP-Einheitsaufnahme

Von der Informationsflut zum Information brokering:
proceedings zum Leipziger Symposium '98, 26. – 27. Oktober 1998/
HTWK Leipzig. Hrsg. im Auftr. des Fachbereichstags Informatik.
Rainer Bischoff ... (Hrsg.). – Braunschweig; Wiesbaden: Vieweg,
1998
ISBN 978-3-528-05687-2   ISBN 978-3-322-87249-4 (eBook)
DOI 10.1007/978-3-322-87249-4

Umschlaggestaltung: Ulrike Weigel, Wiesbaden

Geleitwort

Informatik an Fachhochschulen heißt wesentlich Informatik (im eigentlichen Sinne), Medieninformatik, Technische Informatik, Wirtschaftsinformatik. Im Jahre 1985 wurde der Fachbereichstag Informatik (FBT-I) gegründet. Er vereinigt die genannten vollzügigen Studiengänge an deutschen Fachhochschulen. Im Jahre 1989 folgte die Gründung des Arbeitskreises Wirtschaftsinformatik im Fachbereichstag Informatik (AK-WI im FBT-I) durch den Unterzeichner Bischoff. Der Arbeitskreis vertritt auch die teilzügige Wirtschaftsinformatik mit einem Mindestmaß von ca. 30 SWS an Informatik/Wirtschaftsinformatik im Studium. Mitglieder sind hier auch die diesbezüglichen wirtschaftswissenschaftlichen Studiengänge.

Der FBT-I sieht es als seine vornehmliche Aufgabe an, fachlicher und hochschulpolitischer Ansprechpartner für die Entwicklung praxisorientierter Studiengänge und die Etablierung der Informatik als anwendungsbezogene Wissenschaft zu sein. Das diesem Bande zugrunde liegende Symposium "Information Brokering" soll in diesem Sinne den wissenschaftlichen Gedanken- und Erfahrungsaustausch zwischen Hochschule und Wirtschaft (Praxis) weiter fördern und intensivieren.

Denn: Die Fachhochschulen sind Hochschulen besonderer Ausprägung. Im Mittelpunkt der angewandten Forschung und Lehre steht die Ausbildung zum berufsfähigen, generalistisch ausgerichteten Akademiker auf der Basis einer für dieses Paradigma notwendigen wissenschaftlichen Fundierung.

Furtwangen, den 26. 10. 1998
Prof. Dr. R. Bischoff
Vorsitzender des FBT-I

Trier, den 26. 10. 1998
Prof. Dr. H.-K. Rieder
Sprecher des AK-WI (im FBT-I)

Vorwort

Der Einsatz neuer Technologien und die Öffnung der Märkte führten in den letzten Jahrzehnten weltweit zu einer Informationslawine. Einzelne Unternehmen werden dadurch zunehmend von einer Datenflut überrollt. Die Entscheider können die für ihren situativen Kontext wichtigen Daten kaum noch erkennen. Um hier Hilfestellungen zu geben, müssen sowohl Arbeitsprozesse verändert wie die technischen Hilfsmittel für die Informationssuche angepaßt werden.

Die sinnvolle Anwendung von Technologien zur Informationsauswertung sowie die gezielte Suche, Auswahl und Aufbereitung von Informationen für den Nutzer werden hier als Information Brokering zusammengefaßt. Die dazu erforderliche Verfügbarkeit neuer Technologien scheint in sich verändernden Unternehmensstrukturen zwar ungeahnte Möglichkeiten zu bieten, stellt aber auch immer größere Anforderungen an die Gesamtarchitektur und die reibungslose Verschmelzung einzelner Komponenten.

Neben der Bereitstellung von neuen Basistechnologien sehen die Herausgeber die größte Herausforderung an die Informatik der kommenden Jahre in der Integration von entsprechenden Verfahren und Methoden in betriebliche Abläufe.

Mit dem diesem Band zugrunde liegenden Symposium ist ein Forum geboten, auf dem sich Praktiker aus der Wirtschaft mit Hochschulvertretern (Professoren und Studenten) über den aktuellen bzw. wünschenswerten Stand der Technologie unter dem Aspekt des Information Brokering, insbesondere hinsichtlich der praktischen Bedürfnisse und Erfahrungen, die sich bei der Umsetzung in konkrete Anwendungen ergeben, austauschen können.

Die Struktur des Tagungsbandes folgt weitgehend der des Symposiums. Da einige wenige Beiträge thematisch verschiedenen Schwerpunkten zugeordnet werden können, erschien den Herausgebern in diesen Fällen eine vom Tagungsprogramm abweichende Struktur sinnvoll.

Leipzig, den 26. 10. 1998

Prof. Dr. R. Bischoff	Fachhochschule Furtwangen
	Hochschule für Technik und Wirtschaft
Prof. Dr. K. Hartmann	Fachhochschule Merseburg
Prof. Dr. K.-U. Jahn	Hochschule für Technik, Wirtschaft und Kultur Leipzig
Prof. Dr. H.-J. Müller	Hochschule für Technik und Wirtschaft Dresden
Prof. Dr. H.-K. Rieder	Fachhochschule Trier
Prof. Dipl. Wirtsch.-Inf. B. Stork	Fachhochschule Augsburg

- Die Herausgeber -

Inhaltsverzeichnis

V Dokumentenmanagement — 151

VI Informationssysteme — 177

VII Internet/Intranet — 217

VIII Multimediale Systeme — 263

Verzeichnis der Autoren und Herausgeber — 281

Tagungsprogramm — 290

I Einführungsbeitrag

Entwicklungslinien in der Informatik
G. Adler

3

Sym|po|si|on, **Sym|po|si|um,**
das; -s, ...ien [...i̯ən] ⟨griech.⟩ ⟨wis-
senschaftl. Tagung; Trinkgelage
im alten Griechenland⟩.

> GUT ZU WISSEN <   DAS SYSTEMHAUS.

Entwicklungslinien in der Informatik
Gerhard Adler

Zusammenfassung

„Informatik (IT und Telekommunikation) wird zuerst die Art und Weise ändern, wie wir arbeiten, danach wird sie bestimmen, was wir tun. Und schließlich wird Informatik die Gesellschaft, die Welt in der wir leben, verändern." (John Diebold, 1953).

Fundamentale Veränderung und eine neue Welt

Die Kennzeichen der neuen Welt – Globalisierung, Informatisierung, Virtualisierung und Auflösung langfristiger Bindungen – stehen in enger Interdependenz (siehe Abbildung 1). Ohne den blitzschnellen Austausch von Informationen wären globale Märkte nicht machbar, Unternehmen und Teams würden am besten am selben Standort, in der physischen und rechtlichen Einheit funktionieren. Ohne den weltweiten Wettbewerb gäbe es keinen Druck in Richtung Deregulierung und Privatisierung.

Wir können uns diesen Veränderungen nicht entziehen, weder als Staat noch als Einzelperson. Der Beruf hält nicht mehr lebenslang, wir müssen uns auf Zeitarbeit und Selbständigkeit einrichten. Teams und Unternehmen werden sich ad-hoc formieren, um Geschäftschancen wahrzunehmen.

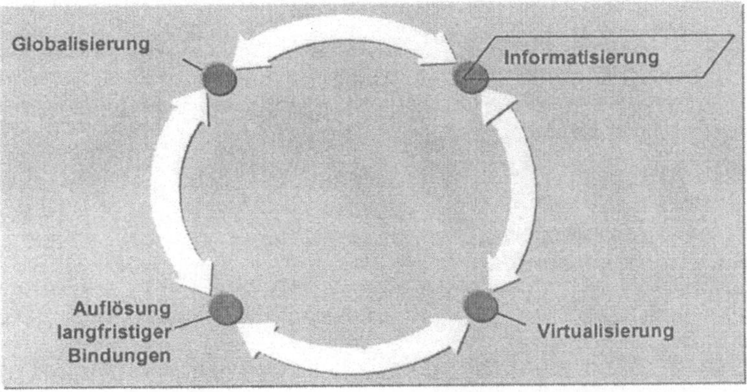

Abbildung 1: Fundamentale Veränderung und eine neue Welt

3

Das Verständnis von der Rolle der Informatik im Geschäftsleben hat sich mehrfach gewandelt (siehe Abbildung 2). Heute hat sich die Erkenntnis durchgesetzt, daß mit Informatik ein Vorsprung im Wettbewerb, und sei es auch nur für eine kurze, aber entscheidende Zeitstrecke, erarbeitet werden kann (siehe Abbildung 3).

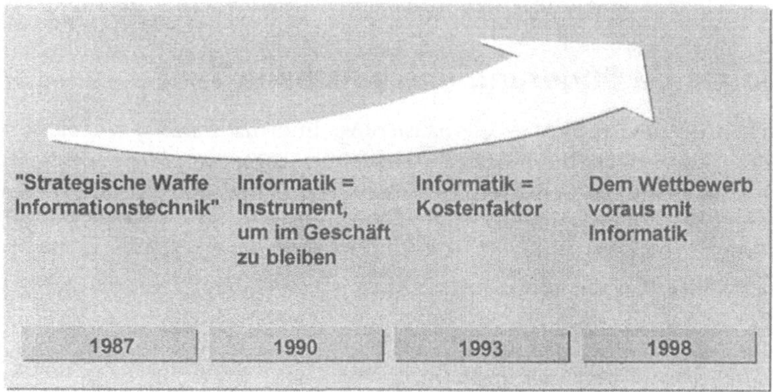

Abbildung 2: Wandel im Verständnis der Rolle der Informatik

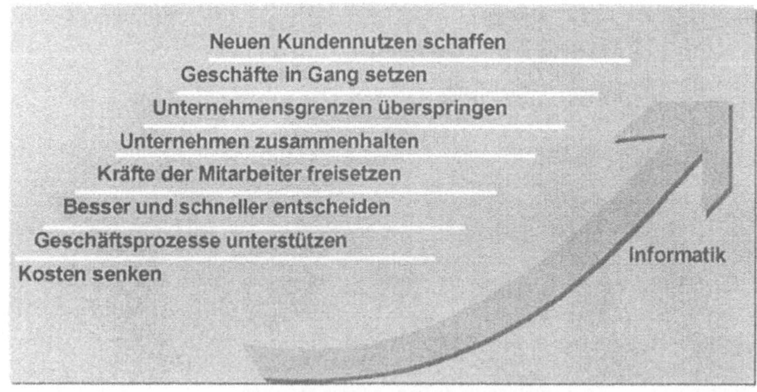

Abbildung 3: Business and IT!

Die technische Basis

Der Fortschritt wird durch immer weitergehende Digitalisierung und Miniaturisierung vorangetrieben. Wir verfügen schon heute über Computerleistung im Überfluß, fast zum Nulltarif. Gleiches ist für die Telekommunikation zu erwarten: Übertragungsbandbreiten im Überfluß, für den einzelnen Kommunikationsvorgang oder die Transaktion zu vernachlässigbaren Kosten (siehe Abbildungen 4 bis 6).

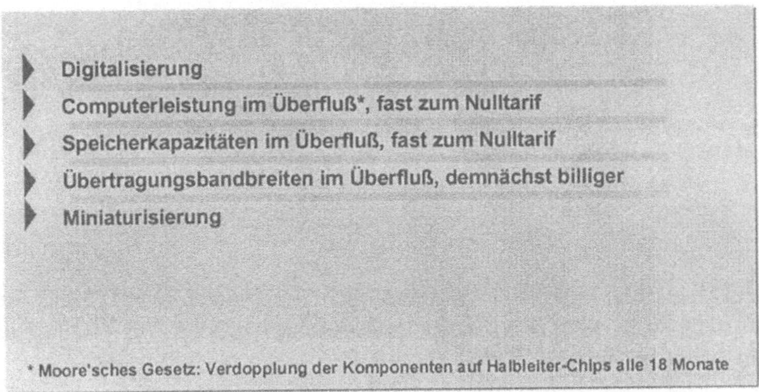

Abbildung 4: Die technische Basis: leistungsfähiger, billiger, kleiner

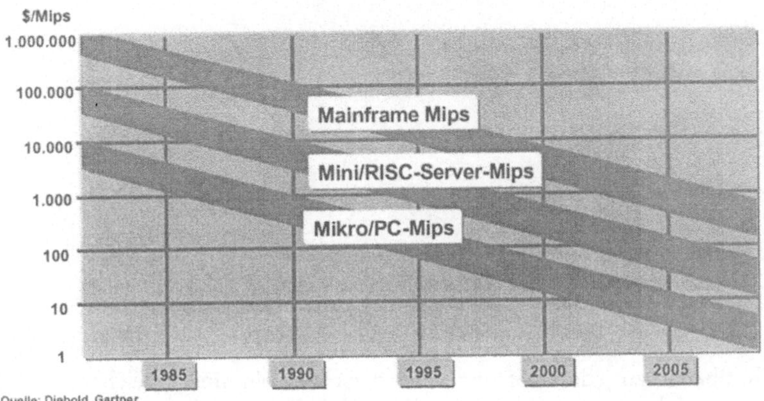

Abbildung 5: Immer besseres Preis-Leistungsverhältnis bei Prozessoren

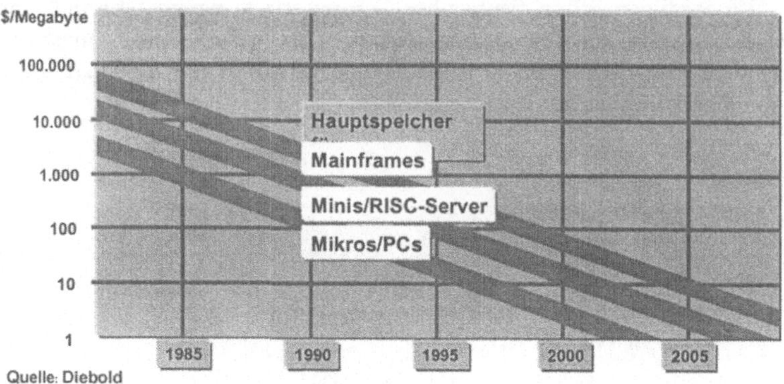

Abbildung 6: Immer besseres Preis-Leistungsverhältnis bei Speichern

Auf die verständlichen und legitimen Anforderungen der Nutzer von IT und Telekommunikation (siehe Abbildung 7) haben die Informatiker zunächst mit Visionen und Konzepten geantwortet (siehe Abbildung 8).

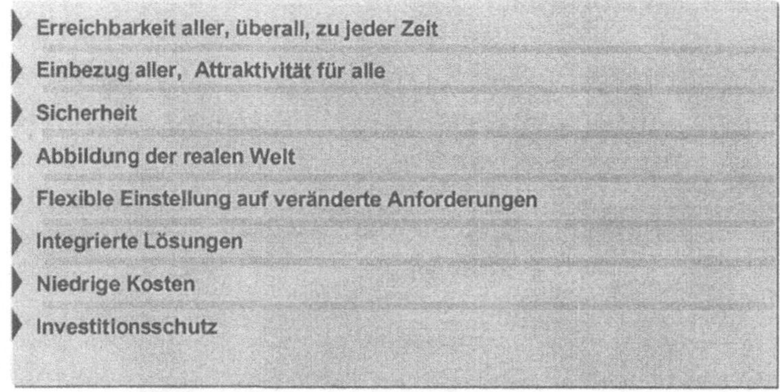

Abbildung 7: Die verständlichen Forderungen der Nutzer . . .

Dem Wunsch, überall, zu jeder Zeit und unter derselben Nummer erreichbar zu sein und andere zu erreichen, steht die Vision einer globalen, mobilen und integrierten Telekommunikation gegenüber. Multimediale Darstellungen sollen Sachverhalte attraktiv und auch dem Ungeübten verständlich machen.

Abbildung 8: . . . hat die Informatik zunächst mit Visionen und Konzepten beantwortet

Der „realen Welt" mit ihren Unschärfen wurden Fuzzy Logic und „Künstliche Intelligenz" entgegengehalten.

Lose gekoppelte Systeme, Wiederverwendung von Logik und Daten sowie skalierbare Hardware und Software kommen dem Wunsch nach flexibler Einstellung auf veränderte Anforderungen, nach integrierten Lösungen (mit wegfallendem manuellen Aufwand) und niedrigen Kosten entgegen.

Auf die Forderung, in Informatik getätigte Investitionen zu schützen, wird mit der Idee „offener Systeme" und dem Versprechen von Weltstandards geantwortet.

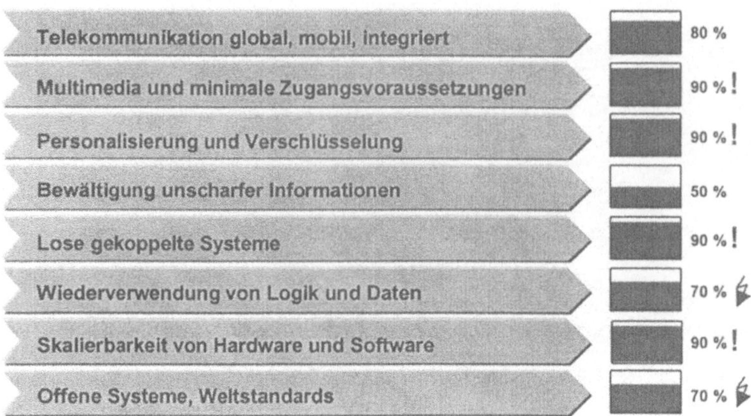

Abbildung 9: In zehn Jahren werden viele dieser Visionen Realität sein

Nicht alle, aber viele dieser Visionen werden in zehn Jahren Realität sein (siehe Abbildung 9). Die dazu notwendigen Technologien sind schon heute, zumindest als Prototypen, existent.

Der Kampf um Vorherrschaft im Wettbewerb, die Generierung neuen Geschäfts durch gezieltes Veraltenlassen werden jedoch bei der Wiederverwendung der Software und im Hinblick auf offene Systeme und Standardisierungen unsere Wünsche nur zum Teil in Erfüllung gehen lassen.
Und: die reale Welt abzubilden, ist ein „Moving Target". Selbst technische Durchbrüche werden uns immer mit der Erkenntnis zurücklassen, daß erst die Hälfte des Weges zurückgelegt ist.

Die neue Welt

Eine Prognose kann mit Sicherheit gewagt werden; die neue Welt wird eine vernetzte Welt sein, die jedem und überall Zugang gewährt. In diesen Netzen werden Großcomputer und PCs bis hin zum mobilen, intelligenten Kommunikator eingeklinkt sein, werden sich weltweit Unternehmen, Personen, Gebäude, Automobile wiederfinden. Sogar Tiere auf der Weide werden den Netzen ihre Standorte und ihre Befindlichkeit anvertrauen (siehe Abbildung 10).

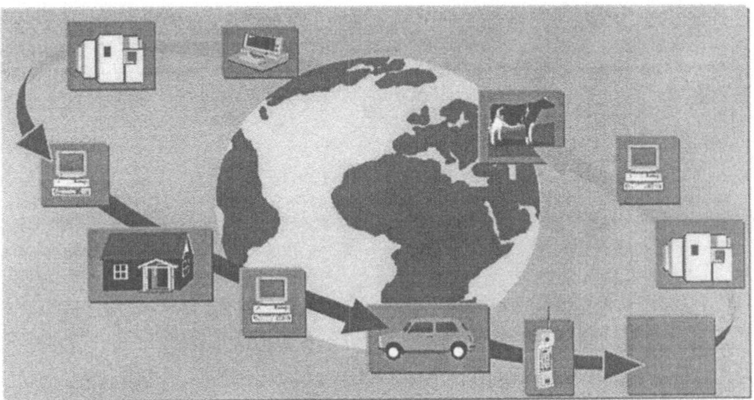

Abbildung 10:   Prognose:Vernetzte Welt - Zugang für jeden und überall

Informatik wird der Schlüssel zum - globalen - Markt werden. Zwischen Angebot und Nachfrage vermitteln Informationstechnik und Telekommunikation. Ein Architekt kann seinen prospektiven Bauherren virtuell durch das geplante Gebäude führen. Über das Internet finden selbst Kleinunternehmen Kunden auf der anderen Seite des Globus. Der defekte Elektroherd ruft selbst den Service an, der durch Übertragung des neuesten Software-Releases den Steuerungsfehler via Telekommunikation behebt. Lieferanten und Handel erhalten Feedback vom Markt, können so die Verbrauchsgewohnheiten ihrer Kunden erfahren (siehe Abbildung 11).

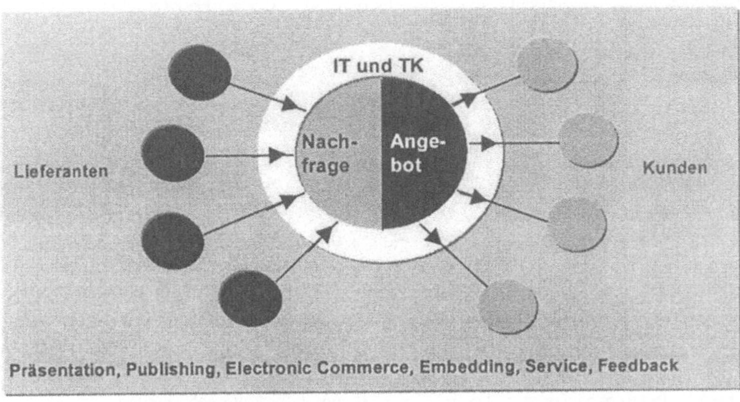

Abbildung 11:   Informatik = Schlüssel zum globalen Markt

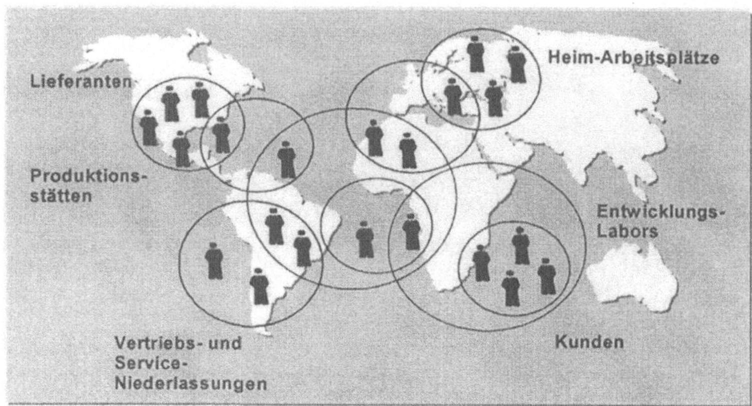

Abbildung 12: Globale Vernetzung der Unternehmen, der Teams, der Mitarbeiter

Ist das Geschäft abgeschlossen, arbeiten in globaler Vernetzung Unternehmen, Teams und Mitarbeiter an der Leistungserbringung, vielfach nicht mehr im geschlossenen Unternehmensverbund, sondern virtuell, ad hoc, in Erfüllung eines spezifischen Auftrages (siehe Abbildung 12).

Dabei werden Teile der Wertschöpfungskette über den gesamten Globus in Kunden-/ Lieferantenbeziehungen verbunden (siehe Abbildung 13).

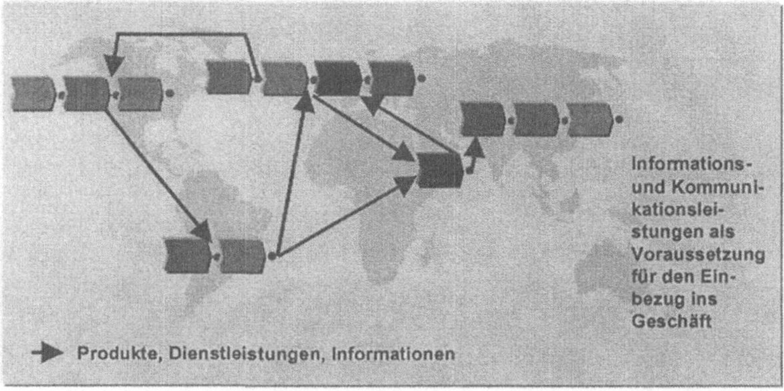

Abbildung 13: Information Terms of Trade in weltweit vernetzten Unternehmen und Kooperationen

Gegenstand des Liefervertrages werden nicht nur Produkte oder Dienstleistungen sein, sondern auch Informationen. Die Terms of Trade ordnen besseren (zeitnäheren, detaillierteren) Informationen bessere Preise zu. Geschäftspartner, die sich nicht in die Informationsbeziehung einbringen wollen oder können, werden ausgeschlossen: Informations- und Kommunikationsleistungen werden zu Voraussetzungen für den Einbezug ins Geschäft.

Benötigt: Entscheidungsrelevante Informationen und das Wissen der Welt

Um in der zukünftigen Welt zu überleben und zu gewinnen, benötigen Unternehmen Transparenz über das Unternehmensgeschäft, Informationen über Kunden, Lieferanten, Wettbewerb, Markt und Umfeld und aktuellstes Wissen über Produkte, Verfahren, Technologien.
Während in der Vergangenheit der Fokus der Informationssammlung und –verarbeitung fast ausschließlich bei Unternehmensinterna lag, werden in Zukunft Informationen oder Vorgänge und Situationen außerhalb der eigenen Organisation immer bedeutungsvoller: Informationen über Kunden und Nichtkunden, Informationen über Skills und Fähigkeiten möglicher Lieferanten, Informationen über nicht erschlossene Märkte, über Technologien, Patente (siehe Abbildung 14).

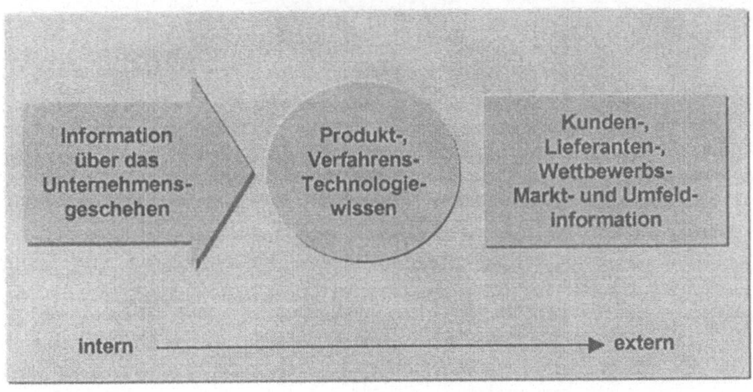

Abbildung 14: Benötigt: Transparenz über das Unternehmensgeschehen, Marktkenntnis und das Wissen der Welt

Das Hauptproblem ist, die (objektiv) relevante Information zu identifizieren und zu erschließen (siehe Abbildung 15). Ausgangspunkt hierfür sind die Geschäftsprozesse, die durch die am Markt abgegebenen Leistungen bzw. Ergebnisse definiert werden (siehe Abbildung 16). Leistungen gemessen nach Qualität, Kosten/Preis, Leistungszeiten und gespiegelt an den Vorgaben aus Strategien und Marktanforderungen liefern über die Bestimmung von Erfolgsfaktoren die gesuchten Indikatoren.

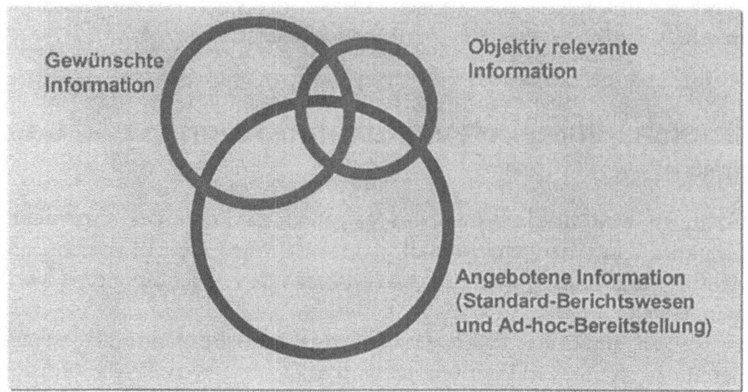

Abbildung 15: Hauptproblem: Identifikation der relevanten Information

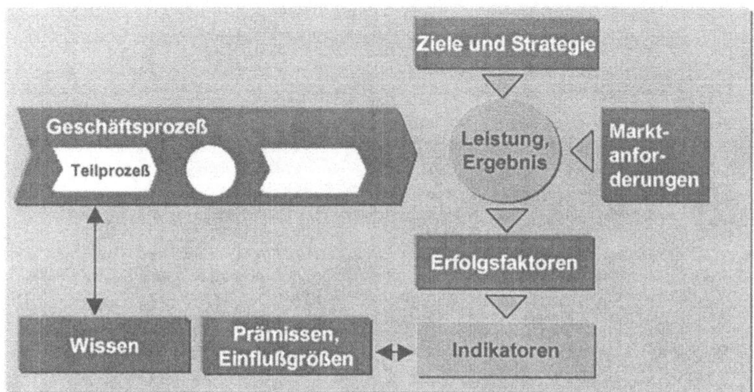

Abbildung 16: Von Geschäftsprozessen und Erfolgsfaktoren zu Indikatoren

Den Geschäftsprozessen bzw. ihren Teilprozessen kann die zur Erfüllung optimaler Ergebnisse notwendige Wissensbasis, manifestiert entweder in Datenbanken oder in den Köpfen der Mitarbeiter, zugeordnet werden.

Die Informations-Technik wiederum ist heute schon geeignet, die Anforderungen zu erfüllen - Abstriche im Detail selbstverständlich vorbehalten - (siehe Abbildungen 17 und 18). Graphische, verständliche Präsentationen, Analysewerkzeuge, Datenbanksysteme und Telekommunikation lassen uns Entscheidungs- und Handlungsbedarf erkennen. Selbst nicht offenkundige, nur über statistische Regression erkennbare Zusammenhänge sind herstellbar. Informationen können aus aller Welt beschafft werden und sind Führungskräften überall, auch auf Reisen und auf der Baustelle in der Wüste, zugänglich.

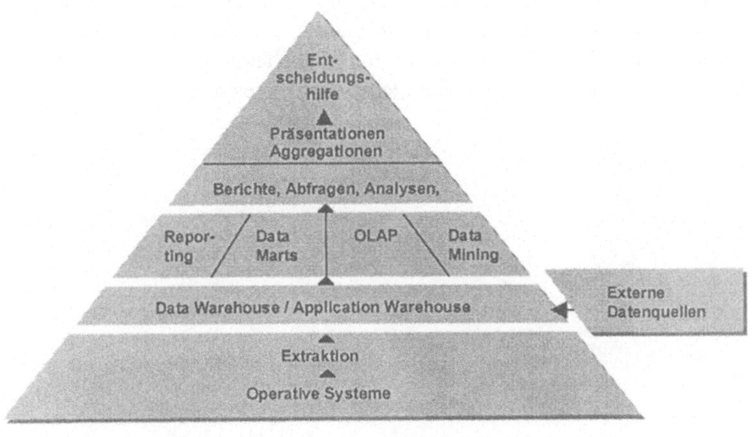

Abbildung 17: Technischer Fortschritt

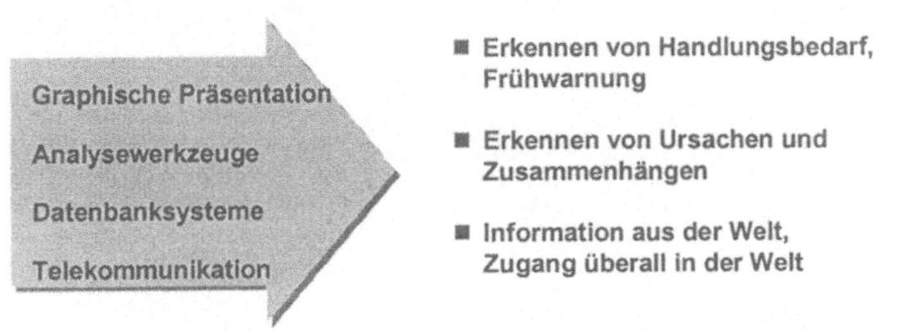

Abbildung 18: Die Technik kann unsere Forderungen erfüllen

Werden wir also die Zahl falscher Entscheidungen vermindern, werden wir zumindest die Angst vor Fehlentscheidungen reduzieren?
Die Antwort ist wohl „ja", wenn - und hier soll Thomas Lünendonk zitiert sein -, „wenn den technischen Möglichkeiten entsprechende menschliche Kompetenzen zur Seite gestellt werden. Dazu gehört das Denken in Zielen und Systemen, dazu gehört die Kompetenz, mit widersprüchlichen Informationen selbständig zu einem eigenen Ergebnis zu kommen, dazu gehört die Fähigkeit, immer wieder die richtigen Fragen zu

stellen und zuzuhören und dazu gehört ein hohes Maß an Selbsterkenntnis, um zu wissen, welches individuelle Werte- und Zielsystem hinter den eigenen Entscheidungen steht."
Ein wesentlicher Fortschritt wird darin bestehen, daß wir früher als in der Vergangenheit erfahren, ob unsere Entscheidungen richtig waren, ob sich nicht Entscheidungsgrundlagen geändert haben, so daß wir rasch korrigierend eingreifen können.

Werden es Manager in Zukunft leichter haben?

Hier lautet die Antwort wahrscheinlich „nein". Denn ausreichende und gar vollständige Informationen machen eigentlich eine Entscheidung, die diesen Namen verdient, überflüssig. Damit verschiebt sich die Grenze für Entscheidungen: der Top-Manager wird wiederum dort gefordert sein, „wo man nichts Konkretes weiß".

II Data Warehouse

SIEMENS

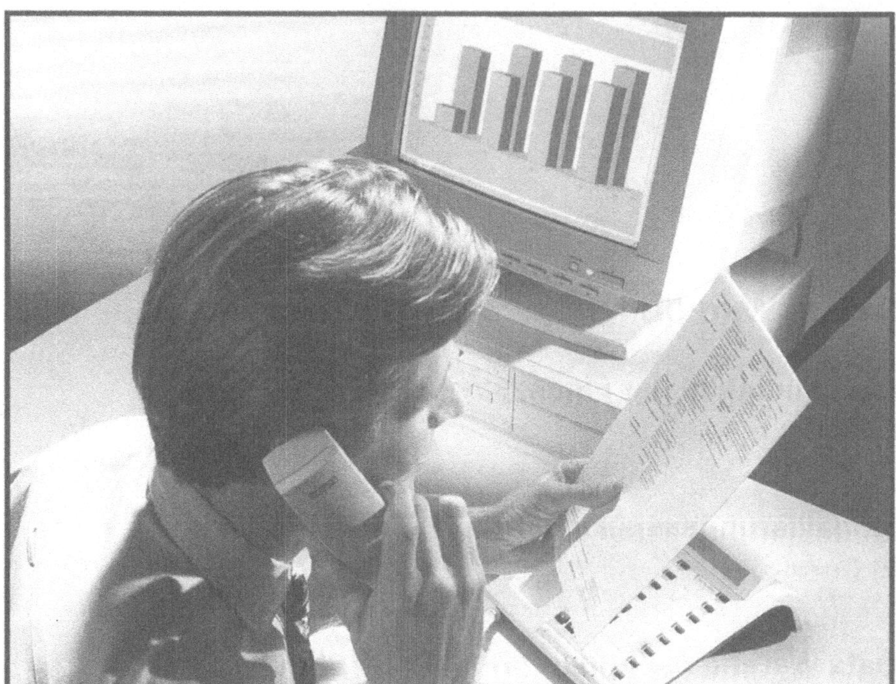

Kompetenz
für den Kunden.

Weit über die rein technischen Aspekte mit ihren „klassischen" Dienstleistungen hinaus, offerieren unsere Systemhaus-Experten spezielle Lösungspakete für die unterschiedlichsten Bedürfnisse. Denn richtig eingesetzte Kommunikationslösungen stärken die Leistungsfähigkeit eines Unternehmens. Hierfür bietet Siemens zukunftssichere Kommunikationslösungen.

Fragen Sie uns: ☎ (03 41) 2 10-50 11

Siemens AG
Zweigniederlassung Leipzig
Vertrieb Kommunikationssysteme
und -netze Deutschland
Untere Eichstädtstraße 9 – 11
D-04299 Leipzig
Intenet: www.siemens.de/systemhaus

Data Mining in der Finanzanalyse
Frank Lemke
Johann-Adolf Müller

Zusammenfassung

In der Finanzanalyse ist der Einsatz einer leistungsfähigen, möglichst automatischen Modellgenerierung (Vorhersagegenerierung) wegen des massenhaften Anfalls an Daten sowie einer massenhaften Neuberechnung der Modelle und Vorhersagen infolge von Zeitvarianz und Komplexität der Untersuchungsobjekte zwingend notwendig. Mit „KnowledgeMiner" liegt ein Softwarepaket vor, das derartige Data Mining Funktionen weitgehend automatisch realisiert. Das auf dieser Grundlage entwickelte Trading System realisiert eine vorhersagegestützte Steuerung. Mit den im Vorhersagemodul automatisch erstellten Modellen wird Information über zukünftige Verhaltensvarianten generiert, mit der ein rechtzeitiger Steuerungseinfluß (Steuermodul) realisiert wird.

Data Mining

Die moderne Informationstechnologie liefert uns eine Datenflut, deren vollständige Überwachung nahezu ausgeschlossen ist. Allein die Bereitstellung von Daten führt noch nicht zu einer Verbesserung in der Qualität der Entscheidungsfindung. Erforderlich werden entsprechende Tools, um automatisch aus den Daten für die Entscheidungsfindung relevantes Wissen zu extrahieren. Wissensextraktion aus den Daten (knowledge discovery from data - KDD) stellt einen umfangreichen Prozeß dar von der Aufgabenformulierung, Datenselektion, -vorverarbeitung und -reduktion über die Auswahl und Anwendung geeigneter Data Mining Algorithmen bis hin zur Analyse des extrahierten Wissens und seiner Interpretation und Bewertung aus der Sicht der Entscheidungsaufgabe /Fayyad 1996/.

Data Mining selbst beinhaltet Algorithmen, die möglichst automatisch mittels verschiedener Verfahren zum Visualisieren und Extrahieren von Wissen aus einer sehr großen Datenbasis bisher unbekannte Zusammenhänge, Muster, Trends u. a. ermitteln. Deren weitere Entwicklung und Anwendung im Rahmen des KDD hängt jedoch sehr stark davon ab, inwieweit es gelingt, im Data Mining Prozeß die Interaktion mit dem Anwender zu reduzieren. Dieser ist in der Regel ein nicht programmierender und nicht modellierender Nutzer, der sich nur für die eigentliche Aufgabenlösung interessiert und kaum Spezialkenntnisse für eine dialogorientierte Modellerstellung mitbringt. Da der Nutzer darüberhinaus in der Regel aber auch nicht die notwendige Zeit für den Rechnerdialog aufbringen kann, vielfach massenhaft Modellvarianten erstellt werden müssen und generell wenig Zeit für komplexe Entscheidungen bleibt, wird eine weitgehend automatische Modellgenerierung im Rahmen des Data Mining notwendig.

Weit verbreitet sind zur Zeit Bemühungen, im Data Mining die Technologie Neuronaler Netze anzuwenden /Bigus 1996/, wird doch in der KI-Literatur versprochen, daß mit den traditionellen Neuronalen Netzen, wie z. B. Backpropagation-Netze, einige der Probleme der Anwendung der mathematischen Statistik gelöst werden können. Berücksichtigt man allerdings u. a. /Sarle 1994/:

- daß eine große Klasse Neuronaler Netze nichts weiter darstellt, als nichtlineare (im Spezialfall auch lineare) multivariate Regressionsmodelle;
- daß die dabei verwendeten weitgehend heuristischen, empirisch begründeten Lernregeln zur globalen Suche in einer hochdimensionalen multimodalen Fehlerfläche mit den theoretisch begründeten Verfahren zur nichtlinearen Optimierung bezüglich Konvergenz, Effizienz u. a. nicht konkurrieren können;
- daß in diesen Neuronalen Netzen die unbekannte Systemstruktur verteilt abgebildet ist,

so wird erkennbar, daß insbesondere bei vorliegender Stichprobe auf diesem Wege kaum bessere Ergebnisse zu erreichen sind als Experten der mathematischen Statistik mit ihren leistungsfähigen Methoden erreichen. Interessant ist in dieser Hinsicht die „Neural Network Application" von SAS, in der mit den Methoden der mathematischen Statistik bzw. Nichtlinearen Optimierung die Parameter der den jeweiligen Neuronalen Netzen zugrundliegenden mathematischen Struktur geschätzt werden.

Zweifellos sind Neuronale Netze eine Möglichkeit im Rahmen von Data Mining Algorithmen, insbesondere dann, wenn ihre adaptiven Eigenschaften zum Lernen bei ständig neu eintreffender Information gefragt werden. Als universeller Approximator sind sie darüberhinaus insbesondere zur Klassifikation geeignet. Im Zusammenhang mit einer automatischen Modellgenerierung benötigt der Anwender Neuronaler Netze geringere Vorkenntnisse auf dem Gebiet der mathematischen Statistik, anstelle dessen, werden jedoch umfangreiche Erfahrungen mit Neuronalen Netzen und fundierte Kenntnisse der in dieser Theorie empirisch begründeten Prinzipien und Faustregeln erforderlich, um die Netzwerkarchitektur, Aktivierungsfunktion, Lern- und Netzparameter u.a. geeignet zu wählen. Dementsprechend kommen die Anwender immer mehr zu der Überzeugung, daß das Zusammenwirken von Kenntnissen auf dem Gebiet der Neuronalen Netze selbst mit den Know-How-Trägern auf dem jeweiligen Fachgebiet die wichtigste Komponente der Netzwerkentwicklung darstellt.

Es gibt zur Zeit verschiedene Ansätze, um die Netzstruktur, die Netz- und Lernparameter u. a. für eine gegebene Aufgabe zu bestimmen sowie ein Overfitting zu vermeiden. Bekannt sind insbesondere erfolgversprechende, jedoch sehr rechenintensive Ansätze zur Topologie-Optimierung mittels genetischer Algorithmen /Kingdon 1997/. Im Rahmen des Systems ANTAS (Automated Neural Net Time Series Analysis System) werden dabei in der Regel overfitted Netzstrukturen generiert und anschließend mittels „Network Regression Pruning" „Minimally Description Networks" ermittelt.

Eine andere Möglichkeit bietet die unmittelbare Einbeziehung der den evolutionären Algorithmen zugrundeliegenden Prinzipien der Selbstorganisation in die adaptive Generierung einer Netzwerkstruktur. Aus parametrischen bzw. nichtparametrischen (Analogie-Methode, Fuzzy-Modelle) Elementarmodellen (Transferfunktionen der Neuronen) wächst adaptiv eine Netzwerkstruktur mit optimaler Kompliziertheit, wobei anstelle zufälliger Mutationen alternative Modellvarianten mit steigender Kompliziertheit generiert werden (Neuronale Netze vom GMDH {group method of data handling} - Typ).

Wird in diesen Prozeß auch die Datenreduktion (automatische Nucleusbildung mit Hilfe objektiver Clusterung), -vorverarbeitung (Normierung, Cross-Validation), Auswahl der Data Mining Algorithmen (Synthese alternativer Modellvarianten) und die Bewertung der Modellergebnisse aus der Sicht der Entscheidungsaufgabe einbezogen, so kann man von „self-organizing data mining" /Müller 1998/ sprechen. Die im Weiteren vorgestellte Software „KnowledgeMiner" realisiert derartige Algorithmen. Probleme Neuronaler Netze, wie z. B. verteilte Modellierung, subjektive Wahl der Netzwerktopologie, Integration der vorhandenen A-priori-Information können mit „KnowledgeMiner" weitgehend überwunden werden.

Finanzanalyse

Im Rahmen der Finanzwirtschaft und hierbei insbesondere im Bankgeschäft sind Risikobewertungen im Kreditgeschäft, Ausarbeitung von Portfoliostrategien, Bonitätsanalysen aber auch Vorhersagen von Aktien-, Renten-, und Währungskursen, Rohstoffpreisen und Börsenindizes wichtig. Zahlreiche Analysemethoden im Rahmen der Fundamental- und Chartanalyse versuchen dabei, die Vielzahl der markt- und kursbeeinflussenden sowie der technischen Faktoren zu einer Handelsstrategie zu bündeln. Dabei kommt der Verwendung von Vorhersagen besondere Bedeutung zu, um auftretende Zeitverzögerungen zwischen Trendwenden und Tradingsignalen zu reduzieren.

Modelle in der Finanzanalyse haben folgenden Ansprüchen zu genügen /Poddig 1996/:

- Unter den gegenwärtigen Bedingungen der Herausbildung eines einigen Europas, aber auch der immer stärkeren weltwirtschaftlichen Verflechtung müssen Finanzmärkte segmentiert oder aber integriert betrachtet werden.

- Untersuchungsobjekte der Finanzwirtschaft sind ill-defined. Viele Regeln, die den finanziellen, ökonomischen u. a. Prozessen zugrunde liegen, sind qualitativ und daher einer rein quantitativen Analyse nicht zugänglich /Kingdon 1997/.

- Finanzsysteme sind nichtlinear und instationär, die nur lokal durch lineare deterministische Modelle mit konzentrierten Parametern zu beschreiben sind, wie es im Rahmen der Ökonometrie vielfach üblich ist.

- Auf der Grundlage vielfältiger mathematischer Methoden wurden in der Finanzanalyse verschiedene Tradingindikatoren entwickelt. Wesentliches Merkmal dieser Indikatoren ist es, daß ihre Berechnung ausschließlich auf historischen Daten erfolgt. Im Ergebnis dessen ergibt sich ein erheblicher Zeitverzug zwischen der erforderlichen Kaufentscheidung und dem generierten Tradingsignal.

Der Einsatz einer leistungsfähigen, möglichst automatischen Modellgenerierung (Vorhersagegenerierung) ist insbesondere hier auf Grund des massenhaften Anfalls an Daten sowie einer massenhaften Neuberechnung der Modelle und Vorhersagen infolge von Zeitvarianz und Komplexität der Untersuchungsobjekte zwingend notwendig. Erforderlich werden für finanzwirtschaftliche Problemstellungen adäquatere Modellstrukturen, z. B. nichtlineare dynamische Modelle oder Fuzzy-Regelsysteme. Zum Einsatz kommen unterschiedliche Entwicklungsrichtungen der automatischen Modellgenerierung, die ausführlich in /Müller 1998a/ behandelt wurden und folgende Funktionen realisieren:

Klassifikation: Erlernen einer Funktion aus den Daten, die vorliegende Objekte in Klassen aufteilt (Anwendung z. B. zur Kreditwürdigkeitsprüfung, Bonitätsprüfung, in Trading Systemen).

Modellierung: Extraktion einer Funktion zur Beschreibung signifikanter Abhängigkeiten zwischen Variablen (Anwendung z. B. in der Fundamentalanalyse, Marktanalyse).

Clustering: Erkennung von Klassen homogener Realisierungen (Anwendung z. B. zur Markt- und Kundensegmentierung, im KDD zur „data reduction").

Vorhersage: Extraktion eines Modells, das aus vorliegenden Stichproben zukünftige Realisierungen ermittelt (Anwendung zur Vorhersage der Kurs-, Zins- und Aktienkursentwicklungen, zur Balance Sheet Analyse u. a.).

Patternanalyse : Ermittlung von Mustern (Pattern) in den Daten (Anwendung z. B. in Trading Systemen).

KnowledgeMiner

Mit KnowledgeMiner (http://www.scriptsoftware.com/km/index.html) wird zur Zeit ein Softwarepaket auf dem Markt eingeführt, das die aufgeführten Data Mining Funktionen weitgehend automatisch realisiert (Tabelle 1). Der Anwendungsbereich von „KnowledgeMiner" ist die Modellgenerierung für komplexe Systeme auf der Grundlage von kurzen und verrauschten Datensätzen. Erfolgreiche Anwendungen liegen insbesondere in den Bereichen vor, in denen die theoretische Systemanalyse auf Grund der Kompliziertheit der Untersuchungsobjekte, des Entwicklungsstandes der einzelwissenschaftlichen Theorie, aber auch der erforderlichen Zeit, nur beschränkt Anwendung finden kann.

Data Mining Funktionen	Self-organizing Data Mining Algorithmen
Klassifikation	OCA, GMDH, Fuzzy-GMDH, AC
Clustering	OCA
Modellierung	GMDH, Fuzzy-GMDH
Vorhersage	AC, GMDH, Fuzzy-GMDH, OCA
Patternanalyse	AC

(OCA : Objective Cluster Analysis, GMDH : Group Method of Data Handling , Fuzzy-GMDH : Fuzzy rule induction using GMDH, AC : Analog Complexing)

Tabelle 1 : Selbstorganisierende Data Mining Algorithmen

Dieses leistungsfähige Softwaretool

- basiert auf einem gegenüber „Neuroshell 2" (Ward Systems Group, Inc.) und „Model Quest" (AbTech Corp.) weiterentwickelten GMDH-Algorithmus, wobei u. a. Cross-Validation und aktive Neuronen angewendet werden.
- speichert die generierten parametrischen Modelle (mehrere Modelle optimaler Kompliziertheit) in einer Modellbank und ermöglicht neben einer graphischen (Strukturmodell) bzw. analytischen Ausgabe der Modelle deren Weiterverwendung z. B. zur Vorhersage. Eine derartige Ausgabe sichert die vom Anwender geforderte Transparenz/Erklärungskomponente.
- generiert automatisch wahlweise lineare oder nichtlineare Zeitreihenmodelle für Single-Input/Single-Output-Systeme, Input-Output-Modelle für Multi-Input/Single-Output-Systeme und Differenzengleichungssysteme für Multi-Input/Multi-Output-Systeme.

- generiert nichtparametrische Modelle mit Hilfe der Analogiemethode, die bei wesentlich geringerer Rechenzeit eine mit parametrischen Modellen vergleichbare Vorhersagegenauigkeit liefern.
- ermöglicht in einer Beta-Version durch Anwendung des GMDH-Prinzips die automatische Generierung von Fuzzy-Regelsystemen sowie logikbasierter Regelsysteme.
- erfordert zur Anwendung minimale A-priori-Information über das zu modellierende System. Diese A-priori-Information umfaßt
- die Auswahl geeignet scheinender beobachteter, abgeleiteter oder synthetisierter Variablen, die zur Beschreibung des Systems als Eingangs- bzw. Ausgangsgrößen relevant sein können
- die allgemeine Spezifizierung des Modells als linear oder nichtlinear sowie seiner Dynamik (maximale Zeitverzögerung).
- enthält einen Finanzmodul zur automatischen Generierung von Tradingsignalen auf der Grundlage der generierten Vorhersagen der Kursentwicklung.
- ist gekennzeichnet durch eine transparente Dateneingabe und Datenhaltung, wie sie von Tabellenkalkulationsprogrammen her bekannt sind. Diese, sowie die graphische und analytische Ausgabe der Modelle, erlauben ein komfortables und flexibles Arbeiten mit den Modellen.

Im Weiteren sei auf die parametrischen bzw. nichtparametrischen Modelle, die mit „KnowledgeMiner" generiert werden, etwas ausführlicher eingegangen.

Parametrische Modelle

Automatisch generiert werden Zeitreihenmodelle sowie Multi-Input/Multi-Output - Modelle mit gegenwärtig maximal 500 Inputvariablen bei minimaler A-priori-Information über das zu modellierende Objekt.

Beispiel: Vorhersage von Börsenkursen der Automobilbranche
Als Beispiel sei die Analyse und Vorhersage von Aktienkursen der Automobilbranche BMW, VW, Audi, Ford, Porsche unter Einbeziehung folgender Kenngrößen: DAX, F.A.Z., Dollarkurs, Diskont- und Lombardsatz vom 18. 10. 1994 bis 11. 12. 1995 (300 Realisierungen) betrachtet. Auf der Grundlage dieser Realisierungen wurden für verschiedene Perioden lineare, in sich widerspruchsfreie Differenzengleichungssysteme der Art (Auszug):

$$BMW_t = 59.16 + 0.776\ BMW_{t-1} + 73.632\ Dollar_{t-1} - 0.231\ Ford_{t-2} + 0.135 Ford_{t-6}$$
$$+ 0.672 VW_t - 0.472 VW_{t-1}$$
$$VW_t = -48.728 + 0.87 VW_{t-1} - 0.091 VW_{t-3} + 0.078 DAX_t - 0.03 DAX_{t-1} - 0.057\ BMW_{t-1}$$
$$+ 0.173\ Audi_{t-9}$$
$$Audi_t = 10.5 + 0.17\ Audi_{t-2} + 258.51\ Dollar_{t-1} + 109.7\ Dollar_{t-5} - 38.32\ Dollar_{t-8}$$
$$- 0.03\ DAX_{t-2}$$
$$Ford_t = 770.04 + 0.35\ Ford_{t-3} + 0.18\ Ford_{t-4} - 13.08\ Discont_{t-3} - 57.86\ Lombard_{t-15}$$
$$Porsche_t = -122.66 + 0.586\ Porsche_{t-1} + 154.8\ Dollar_{t-1} + 0.077\ DAX_{t-15}$$

erstellt. Hierbei bezeichnet $Kurs_{t-n}$ den Kurs zum Zeitpunkt t-n. Die maximale Zeitverögerung betrug n=15. Dementsprechend ergaben sich 10 Outputgrößen und 159 Inputgrößen.

Tabelle 2 gibt für verschiedene Vorhersageperioden den über jeweils 10 Vorhersagen gemittelten Fehler der Langfristvorhersage an:

$$MAD = \frac{1}{P} \sum_{i=1}^{P} \left| \frac{y_i - \hat{y}_i}{y_i} \right| * 100\%,$$

mit y – beobachteter , $\hat{y}$ - vorhergesagter Wert und P – Vorhersagehorizont. In diesem Zeitraum (60 Vorhersagen) ergab sich bei wöchentlicher Modellgenerierung eine Trefferquote (steigt/fällt) von 80% (VW) bzw. 93% (BMW).

Periode	BMW	VW	Audi	Ford	Porsche	Dollar	DAX	FAZ	mean
7.3./20.3.	0.78	1.30	2.01	1.54	1.16	1.0	0.42	1.67	1,23
21.3./3.4.	0.65	1.30	1.90	0.48	3.48	0.71	1.18	1.43	1,39
4.4./17.4.	0.62	0.78	1.22	0.66	1.56	0.54	0.47	0.82	0,83
18.4/1.5.	0.62	0.69	0.76	1.18	3.18	0.88	0.76	1.18	1,16
2.5./15.5.	0.74	0.68	0.90	0.53	2.17	0.84	0.23	0.94	0,88
15.6./29.5.	0.76	1.23	1.51	1.10	1.47	0.85	0.61	1.10	1,08

Tabelle 2: Fehler der Langfristvorhersage (MAD [%])

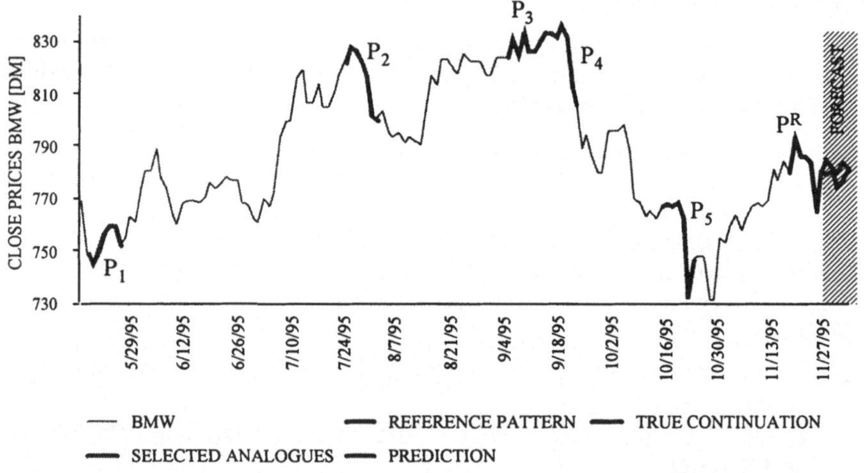

Abbildung 1: Analogiemethode am Beispiel des BMW-Aktienkurses

Nichtparametrische Modelle

Die Analogiemethode kann selbständig oder als Ergänzung für What-If-Vorhersagen genutzt werden. Nichtparametrische Modelle, die z. B. in der Chartanalyse Verwendung finden, werden in Form von einem oder mehreren Pattern P_i (zum gegenwärtigen Entwicklungsabschnitt P^R ähnliche Entwicklungsabschnitte der Vergangenheit) aus den Daten selektiert. Abbildung 1 zeigt diese Methode am Beispiel der BMW-Aktienkurse.

Beispiel: Vorhersage von Börsenkursen der Automobilbranche
Automatisch generiert wurden für alle Aktienkurse Pattern. So wurde z. B. für den BMW-Aktienkurs zur Vorhersage ab 27.6.1995 erhalten:

```
From   28.03.1995   To   03.04.1995   (Pattern Length: 5)    Similarity: 0.92568
From   09.01.1995   To   13.01.1995   (Pattern Length: 5)    Similarity: 0.89105
From   06.01.1995   To   13.01.1995   (Pattern Length: 6)    Similarity: 0.91654
From   31.01.1995   To   07.02.1995   (Pattern Length: 6)    Similarity: 0.88861
From   07.04.1995   To   17.04.1995   (Pattern Length: 7)    Similarity: 0.88663
From   16.12.1994   To   26.12.1994   (Pattern Length: 7)    Similarity: 0.87370
From   06.04.1995   To   17.04.1995   (Pattern Length: 8)    Similarity: 0.90050
From   13.12.1994   To   22.12.1994   (Pattern Length: 8)    Similarity: 0.88484
From   05.04.1995   To   17.04.1995   (Pattern Length: 9)    Similarity: 0.91312
From   12.12.1994   To   22.12.1994   (Pattern Length: 9)    Similarity: 0.89299
From   04.04.1995   To   17.04.1995   (Pattern Length: 10)   Similarity: 0.87967
From   12.12.1994   To   23.12.1994   (Pattern Length: 10)   Similarity: 0.87516
Averaged Similarity Criterion: 0.89404
```

Tabelle 3 vergleicht für einige Perioden die über 5 bzw. 10 Tage gemittelten Fehler der Langfristvorhersagen, die mit Hilfe GMDH Algorithmen und Analogiemethode generiert wurden.

Periode	GMDH- Algorithmen				Analogiemethode			
	BMW	VW	Audi	Ford	BMW	VW	Audi	Ford
			5	Tage				
18.4./1.5.	1.90	1.57	0.71	3.0	1.76	1.49	0.81	2.14
16.5./29.5.	1.09	1.53	1.70	1.24	4.52	2.18	1.43	1.93
28.11./11.12	0.62	3.47	1.47	0.54	0.34	2.61	1.5	0.47
			10	Tage				
18.4./1.5.	1.24	2.37	1.31	4.81	1.47	2.65	1.40	3.67
16.5./29.5.	1.06	2.45	2.83	1.67	3.11	2.96	1.56	2.05
28.11./11.12	0.70	5.24	3.04	0.58	2.33	2.78	3.21	1.12

Tabelle 3: Vergleich der Langfristvorhersagen

Selbstorganisierende Fuzzy-Modellierung

Fuzzy-Modelle erlauben eine adäquate Beschreibung der Unbestimmtheit der Untersuchungsobjekte. Mit Hilfe der GMDH-Algorithmen wird für jede Fuzzy-Outputkomponente eine Regel erstellt, in die theoretisch alle Komponenten des Fuzzy-Inputvektors (statisch) oder alle Komponenten mit einer Zeitverzögerung (dynamisch) eingehen können. Jedes Neuron hat zwei Inputs und einen Output.

Beispiel: Vorhersage von Börsenkursen der Automobilbranche

Mit einem im Leistungsumfang stark beschränkten Prototyp (100 Realisierungen, 7 Variable, maximale Verzögerung 10) für die selbstorganisierende Fuzzy-Modellierung wurden für verschiedene Zeitabschnitte Fuzzy-Modelle erstellt und mit deren Hilfe Vorhersagen generiert. Unter anderem ergab sich für 7 linguistische Terme das folgende Regelsystem für den BMW-Aktienkurs:

IF NM-Dol$_{t-9}$ & PB-FAZ$_{t-5}$ THEN NB-BMW$_t$

IF NS-BMW$_{t-3}$ & PM-Ford$_{t-8}$ & ZO-FAZ$_{t-3}$ $\lor$ ZO-Dol$_{t-4}$ & NS-BMW$_{t-3}$ & PM-Ford$_{t-8}$ & ZO-FAZ$_{t-3}$ THEN NM-BMW$_t$

IF ZO-Dol$_{t-1}$ & ZO-Dol$_{t-4}$ & ZO-Dol$_{t-2}$ & PS-DAX$_{t-9}$ & PS-Ford$_{t-5}$ & ZO-DAX$_{t-7}$ & PS-DAX$_{t-4}$ THEN NS-BMW$_t$

IF NS-Ford$_{t-5}$ & ZO-Ford$_{t-7}$ THEN ZO-BMW$_t$

IF NS-FAZ$_{t-10}$ & PS-DAX$_{t-2}$ THEN PS-BMW$_t$

IF NM-FAZ$_{t-4}$ & NS-DAX$_{t-4}$ & ZO-FAZ$_{t-5}$ $\lor$ ZO-Ford$_{t-5}$ & NM-FAZ$_{t-4}$ & NS-DAX$_{t-4}$ & ZO-FAZ$_{t-5}$ THEN PM-BMW$_t$

IF ZO-Dol$_{t-1}$ & ZO-Dol$_{t-4}$ & PB-VW$_{t-3}$ & PB-Ford$_{t-2}$ THEN PB-BMW$_t$,

wobei PB – positive big, PM – positive medium, PS – positive small, ZO – zero, NS – negative small, NM – negative medium, NB – negative big (Zum Beispiel bedeutet die letzte (siebente) Regel: Der BMW-Aktienkurs steigt zum Zeitpunkt t stark an, wenn der Dollarkurs 1 Tag und 4 Tage vorher unverändert blieb und die VW-Aktie 3 Tage vorher sowie die Ford-Aktie 2 Tage vorher stark anstieg).

Tabelle 4 enthält für 3 Perioden (a: 21. 2. -6. 3. 1995, b: 7. 3. - 20. 3. 1995, c: 4. 4. -17. 4. 1995) den über T=5 bzw. 10 Tage gemittelten Vorhersagefehler (MAD [%]) für 5 bzw. 7 linguistische Terme.

T	Terme	BMW^a	VW^a	BMW^b	VW^b	BMW^c	VW^c
5	5	1.62	1.29	2.89	6.67	2.63	2.22
10	5	1.88	2.13	2.02	7.99	1.96	1.99
5	7	0.86	1.15	3.84	4.41	1.59	2.30
10	7	0.99	2.15	2.81	3.33	1.16	1.70

Tabelle 4: Vorhersagefehler (MAD) der selbstorganisierenden Fuzzy-Modellierung

Objektive Clusteranalyse

Zur Zeit gibt es eine nicht übersehbare Vielzahl von Verfahren zur Clusterbildung. In der Regel verwenden diese interne Kriterien zur Bewertung der Güte der Partition, so daß zur Ermittlung einer optimalen Clusteranzahl subjektive Schwellwerte oder statistische Kriterien zur Auswahl zu nutzen sind. Algorithmen der objektiven Clusteranalyse beruhen auf dem Prinzip der Induktion und erlauben somit die Ermittlung optimal komplizierter Cluster. In Weiterentwicklung von „KnowledgeMiner" wird ein Algorithmus der Objektiven Clusteranalyse implementiert.

Portfolio Trading System

Data Mining hat nicht die Aufgabe, Modelle an sich möglichst automatisch aus den Daten zu generieren, sondern Entscheidungen zu unterstützen. Deshalb sind die auf die dargestellte Weise generierten Modelle nicht das Endergebnis, sondern einzubetten in entsprechende Anwendungslösungen, wie z. B. in ein Trading System /Lemke 1997/. Ziel derartiger Trading Systeme ist es, rechtzeitig Trading Signale (buy/hold/sell) zu generieren.

Einbeziehung langfristiger Vorhersagen

Auf der Grundlage traditioneller Indikatoren (z.B. MACD), die auf historischen Daten beruhen, ergibt sich ein „Time Lag" von mehreren Tagen zwischen generiertem Signal und erforderlicher Handelsentscheidung, das zu entsprechenden Verlusten führt.
Beispiel: Moving Average Convergence Divergence (MACD) Indikator
Abbildung 2 zeigt den MACD Trading Indikator, berechnet für den Dow Jones Industrial Average (DJIA) vom 17. Juli 1997 bis 1. April 1998. Enthalten sind 2 verschieden geglätttete Kurven, die MACD-Kurve und die Signal-Kurve. Wenn der MACD

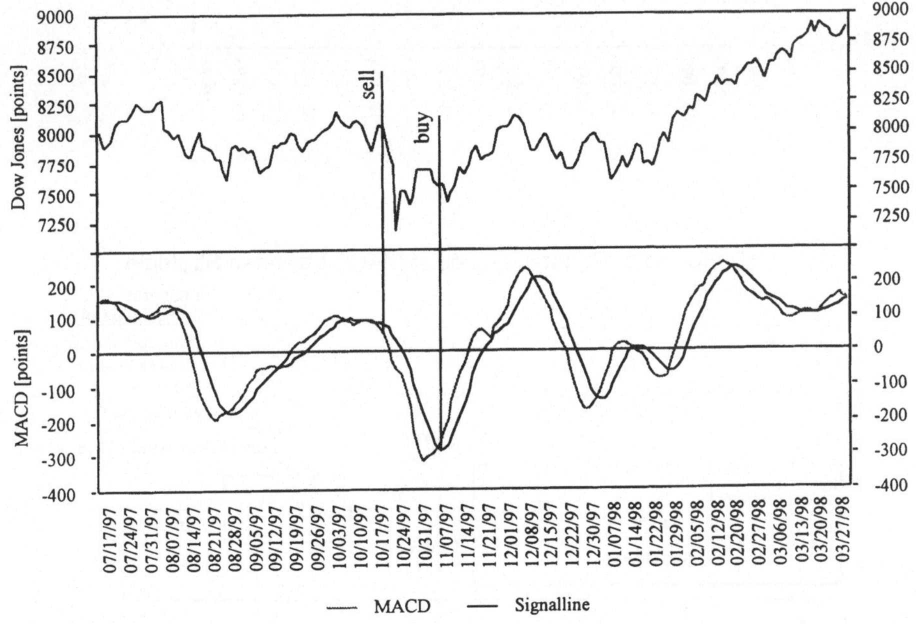

Abbildung 2: Vom MACD-Indikator generierte Tradingssignale

die Signallinie abwärts kreuzt, wird ein „Verkauf" signalisiert, im anderen Fall ein „Kauf". Erkennbar sind die sich ergebenden Zeitverzögerungen der generierten Tradingsignale. Abbildung 3 zeigt die sich ergebende Performance einer derart MACDbasierten Strategie. Dargestellt ist neben dem DIJA selbst die Kurve, die sich nach Anwendung des MACD ergibt (MACD controlled equity curve) sowie der akkumulierte Gewinn/Verlust-Verlauf im Vergleich zu einer Buy-and-hold-Strategie (cum. Profit/Loss). Erkennbar ist über den gesamten Zeitverlauf der Testperiode, daß offensichtlich die in Anwendung des MACD generierten 7 Kauf- und 7 Verkaufsignale im Vergleich zu einer Buy-and-hold-Strategie keinen signifikanten Gewinn erbringen.

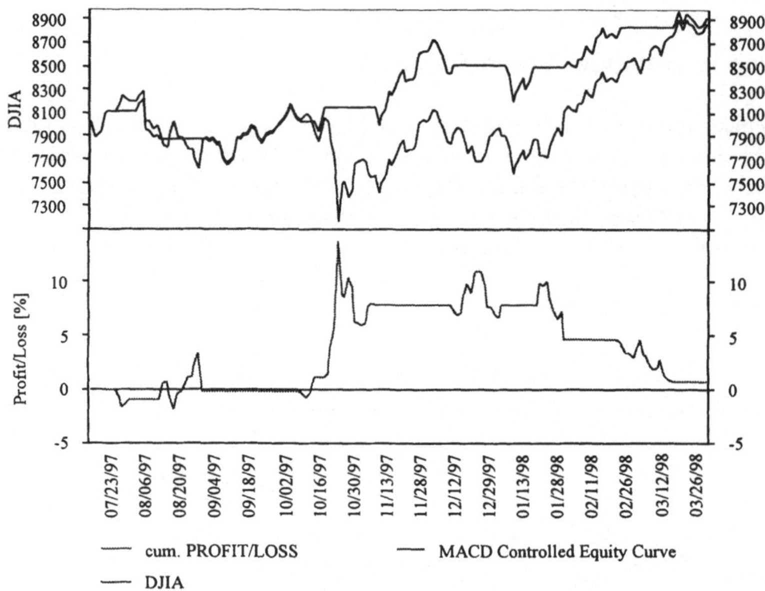

Abbildung 3: Performance einer MACD basierten Strategie

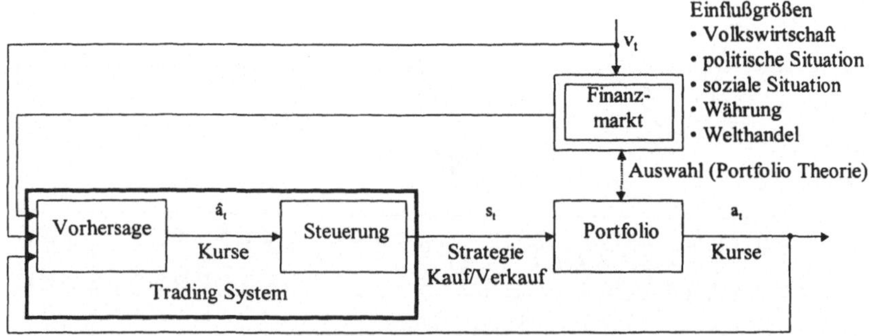

Abbildung 4: Trading System

Um derartige Verzögerungen zu überwinden, sollen langfristige Vorhersagen einbezogen werden. Realisiert wird dabei eine vorhersagegestützte Steuerung, d. h., auf Grundlage der generierten Modelle ist Information über zukünftige Verhaltensvarianten zu erstellen (Vorhersagemodul), um damit einen rechtzeitigen Steuerungseinfluß vorzunehmen (Steuermodul)(Abbildung 4).

Beispiel: Vorhersagegestützte Steuerung des DIJA

Um den Vorteil einer vorhersagegestützten Steuerung bei einem Trading System zu überprüfen, verwenden wir die Analogiemethode zur Vorhersagegenerierung im Vorhersagemodul und den MACD Indikator wieder als Entscheidungsmodell in einem

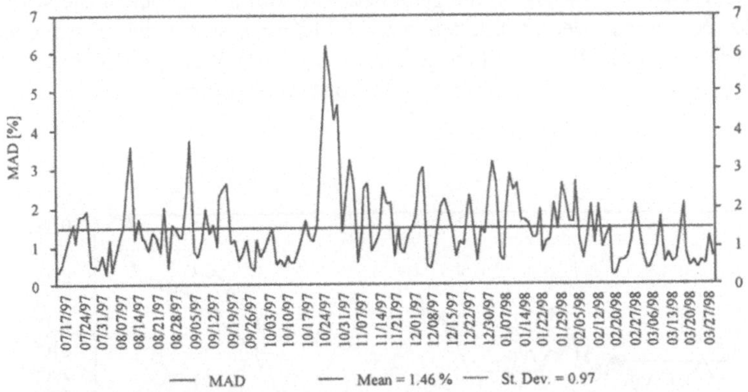

Abbildung 5: Vorhersagefehler mit Analogiemethode

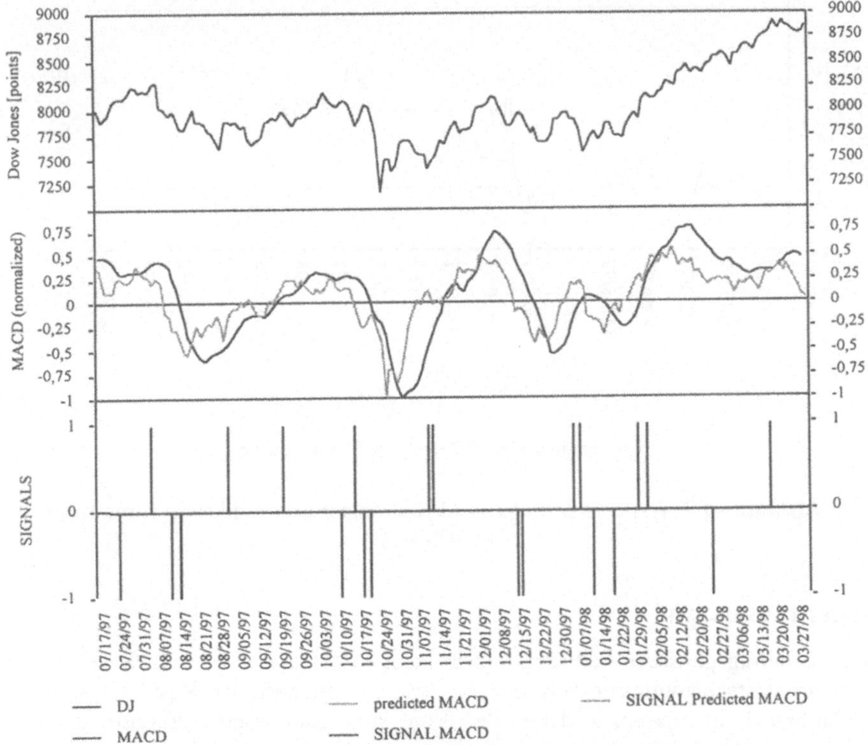

Abbildung 6: MACD im Vergleich zum MODMACD

Steuermodul (MODMACD). Der DJIA wurde auf der Grundlage der Kurse von DJIA, DAX und Dollar/DM- Wechselkurs 5 Tage im voraus vorhergesagt. Abbildung 5 zeigt den mittleren Vorhersagefehler derartiger gleitender 5-Tage-Langfristvorhersagen. Erkennbar ist eine hinreichend gute Vorhersagegenauigkeit. Mit Hilfe der historischen Werte und der 5-Tages-Vorhersagen wurde der MACD gleitend ermittelt und mit seiner Hilfe entsprechende Tradingsignale generiert. Abbildung 6 vergleicht die vorhergesagte MACD- Kurve mit der traditionellen MACD-Kurve sowie die entsprechend generierten Tradingsignale. Offensichtlich gelingt es auf diese Weise, die Zeitverzögerung zu reduzieren, was sich in einer höheren Performance bemerkbar macht (Abbildung 7).

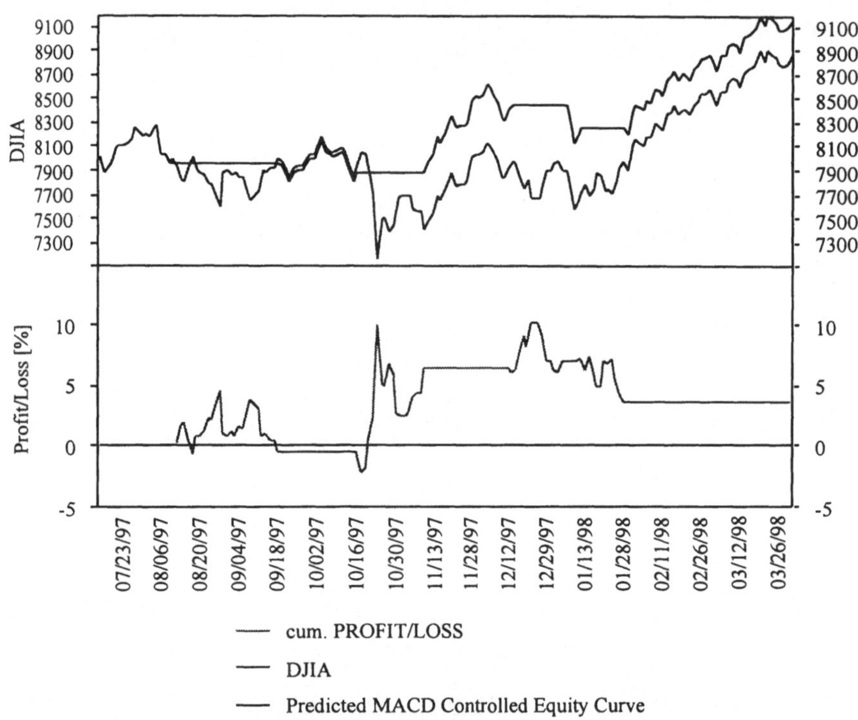

Abbildung 7: Performance einer MACD basierten prediktiven Steuerung (MODMACD)

Steuerungsmodul

Eine vorhersagegestützte Steuerung allein kann jedoch nicht die Schwächen des verwendeten Entscheidungsmodells überwinden. So generiert der MACD systematisch falsche Signale in Phasen, in denen der Aktienkurs nicht wächst. Ebenso ist er empfindlich gegenüber temporären Trendänderungen. Ein alternativer Weg ist die Generierung eines parametrischen Entscheidungsmodells mit Hilfe von „KnowledgeMiner" unter Verwendung der Vorhersagewerte. In der Lernphase wird zur Generierung des Modells verwendet (Abbildung 8):

Outputvariable: TARGET (buy=1, sell=-1, hold=0)

Inputvariable:

- PRED - Vorhersagewert des Aktienkurses
- PSC - Vorhersagewert des geglätten Aktienkurses
- PRSI - Vorhersage des RSI-Indikators (relative strength index)
- TREND - Anstieg des linearen Trends einer Langfristvorhersage
- MAD - Vorhersagefehler in der Vorhersageperiode
- ASSET – Aktienkurs.

Für ASSET=BMW wurde z. B. erhalten:

TARGET = 17.2363 + 0.1620MAD - 0.0330BMW + 0.0097PRED.

Ein Tradingsignal wird generiert, wenn der Absolutwert von TARGET größer als der Absolutwert eines gewählten Schwellwertes (z. B. 0,6) ist, d. h.,

BUY = TARGET > THRESHOLD,
SELL = TARGET < -THRESHOLD.

Mit Hilfe eines auf diese Weise generierten und täglich gleitend nachgeführten Entscheidungsmodells (SYNTHESIS) können in der Vorhersageperiode dann gleitend Tradingsignale generiert werden.

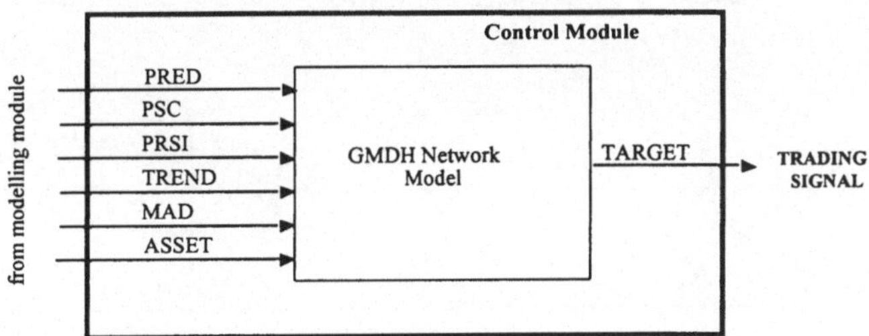

Abbildung 8: GMDH basiertes Entscheidungsmodell

Beispiel: Performance

Getestet wurden 2 Aktienkurse der deutschen Automobilindustrie (BMW, VW) und der US-Dollar/DM-Wechselkurs vom 28. 11. 1994 bis 11. 12. 1995. Verwendet wurde eine tägliche Modellanpassung, dementsprechend sind die Ergebnisse echte Out-of-sample-Ergebnisse. Als Vorhersagehorizont wurden 7 Tage verwendet. Abbildung 9 und Tabelle 5 vergleichen die Performance der betrachteten Strategien.

Strategie	BMW		VW		Dollar		Portfolio
	time	return	time	return	time	return	return
buy&hold	100,00	0,13	100,00	7,89	100,00	-8,50	-0,48
MACD	60,15	0,73	50,92	10,70	37,27	-7,34	4,09
MODMACD	41,70	14,29	53,51	29,20	57,56	-4,50	38,99
SYNTHESIS	52,40	22,55	66,05	41,27	58,67	8,04	71,86

Tabelle 5: Performance verschiedener Strategien (time = time in market [%], return = total return [%])

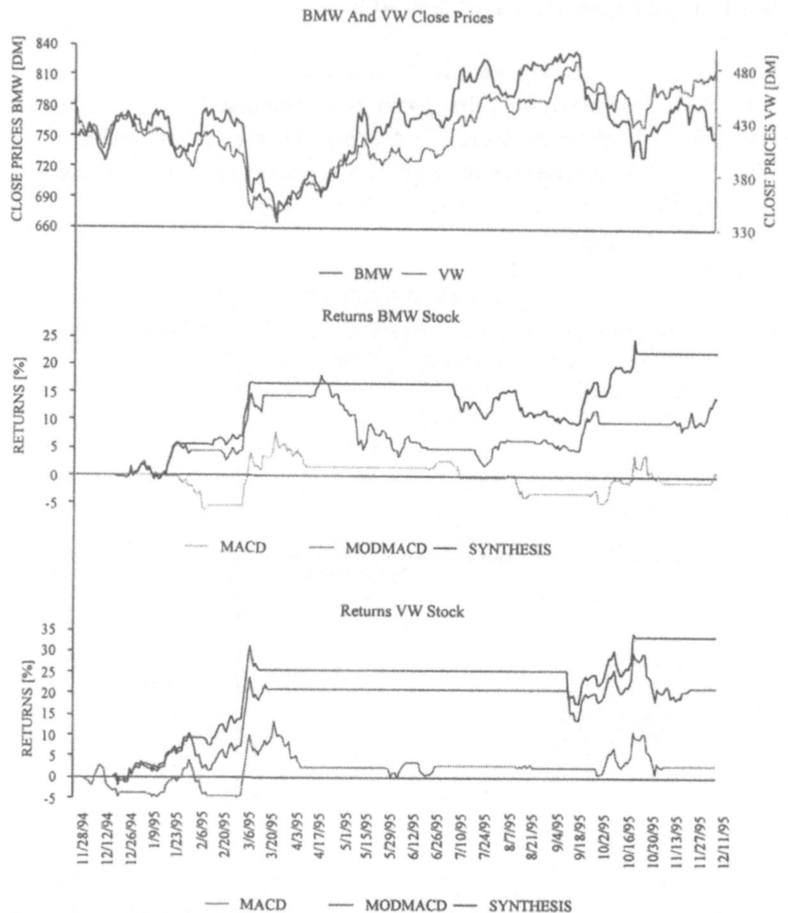

Abbildung 9: Vergleich der Performance für BMW und VW für 3 Strategien

Schlußfolgerungen

Vorteil selbstorganisierender Data Mining Algorithmen, wie sie im vorliegenden Beitrag vorgestellt wurden, ist, daß sie selbst mit einer geringen Stichprobe und wenig Zeit erlauben, alternative Vorhersagen (nichtparametrische bzw. parametrische, lineare und nichtlineare Modelle mit verschiedener Zeitverzögerung, Fuzzy-Vorhersagen u. a.) zu generieren. Auf Grund des Mengenprinzips ergibt deren Synthese eine adäquatere Beschreibung komplizierter Systeme und in der Regel reduzierte Vorhersagefehler. Gleichzeitig wird auf diese Weise die Erfassung der Unbestimmtheit möglich. Diese sowie eine geeignete Kombination der Vorhersagen, eventuell auf der Grundlage entsprechender Fuzzy-Modelle, ergeben entsprechende Entscheidungsregeln im Steuermodul.

Literatur

/Bigus 1996/ — Bigus, J.P: : Data Mining with Neural Networks. Mc Graw-Hill, New York 1996.

/Fayyad 1996/ — Fayyad, U.M., G. Piatetsky-Shapiro, P. Smyth: From Data Mining to Knowledge Discovery: An Overview. In : Fayyad, U.M. et al: Advances in Knowledge Discovery and Data Mining. AAAI Press/The MIT Press. Menlo Park, California 1996, pp. 1-36.

/Kingdon 1997/ — Kingdon, J.: Intelligent Systems and Financial Forecasting. Springer. London, 1997.

/Lemke 1997/ — Lemke, F.; J.-A.Müller: Self-Organizing Data Mining for a Portfolio Trading System. Journal of Comp. Intelligence. 5 (1997) No.3, pp.212-26.

/Müller 1998/ — Müller, J.-A.; F. Lemke: Self-Organizing Data Mining. Numerical Insight into Complex Systems. Gordon&Breach Science Publ., 1998.

/Müller 1998a/ — Müller, J.-A.: Automatic Model Generation. SAMS vol.31 (1998) No.1-2, pp. 1-32.

/Poddig 1996/ — Poddig, Th.: Analyse und Prognose von Finanzmärkten. Uhlenbruch Verlag, Bad Soeden 1996.

/Sarle 1994/ — Sarle, W.S. : Neural Networks and Statistical Models. In : Proceedings of 19.th Annual SAS User Group International Conference. Dallas 1994, pp. 1538-1549.

Wissen
Umsetzen

Dipl.-Informatiker und
Dipl.-Wirtschaftsinformatiker (m/w)

Als Partner des steuerberatenden Berufs sind wir ein führendes Dienst-
leistungsunternehmen in Europa. Unsere 4.800 Mitarbeiter setzen Konzepte
DV-technisch um und bieten unseren Mitgliedern den Service neuer
Technologien und Lösungen – gleichberechtigt für Großrechner-, PC- und
Verbundanwendungen.

Unser Bild von Ihnen
Wenn Sie Ihr analytisches Denken, Ihre Kommunikationsfähigkeit und Ihre
Flexibilität unter Beweis stellen wollen – die Teamarbeit in einem großen
Unternehmen mit anspruchsvollen Projekten bietet Ihnen alle Möglichkeiten.
Dafür sollten Sie gewohnt sein, über den Tellerrand Ihres Spezialgebietes
hinauszublicken. Und Sie sollten ebensogut zuhören wie anregen können.

Ihre künftige Aufgabe
Als Mitglied eines leistungsfähigen Teams gestalten Sie den gesamten
Software-Entwicklungsprozeß vom Systementwurf bis zur Produktfreigabe.
Die von Ihnen konzipierten Anwendungen realisieren Sie in Visual Basic
oder C++ mit MFC unter Win95 oder WinNT.

Was für DATEV spricht
Die technologischen Möglichkeiten, die maßgeschneiderte Einarbeitung und
Weiterbildung werden Sie motivieren. Auch bei Gehalt und Sozialleistungen
bieten wir anspruchsvolles Niveau.

Ihr Weg zu uns
Weitere Fragen beantwortet Ihnen gern Frau Schlosser,
Telefon 0911-276-2538. Ihre Bewerbung senden Sie dann bitte an
untenstehende Adresse.

Und das Wichtigste
Wir freuen uns auf Sie.

DATEV eG Personalabteilung, 90329 Nürnberg

Modellierungsaspekte eines Data Warehouse
Wolfgang Gerken

Zusammenfassung

Die Extraktion von verwertbarem Wissen aus Daten wird immer wichtiger. Dabei hilft ein Data Warehouse. Es dient der Informationsbereitstellung zur Unterstützung von Management-Aufgaben und ist von den operativen Datenbeständen eines Unternehmens abgegrenzt. Nach einer Einführung in die Thematik Data Warehouse wird in diesem Artikel eine Datenmodellierung und -strukturierung vorgeschlagen, die von der üblichen und aus dem Star-Schema abgeleiteten Modellierung abweicht. Es handelt sich dabei um einen generischen Ansatz, dessen besonderer Vorteil in der Flexibilität liegt.

Die Untersuchungen werden im Rahmen des Projektes „Software-Engineering in der Versicherungswirtschaft" (SEVERS) durchgeführt, das seit einigen Semestern im FB Elektrotechnik/Informatik der FH Hamburg läuft; siehe dazu auch den Beitrag von J. Raasch in diesem Tagungsband.

Was ist ein Data Warehouse?

Der Begriff Data Warehouse wurde maßgeblich von William H. Inmon geprägt /Inmon 1992/. Danach ist ein Data Warehouse eine thematisch orientierte, integrierte, beständige und über die Zeit veränderliche Datensammlung zur Entscheidungsunterstützung des Managements. Wichtig dabei ist, daß Analyseprozesse zur Verfügung stehen, die die Daten in entscheidungsrelevante Informationen umwandeln und diese geeignet bereitstellen. Für genauere Ausführungen zum Thema „Data Warehouse" siehe z. B. /Anahory & Murray 1997/, /Chamoni & Gluchowski 1998/, /Gerken 1997/, /Muksch & Behme 1996/.

Ein Data Warehouse unterscheidet sich in wesentlichen Punkten von einem operationalen Informationssystem. Operationale Informationssysteme enthalten in der Regel keine historischen Daten; sie dienen der Durchführung der jeweils aktuellen Geschäftsprozesse. Ein Data Warehouse ist ein permanent wachsender Datenbestand. Es wird in regelmäßigen Abständen um neue, aktuelle Daten erweitert. Abfragen an ein Data Warehouse erfordern den Zugriff auf ein Vielfaches der Daten, wie sie zur Durchführung von Transaktionen in einem operationalen System notwendig sind.

Um die Daten in einem Data Warehouse entscheidungsrelevant vorzuhalten, müssen diese bei ihrer Übernahme durch Summation und Aggregation verdichtet werden. So interessieren einen Manager sicherlich nicht die einzelnen Positionen jeder Bestellung eines Kunden, wohl aber die Quartals- und Jahressummen. Dadurch werden auch die Zugriffszeiten auf die gespeicherten Daten reduziert.

Die Datenbasis für ein Data Warehouse kann aus verschiedenen Bereichen gefüllt werden; so gehen in der Regel neben den internen operationalen Daten auch externe Daten (wie z. B. der DAX oder Daten aus Wirtschaftsdatenbanken) in die Datenbasis ein. In diesem Zusammenhang ist ein Abgleich der verschiedenen konzeptuellen

Schemata erforderlich, um die Daten der Quellen-Systeme in die Strukturen des Data Warehouse überführen zu können.

Die Idee, Daten, die während der Geschäftsprozeßabwicklung in einem Unternehmen entstehen, angereichert um externe Daten für eine gezielte Suche nach entscheidungsrelevanten Informationen über Kunden, Produkte, Märkte usw. zu verwenden, ist naheliegend und nicht neu. Ein entscheidender Durchbruch in der Konzeption solcher Informationssysteme war aber lange Zeit nicht in Sicht. Bestehende Relisierungen waren vielfach entweder zu aufwendig oder nur einfache, begrenzte Erweiterungen operationaler Systeme. Erst auf Grund der hardware- und softwaretechnologischen Entwicklungen der letzten Jahre wird eine effiziente und effektive Informationsversorgung für Management-Aufgaben möglich.

Data Warehouse und Information Brokering

Die zunehmende Globalisierung der Märkte und Vernetzung der Unternehmen führt dazu, daß unternehmerische Entscheidungen immer schneller getroffen werden müssen. Schnelle Entscheidungen sind aber nur möglich, wenn auch die relevanten Informationen schnell verfügbar sind. Dabei liegt kein Mangel an Daten vor; diese sind unternehmensintern als auch -extern, z. B. im WWW, vorhanden. Das eigentliche Problem besteht darin, aus der vorhandenen, riesigen Datenmenge die relevanten Informationen herauszufiltern und entscheidungsgerecht aufzubereiten. Dieses ist Aufgabe und Inhalt des Information Brokering. Wesentliche Merkmale zur Klassifikation des Information Brokering sind:

1. Datenbestand: intern oder extern verwalteter Datenbestand,
2. Personenkreis: Privatperson, Sachbearbeiter oder Manager,
3. Auslöser: aktives oder passives System,
4. Auswertungen: Recherchen oder Analysen.

Ein Data Warehouse läßt sich dann folgendermaßen charakterisieren: Es ist ein unternehmensinternes, überwiegend passives System, richtet sich hauptsächlich an Manager und wird zur Analyse (Online Analytical Processing und Data Mining) des Datenbestandes verwendet. Damit stellt ein Data Warehouse eine wesentliche Technologie zur Unterstützung des betrieblichen Information Brokering dar.

Online Analytical Processing (OLAP) erlaubt die Durchführung komplexer, multidimensionaler Analysen und geht somit über die reine Berichtsgenerierung heraus. Unter dem Begriff Data Mining versteht man das Herausfinden neuer, bisher nicht bekannter Zusammenhänge zwischen den Daten, z. B. mit Neuronalen Netzen. Für nähere Ausführungen zum Thema Online Analytical Processing bzw. Data Mining siehe z. B. /Berry & Linoff 1997/, /Bollinger 1996/, /Jahnke u. a. 1996/, /Nakhaeizadeh 1998/.

Architektur eines Data Warehouse

Ein idealtypisches Data Warehouse besteht nach /Muksch 1996/ aus vier Komponenten (siehe dazu die folgende Abbildung 1):
1. Datenbasis,
2. Programme zum Einlesen und zur Transformation der Daten,
3. Metadatenbank,
4. Archivierungssystem.

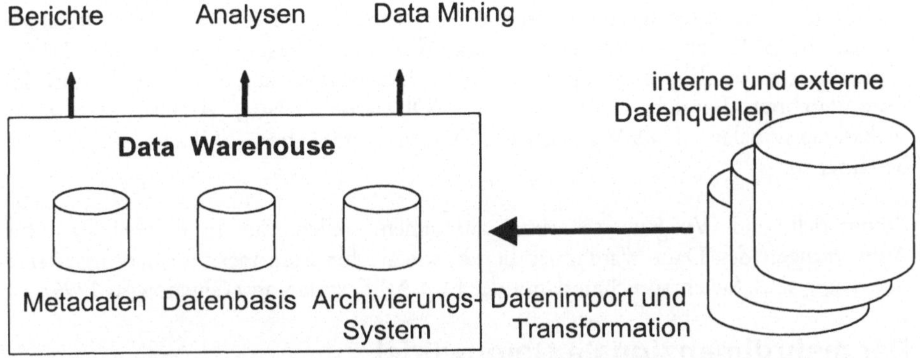

Abbildung 1: Struktur und Komponenten eines Data Warehouse

Die Datenbasis ist der Kern des Data Warehouse; es repräsentiert den mehrdimensionalen Datenwürfel, von dem noch später die Rede sein wird. Die Einlese- und Transformationsprogramme lesen die Daten der internen und externen Quellensysteme in das Data Warehouse ein und überführen sie in die internen Strukturen. Die Metadatenbank bietet dem Anwender Informationen über die Art der gespeicherten Daten und deren Auswertungsmöglichkeiten. Das Archivierungssystem letztendlich erlaubt die Auslagerung und/oder Verdichtung nicht mehr entscheidungsrelevanter Daten. Gelegentlich werden die Auswertungstools mit zum Data Warehouse gerechnet.

Ein Data Warehouse kann nicht losgelöst vom gesamten Informations- und Kommunikationssystem eines Unternehmens betrachtet werden. Es muß in geeigneter Weise als Komponente in die DV-Landschaft eingebettet sein. In /Raasch 1998/ wird eine Komponentenarchitektur als Basis eines modularen, integrierten Informationssystems vorgestellt, die aus den Subkomponenten
- Komponentenschnittstelle (mit eigener Datenhaltung),
- Vorgangssteuerung (mit eigener Datenhaltung),
- Fach/Domainmodell (mit eigener Datenhaltung),
- Interaktionssteuerung

35

besteht; siehe dazu auch den Aufsatz „Komponentenarchitektur für Informations-Brokering" in diesem Band.

Bei einem in die Struktur einer Anwendungskomponente eingebetteten Data Warehouse sorgt die Komponentenschnittstelle für die Versorgung des Data Warehouse mit den Daten der anderen (operationalen) Komponenten. Hierbei sind allerdings Transformationsprozesse in Form von Filterungen, Harmonisierungen, Verdichtungen und Anreicherungen notwendig /Kemper & Finger 1998/. Das Fachmodell realisiert den logischen Datenwürfel. Es abstrahiert dabei von der internen Speicherung der Daten, die in einer relationalen, objektrelationalen, objektorientierten oder in einer speziellen multidimensionalen Datenbank erfolgen kann. Anforderungen an ein RDBMS aus Sicht eines Data Warehouse beschreibt /Reuter 1996/; Anmerkungen zur Eignung objektorientierter Datenbanksysteme für den Einsatz im Data-Warehouse-Bereich finden sich in /Ohlendorf 1996/; Architekturkonzepte multidimensionaler Data-Warehouse-Lösungen sind bei /Gluchowski 1996/ beschrieben.

Fachmodell und Vorgangssteuerung zusammen stellen die Funktionalitäten für Auswertungen des Data Warehouse bereit, wie sie für Führungsinformationssysteme notwendig sind. Sie entsprechen damit der ROLAP-Engine von /Gluchowski 1996/.

Der mehrdimensionale Datenwürfel

Die in einem Data Warehouse gespeicherten Daten kann man sich als mehrdimensionalen Würfel strukturiert denken. Die als Dimensionen bezeichneten Kanten des Würfels sind z. B. Zeit, Artikel, Branche, Region. Eine Dimension kann in mehrere Dimensions- oder Aggregationsebenen aufgeteilt sein; bei Artikel sind das z. B. Artikel → Artikelgruppe → Sparte und bei der Dimension Zeit Tag → Woche → Monat → Jahr (die Aggregationsrichtung wird durch den Pfeil symbolisiert). Im allgemeinen ist davon auszugehen, daß Aggregation disjunkte Summation bedeutet. Der Wechsel von einer höheren zu einer niedrigeren Aggregationsebene einer Dimension (z. B. von Artikelgruppe zu Artikel) wird *Drill-Down* genannt; der umgekehrte Weg heißt *Roll-up*. Für jede Dimension und jede Aggregationsebene gibt es mehrere Ausprägungen. Das sind die einzelnen Zeitpunkte bzw. Zeiträume, die einzelnen Artikel, Artikelgruppen usw. Das Innere des mehrdimensionalen, von den Dimensionen aufgespannten Datenwürfels sind die zu den Dimensionsausprägungen gehörenden Fakten wie Umsatz, Absatz oder auch Return of Investment (= Gewinn / eingesetztes Kapital). Die Fakten sind also Funktionen der Dimensionen, wie z. B. 1.000.000 = Umsatz(XYZ GmbH, 1997). Jeder gespeicherte Wert ist von mehreren der Dimensionen abhängig, aber nicht notwendigerweise von allen.

Analysen in einem Datenwürfel sind dann durch Hyperebenen repräsentiert, die durch den Datenwürfel gelegt werden. Dieses Analyseprinzip ist schon früher bei betriebswirtschaftlichen Kennzahlen verwendet worden (vgl. /Gerken 1983/). Bei einem dreidimensionalen Würfel gibt es folglich zwei- und eindimensionale Datenanalysen.

Datenmodellierung bei einem Data Warehouse

Wie jede Datenbank muß auch ein Data Warehouse semantisch und logisch modelliert werden. Das üblicherweise verwendete Entity-Relationship-Modell ist allerdings für die Erstellung des semantischen Datenmodells bei einem Data Warehouse nicht geeignet, da es zwar Entitätstypen und deren Beziehungen modelliert, aber keine homogene Struktur erzwingt, wie sie bei einem mehrdimensionalen Datenwürfel vorliegt. Dies hat zur Folge, daß ein Benutzer die jeweiligen speziellen Typen und Beziehungen eines ER-Modells zur Navigation (Join-Bildung) genau kennen muß, während er bei einem Data Warehouse prinzipiell von einem einheitlichen mehrdimensionalen Datenwürfel ausgehen kann.

Aus diesem Grund haben sich im Bereich Data Warehouse spezielle Modellierungsmethoden etabliert, wozu insbesondere das Star-Schema gehört; vgl. dazu z. B. /Hahne 1998/, dort wird auch auf andere Modellierungstechniken wie das Snowflake-Schema eingegangen. Die grundlegende Idee des Star-Schemas ist es, die Daten eines Data Warehouse in die bereits erwähnten Kategorien **Fakten** und **Dimensionen** aufzuteilen und diese unterschiedlich zu modellieren und darzustellen.

Die folgende Abbildung 2 zeigt, wie ein Datenmodell nach dem Star-Schema aussehen kann. Die Fakten-Tabelle wird als Kreis/Ellipse dargestellt, die Dimensionstabellen als Rechteck. Die Beziehungen zwischen Dimensionen und Fakten sind implizit immer vom Typ 1:N.

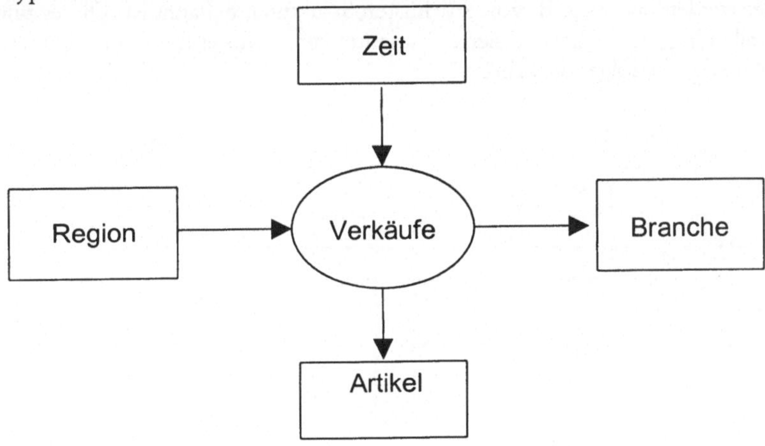

Abbildung 2: Beispiel für ein Star-Schema

Bei der Umsetzung in eine relationale Datenbank beinhaltet die Fakten-Tabelle *Verkäufe* Fremdschlüssel für jede Dimension und die Zahlenwerte für z. B. Anzahl der verkauften Artikel, Umsatz und Rabatt. Zur Selektion von Daten aus der Faktentabelle muß ein Join über sämtliche beteiligten Dimensionstabellen gebildet und anschließend eine Restriktion auf die auszugebenden Attribute durchgeführt werden.

Branche		
BID	Name	...
13	EDV	
14	OPNV	
...		

Zeit		
ZID	Monat	...
81	04/98	

Artikel		
AID	Name	...
5	Stuhl	
6	Tisch	

Region		
RID	BuLand	...
11	S.-Holst.	

Verkäufe						
BID	ZID	AID	RID	Anzahl	Umsatz	Rabatt
13	81	5	11	100	30.000	3.000
14	81	5	11	50	15.000	750
14	81	6	11	50	20.000	600
...						

Tabelle 1: Logisches Datenmodell eines Star-Schemas

Mögliche verschiedene Aggregationsebenen einer Dimension, der sogenannte Drill-down-Baum, können durch eine 1:n-Beziehung einer Dimension auf sich selbst abgebildet werden, wie es z. B. von Stücklisten-Strukturen bekannt ist. Dieses und eine weitere, allerdings nicht-normalisierte Variante zur Realisierung von Dimensionshierarchien zeigt die folgende Tabelle 2.

Region		
RID	Ober-ID	Name
13	18	Krs. Pinneberg
14	18	Krs. Ostholstein
15	18	Krs. Steinburg
16	18	Krs. Segeberg
17	...	
18	-	S.-Holst.
...		

Region		
RID	BuLand	Kreis
13	S.-Holst.	Pinneberg
14	S.-Holst.	Ostholstein
15	S.-Holst.	Steinburg
16	S.-Holst.	Segeberg
17	...	...
18	S.-Holst.	-
...		

Tabelle 2: Dimensionshierarchien

Verschiedene Autoren, wie Codd und Reuter, haben Anforderungen an ein Data Warehouse, die zugrunde liegende Datenbank bzw. ein OLAP-Tool aufgestellt; siehe dazu /Codd 1994/ bzw. /Jahnke u. a. 1996/ und /Reuter 1996/. So fordert Codd z. B.

- *Generische Dimensionen*
  Die Datendimensionen (des mehrdimensionalen Datenwürfels) müssen hinsichtlich ihrer funktionalen Fähigkeiten äquivalent sein.

- *Unbegrenzte Anzahl von Dimensionen und Aggregationsebenen*
  Obwohl in den meisten Fällen nicht mehr als 6 Datendimensionen bei einer Analyse benötigt werden, kann es doch sein, daß gelegentlich bis zu 20 Dimensionen erforderlich sind. Ein gutes OLAP-Produkt darf hier keine künstlichen, DV-technisch bedingten Restriktionen aufweisen.

Wie diese Anforderungen erfüllt werden können, soll im nächsten Abschnitt gezeigt werden.

Generische Datenstrukturen bei einem Data Warehouse

Die oben vorgestellte Umsetzung eines Star-Schemas in eine relationale Datenbank ist zwar intuitiv und kann auch durch geeignete Zugriffsverfahren wie z. B. Bitlisten oder die mehrdimensionale Indizes verwaltenden UB-Bäume /Bayer 1996/ unterstützt werden, ist aber schwerfällig bei Strukturänderungen beim zugrunde liegenden Datenwürfel. Das Hinzufügen neuer Dimensionen, neuer Aggregationsebenen innerhalb einer Dimension oder neuer Fakten ist immer mit Schemaänderungen verbunden. Der nachfolgend vorgeschlagene, generische Ansatz hat diese Nachteile nicht.

Die Konzeption von generischen Strukturen, die mit den Anwendungsmodellen zu instantiieren sind, basiert auf dem Prinzip der Abstraktion /Loos 1996/. Eine erste Änderung besteht darin, die bei /Hahne 1998/ als Kennzahlen bezeichneten Fakten anders zu betrachten. Es wird zwischen dem Kennzahlbegriff (Attribut) und dem Wert (Attributwert) unterschieden, z. B. Kennzahl: Umsatz, Wert: 1,2 Mio. DM. Die Kennzahlen stellen dann, auf einer höheren Abstraktionsebene, eine eigene Dimension dar. Die ursprünglichen Fakten sind nur noch die Kennzahlenwerte. Dadurch ergibt sich ein neues logisches Datenmodell für die Tabelle Produktion. In Tabelle 3 ist dieser Sachverhalt dargestellt.

Verkäufe					
__BID__	__ZID__	__AID__	__RID__	__Kennzahl__	Wert
13	81	5	11	Anzahl	100
13	81	5	11	Umsatz	30.000
13	81	5	11	Rabatt	3.000
...					

Tabelle 3: Modifizierte Faktentabelle

Bei dieser Lösung können ohne Datenstrukturänderungen neue Kennzahl(begriffe) hinzugefügt werden. Dimensionsänderungen haben aber immer noch Strukturänderungen zur Folge. Wenn auch dieses vermieden werden soll, kommt man zu noch einer anderen Lösung. Wenn man die ursprüngliche Faktentabelle „kippt", erhält man je Dimensionswert ein eigenes Tupel. Die zu einem Fakt gehörenden Fremdschlüssel werden mit einem gemeinsamen künstlichen Schlüssel versehen.

Verkäufe			
KEY	Dimension	ID	Wert
1	Branche	13	-
1	Zeit	81	-
1	Artikel	5	-
1	Region	11	-
1	Kennzahl	Anzahl	100
1	Kennzahl	Umsatz	30.000
1	Kennzahl	Rabatt	3.000
2	...	...	
...	...		

Tabelle 4: Gekippte Faktentabelle

Eine weitere Änderung bei der generischen Umsetzung eines mehrdimensionalen Datenwürfels betrifft die Dimensionstabellen. Es gibt keine unabhängigen Dimensionstabellen mehr. Wie Abbildung 3 zeigt, existieren statt dessen zwei Meta-Tabellen mit den Dimensionsbezeichnungen und mit den einzelnen Aggregationsebenen und eine Tabelle mit den Ausprägungen der einzelnen Dimensionen. Das Hinzufügen einer neuen Dimension oder einer neuen Ebene im Drill-down-Baum ist dann nicht mehr mit Schemaänderungen der Datenbank verbunden, sondern bewirkt nur das Einfügen neuer Tupel in die genannten Tabellen.

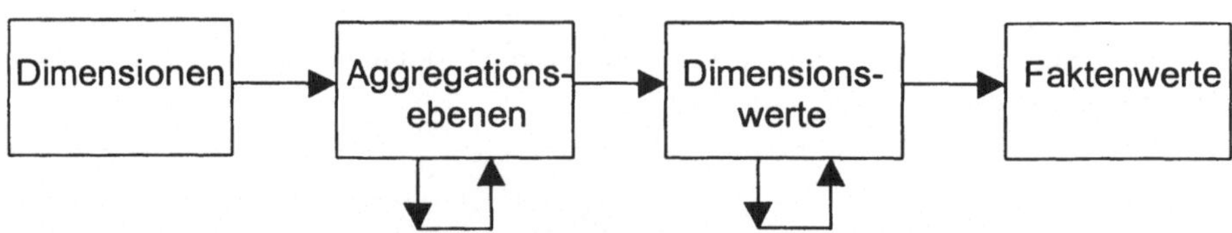

Abbildung 3: Generisches, semantisches Datenmodell eines mehrdimensionalen Datenwürfels

Die Pfeile stellen jeweils 1:n-Beziehungen dar. Die 1:n-Beziehung von Aggregationsebenen auf sich selbst ermöglicht die Definition mehrerer Aggregationsebenen innerhalb einer Dimension, z. B. Jahr, Monat, Woche, wie sie für das Roll-up bzw. Drill-down notwendig ist. Entsprechendes gilt für die Aggregation der Dimensionswerte; hier wird festgelegt, daß z. B. die Monate 01/98, ..., 12/98 zum Jahr 1998 zu aggregieren sind. Die folgende Tabelle 5 stellt die beispielhafte Umsetzung dieses Konzepts in eine relationale Datenbank dar.

Dimension	
Dim-Id	Name
1	Zeit
2	Artikel
3	Region
4	Kennzahl
5	Branche

Aggregationsebene			
Ebene-Id	Name	Dim-Id	Ober-Id
1	Jahr	1	-
2	Monat	1	1
3	Sparte	2	-
4	Produkt	2	3
5	Bundesland	3	-
6	Kreis	3	5
7	Kennzahl	4	-
8	Gruppe	5	-
9	Einzelbranche	5	8

Dimensionswerte			
Werte-Id	Ebene-Id	OberWert-Id	Dim-Wert
1	2	5	04/98
2	4	6	Stuhl
3	5	-	S.-Holst.
4	2	5	05/98
5	1	-	1998
6	3	-	Büromöbel
7	4	6	Tisch
8	7	-	Anzahl
9	7	-	Umsatz
10	7	-	Rabatt
11	6	3	Pinneberg
12	8	-	Dienstleistung
13	9	8	EDV

Faktenwerte		
Gruppe	DimWerte-Id	Wert
1	1	-
1	2	-
1	3	-
1	13	-
1	8	100
1	9	30.000
1	10	3.000
2	5	-
2	6	-
2	9	2.500.000
3	...	-
...		

Tabelle 5: Generisches, logisches Datenmodell eines mehrdimensionalen Datenwürfels

Mit dem Attribut Gruppe der Relation Faktenwerte werden alle die Tupel verbunden, die logisch zusammen gehören. Dazu zählen die Dimensionswerte des Star-Schemas (Null-Eintrag beim Attribut Wert) und die durch diese beschriebenen Kennzahlenwerte. Das Attribut DimWerte-Id verweist als Fremdschlüssel auf den zu einem Faktenwert-Tupel gehörenden Dimensionswert. Zum Beispiel besagen die Tupel mit Gruppe=2, daß der Umsatz im Jahr 1998 in der Sparte Büromöbel sich auf 2.500.000 DM beläuft. Die Relation Dimensionswerte enthält alle Dimensionswerte, einschließlich ihrer Aggregationshierarchien, die über das Attribut OberWert-Id als Fremdschlüssel auf dieselbe Relation abgebildet werden. Wert-Id 11, Pinneberg, wird z. B. zum Dimensionswert 3, Schleswig-Holstein, aggregiert. Das Attribut Ebene-Id verweist auf die Aggregationsebene einer Dimension, zu der ein Dimensionswert gehört. So handelt es sich bei Wert-Id 3, Schleswig-Holstein, z. B. um ein Bundesland, das wiederum eine Aggregationsebene der Dimension Region ist. Dieser Zusammenhang ist aus dem Attribut Dim-Id der Relation Aggregationsebene ersichtlich.

Vorteil dieses vorgeschlagenen Ansatzes ist, daß Strukturänderungen am mehrdimensionalen Datenwürfel – was nach /Anahory & Murray 1997/ häufig vorkommen kann - nicht mit Strukturänderungen beim logischen Datenmodell des Data Warehouse verbunden sind. Damit eignet sich ein generisches Data Warehouse besonders gut für eine automatische Generierung. Allerdings bedingt dieser Ansatz eine größere Anzahl von Tupeln in der Faktentabelle und einen höheren Speicherplatzbedarf. Die hardwaretechnologische Entwicklung dürfte diesen Nachteil aber relativieren.

Beispiel: Die Faktentabelle Verkäufe nach Tabelle 1 mit 10.000 Tupeln benötigt bei 2 Byte je Dimensions-Id und 4 Byte je Kennzahlenwert insgesamt 200.000 Byte. Eine entsprechende Fakten-Tabelle nach Tabelle 5 enthält 70.000 Tupel. Unter der Annahme, daß eine Null-Eintrag 1 Byte benötigt, ergibt sich ein Speicherbedarf von 440.000 Byte. Systembedingte Verwaltungsinformationen wurden dabei nicht betrachtet.

Problematisch ist die Behandlung verschiedener Datentypen bei den einzelnen Dimensionen bzw. Aggregationsebenen. Im ersten Ansatz kann bei der Umsetzung in ein RDBMS für das Attribut Dim-Wert als Typ CHAR() bzw. VARCHAR() gewählt werden.

Ausblick und Danksagung

Im Sommersemester 1998 wurde im Rahmen des SEVERS-Projekts von einer Gruppe von Studenten ein generisches Data Warehouse prototypisch implementiert. Implementierungssprache war Java, als Entwicklungs-Tool kam Visual Age und als Datenbank das RDBMS Sybase zum Einsatz. Effizienz- und Performanceuntersuchungen stehen allerdings noch aus.

An der Entwicklung der Anwendungsarchitektur und des generischen Data Warehouse haben im SEVERS-Projekt viele Studierende des Studiengangs Softwaretechnik an der FH Hamburg sehr engagiert mitgearbeitet. An dieser Stelle herzlichen Dank. Mein besonderer Dank gilt meinem Kollegen Herrn Prof. Dr. Jörg Raasch für seine Arbeiten zum Thema Komponentenarchitektur.

Literatur

/Anahory & Murray 1997/ Anahory, S.; Murray D.: Data Warehouse, Addison Wesley, Bonn – Reading 1997.

/Bayer 1996/ Bayer, R.: The Universal B-Tree for multidimensional Indexing, TU München I9637, München 1996.

/Berry & Linoff 1997/ Berry, M.; Linoff G.: Data Mining Techniques, Wiley & Sons, New York 1997.

/Bollinger 1996/ Bollinger, T.: Assoziationsregeln, Analyse eines Data Mining Verfahrens, in: Informatik Spektrum 5/96, S. 257 ff..

/Chamoni & Gluchowski 1998/ Chamoni, P.; Gluchowski, P. (Hrsg.): Analytische Informationssysteme, Springer Verlag, Berlin - Heidelberg – New York 1998.

/Codd 1994/ Codd, E. F.: Online Analytical Processing mit TM/1, Dt. Übersetzung, M.I.S. GmbH, Darmstadt 1994.

/Gerken 1983/ Gerken, W.: Computergestützte Kennzahlen-Analysesysteme, CAU, Kiel 1983.

/Gerken 1997/ Gerken, W.: Data Warehouse – Datengrab oder Informationspool? in: Versicherungswirtschaft 8/97, S. 506 ff..

/Gluchowski 1996/ Gluchowski, P.: Architekturkonzepte multidimensionaler Data-Warehouse-Lösungen, in: /Muksch & Behme 1996/, S. 229 ff..

/Hahne 1998/ Hahne, M.: Logische Datenmodellierung für das Data Warehouse, in: /Chamoni & Gluchowski 1998/, S. 103 ff..

/Inmon 1992/ Inmon, W.: Building the Data Warehouse, Wiley & Sons, New York 1992.

/Jahnke u. a. 1996/ Jahnke,B.; Groffmann, H.-D.; Kruppa, S.: On-Line Analytical Processing (OLAP), in: Wirtschaftsinformatik 3/96, S. 321 ff..

/Kemper & Finger 1998/ Kemper, H.-G.; Finger, R.: Datentransformation im Data Warehouse, in: /Chamoni & Gluchowski 1998/, S. 61 ff..

/Loos 1996/   Loos, P.: Geschäftsprozeßadäquate Informationssystemadaption durch generische Strukturen, in: G. Vossen, J. Becker (Hrsg.), Geschäftsprozeßmodellierung und Workflow-Management, Thomson Publishing, Bonn 1996, S. 162 ff..

/Muksch & Behme 1996/ Muksch, H.; Behme W.: Das Data-Warehouse-Konzept, Architektur – Datenmodelle – Anwendungen, Gabler Verlag, Wiesbaden 1996.

/Nakhaeizadeh 1998/ Nakhaeizadeh, G. (Hrsg.): Data Mining, Springer Verlag, Berlin – Heidelberg – New York 1998.

/Ohlendorf 1996/ Ohlendorf, T.: Objektorientierte Datenbanksysteme für den Einsatz im Data-Warehouse-Konzept, in: /Muksch & Behme 96/, S. 205 ff..

/Raasch 1998/ Raasch, J.: Eine Komponentenarchitektur für Versicherungsanwendungen, in: Versicherungswirtschaft 8/98, S. 514 ff..

/Reuter 1996/ Reuter, A.: Das müssen Datenbanken im Data Warehouse leisten, in: Datenbank Fokus 2/96, S. 28 ff..

Data Warehouse und Information Brokering
Welche Anforderungen müssen heutige Datenbanksysteme erfüllen
Manfred Soeffky

Zusammenfassung

Ausgehend von den unterschiedlichen Formen der Datenanalyse bei der Unterstützung von Entscheidungsprozessen werden in diesem Beitrag die Eigenschaften von Data Warehouse-Prozessen entwickelt. Es wird auf die wichtigsten Risiken bei der Durchführung von Data Warehouse-Projekten eingegangen und die unterschiedlichen Architekturen gegenübergestellt. Zur Unterstützung von multidimensionaler Datenanalyse und dem Knowlege Discovery in Datenbanken werden Anforderungen an die Datenbanksysteme hergeleitet. Die größten Herausforderungen ergeben sich aus der Größe dieser Datenbanken und dem Management dieser Systeme. Es werden deshalb Fragen der Skalierbarkeit, der Parallelisierbarkeit, des logischen und physischen Designs, der Verwendung spezieller Indextechnologien, der Verteilung und Partitionierung und des Backup und Recovery erörtert.

Der Data Warehouse-Prozeß

Die Konzepte des Data Warehouse-Prozesses sind nicht neu, versuchen sie doch die verschiedenen Ebenen des Managements bei der Durchführung von Unternehmensentscheidungen zu unterstützen. Das Spektrum reicht dabei von eher strategischen bis hin zu operativen Entscheidungssituationen. Die Fülle der zu verarbeitenden Informationen und die Komplexität der Problemstellungen im Entscheidungsprozeß sind von einzelnen oder Gruppen von verantwortlichen Personen kaum noch zu bewältigen und führen häufig zu gefühlsmäßigen ad hoc-Entscheidungen. Gefragt sind also verläßliche Werkzeuge, die auf der Basis von Unternehmens- und externen Daten den Entscheidungsprozeß rational unterstützen können.

Entscheidungsunterstützung

Die Entwicklung der Computer-, Speicher- und Datenbanktechnologie ermöglicht inzwischen eine effiziente Speicherung großer Datenmengen im Giga- und Terrabytebereich, die vor wenigen Jahren noch unvorstellbar war. Die Benutzer dieser Systeme sind kaum noch in der Lage, sinnvolle Informationen aus den gesammelten und gespeicherten Daten zu extrahieren. Es muß uns deshalb in absehbarer Zeit gelingen, durch neue Technologien diese Datenmengen für Analysezwecke zu nutzen. Augenblicklich stehen wir jedoch noch vor riesigen Datenfriedhöfen auf unterschiedlichen Rechnersystemen, ohne zu wissen, wie wir diese auswerten, analysieren, verstehen oder gar graphisch darstellen sollen. Die exponentiell anwachsende Anzahl von Informationsquellen im World Wide Web zeigt deutlich eine weitere Herausforderung, in einer kontinuierlich wachsenden Datenbank effizient zu suchen. So haben wir es trotz verbesserter Infrastruktur noch immer mit dem Problem zu tun, die richtige Information zum richtigen Zeitpunkt am richtigen Ort zu vertretbaren Kosten zur Verfügung zu haben.

Eine Grundforderung der Entscheidungsunterstützung ist es deshalb, Zugang zu einer großen Anzahl von Einzelinformationen zu ermöglichen und mit diesen Manipulationen (Berechnungen) durchzuführen. Ferner müssen Regeln verfügbar sein, um Daten miteinander in Beziehung zu setzen. Dabei muß es möglich sein, auch auf andere, vorher getroffene Entscheidungen zurückzugreifen. Entscheidungsunterstützungssysteme müssen also in der Lage sein, Regeln zu handhaben, die sich an den Unternehmenszielen orientieren (Geschäftsregeln oder Managementregeln), aber auch logische Regeln, die auf anderen Regeln und Daten basieren. Folgt man dieser funktionalen Definition der Entscheidungsunterstützung, so ergibt sich daraus eine mögliche Einteilung von DSS-Systemen nach der Art und Weise, wie sie Daten und Regeln behandeln und analysieren können.

Unterschiedliche Formen der Datenanalyse

Nun ist der Begriff der Datenanalyse nicht exakt definiert und in hohem Maße vom Einsatzgebiet abhängig und den dort definierten Zielen untergeordnet. Eine Möglichkeit, Ordnung in das Problem der Datenanalyse zu bringen, besteht darin, die unterschiedlichen Fragestellungen zu klassifizieren. Tabelle 1 gibt einen Überblick einer möglichen Einteilung des Untersuchungsraumes.

Fragestellung	Raum	Mathematische Disziplin
Welchen Preis hat Produkt 3497?	Datenraum	Mengenlehre, Mengenalgebra
Welcher Umsatz wurde mit Produkt 3497 in Bayern im Monat Februar 1997 erzielt?	Multidimensionaler Raum	Arithmetik
Wie haben sich die Umsätze in den letzten drei Monaten verändert?	Varianzraum	Analysis
Welche Faktoren beeinflussen den Umsatz unserer Produkte in den Mittelmeerländern?	Der Raum der Einflußgrößen	Logik

Tabelle 1: Fragestellungen, Datenräume und dazugehörige mathematische Disziplinen

Der Datenraum hat den Bereich der in den Unternehmen verfügbaren operativen Systeme zum Gegenstand. Er ist nach Objekten, Attributen, Relationen usw. strukturiert, und der Zugang zu den Daten erfolgt mehrheitlich über SQL und stützt sich auf die Verwendung von Schlüsseln. Obwohl auch in diesem Raum prinzipiell Analysen mit aggregierten Daten durchgeführt werden können, eignet sich der multidimensionale Raum dafür besser. In diesem Datenraum werden die Datenobjekte über Dimensionen definiert (Produkte, Märkte, Zeit, Händler usw.), die alle in Hierarchien auftreten, also
Produkte: Produkte - Produktgruppen – Produktlinien,
Märkte: Stadt - Bundesland – Verkaufsgebiet,
Zeit: Tage - Wochen - Monate - Quartale – Jahre.
Neben den unterschiedlichen Bewertungen in Form von Umsätzen, Lagerbeständen, Anzahl der Aufträge usw. werden in diesem Raum die aggregierten Werte des Datenraumes gespeichert. Dadurch wird die freie Bewegung in unterschiedlichen

Ebenen in mehreren Dimensionen ermöglicht, Pivottabellen lassen sich zur Darstellung verwenden und der Benutzer erzeugt eigene Entscheidungsobjekte über diesem multidimensionalen Raum in Form von Filtern, Abfragen, Berichten usw.. Werkzeuge, die diese Form von Datenanalyse unterstützen, werden als OLAP-Tools am Markt angeboten.

Schließlich haben wir es mit dem Raum der Einflußgrößen zu tun, in dem der Einfluß von Merkmalsausprägungen bestimmter Attribute auf andere untersucht wird. Dieser Raum hat eine logische Struktur und in ihm findet Knowledge Discovery in Databases (KDD) oder etwas verkürzt Data Mining statt. Mit diesem Begriff bezeichnet man einen nichttrivialen Prozeß, der sich mit dem Auffinden von impliziten, bisher unbekannten und potentiell nützlichen und verständlichen, komplexen Beziehungen (Informationsmustern) in den Daten beschäftigt.

Der Data Warehouse-Prozeß (oder Data Warehousing) kümmert sich nun gerade darum, wie diese Entscheidungsunterstützung durch die Informationstechnologie in die Praxis umgesetzt werden kann. Eine an Prozessen orientierte Definition, die auf den Begründer dieser Konzepte, W. H. Inmon, zurückgeht, definiert den Data Warehouse-Prozeß deshalb als

Eine Gesamtheit von Teilprozessen, die durch verschiedene Technologien und Dienste unterstützt werden und dabei Daten aus verschiedenen Anwendungssystemen sammeln, diese in einem logischen Modell integrieren und so speichern, daß sie für die Endbenutzer zugänglich und verständlich sind und sie unternehmensweit für Analyse- und Auswertungszwecke zur Verfügung stellen.

Data Warehouse-Projekte

Seit einigen Jahren werden Data Warehouse-Projekte in den Unternehmen durchgeführt. Auf Kongressen und in Seminaren werden die Ergebnisse dieser Projekte dann als Erfolgegeschichten präsentiert. Als Ziele der Projekte werden dabei häufig genannt: Informationsversorgung des Managements zur Entscheidungsunterstützung, Wettbewerbsvorteile gegenüber Mitbewerbern, Trend- und Risikoanalysen in den Geschäftsfeldern, bessere Kenntnis des Kundenverhaltens usw.. Neben den sicherlich zahlreichen erfolgreichen Projekten gab es auch eine nicht zu unterschätzende Anzahl von abgebrochenen oder mit geringerer Funktionalität ausgestatteten Data Warehouse-Projekten, von denen man allerdings wenig erfährt. Tendenziell ist jedoch eine anfängliche Euphorie, die von gigantischem Nutzen und Return of Investment (ROI) getragen wurde, eher realistischen Einschätzungen gewichen.

Risiken bei Data Warehouse-Projekten

Datenqualität

Eine der größten Herausforderungen von Data Warehouse-Projekten ist die Qualität der Ausgangsdaten. Diese Basisdaten stammen in der Regel aus verschiedenen Quellen in den Dateiensystemen auf Großrechnern, in den Datenbanksystemen auf Abteilungsrechnern oder lokalen Arbeitsstationen oder aus externen Daten, die für Zwecke der besseren Datenanalyse beschafft oder dazugekauft wurden. Fehler in diesen Daten wirken sich zwangsläufig auf alle aggregierten und abgeleiteten Daten aus und beeinträchtigen die Analyse. Folgt man den Untersuchungen der Meta Group, so werden in Data Warehouse-Projekten sehr häufig die Datenqualität in den operativen

Daten überschätzt und der Aufwand bei der Transformation der Daten in das Data Warehouse unterschätzt.

Skalierbarkeit

Skalierbarkeit eines Systems erlaubt die schrittweise Kapazitätserweiterung, Performanzverbesserung, Erhöhung des Datendurchsatzes, Erhöhung der Anzahl aktiver Benutzer durch Hinzufügen zusätzlicher Computerleistung, ohne das Anwendungssystem ändern zu müssen. Dabei unterscheidet man die vertikale Skalierbarkeit, die durch Hinzufügen weiterer Prozessoren und/oder zusätzlicher Plattenkapazitäten die Computerleistung erhöht und die horizontale Skalierbarkeit, die durch die Zusammenarbeit mehrerer Server eine verteilte Umgebung oder lose gekoppelte Systeme schafft. Ein weiterer nicht zu unterschätzender Aspekt im Rahmen der Skalierbarkeit ist das Wachstum der Datenbank, mit der man schnell an die Grenzen der verwendeten Hardware und der verfügbaren Datenbanktechnologie stoßen kann.

Kosten- und Nutzenbetrachtungen

Obwohl die Genehmigung von Data Warehouse-Projekten oft als strategisch wichtige Entscheidung getroffen wird, unterbleibt in manchen Fällen eine Kosten-Nutzenbetrachtung und eine detaillierte Schätzung des Return of Investment (ROI). Wegen der Komplexität des Data Warehouse-Prozesses und dem damit verbundenen Aufwand beim laufenden Betrieb sollten die laufenden Betriebskosten frühzeitig in die Betrachtung einbezogen werden, weil sie sehr schnell die tatsächlichen Entwicklungskosten des Data Warehouse übersteigen können. Folgende Kostenkategorien sind dabei zu betrachten: Endbenutzerbetreuung, Management des Data Warehouse, Wartung und Pflege.

Insbesondere das Data Warehouse-Management hat eine große Anzahl unterschiedlicher Aufgaben zu erledigen, die bisher weder von einem Datenbank- noch von einem Netzwerkadministrator wahrgenommen wurden und deshalb eine ausreichende Einarbeitungszeit erforderlich machen. Dazu gehören Definition, Aufbau und Pflege der aggregierten Tabellen (Summentabellen), Aufbau und Pflege spezieller Indizes (z. B. Bitmap Indizes), das Laden und Aktualisieren multidimensionaler Datenbanken, die Partitionierung von Tabellen aufgrund der Größe der Datenbank und der Struktur und Häufigkeit der Benutzeranfragen usw.. Schließlich hat sich das Management von Data Warehouse-Systemen mit Backup, Restore und Recovery, der Archivierung, der Bereinigung nicht benötigter Daten auseinanderzusetzen.

Vor dem Hintergrund der Größe und des Wachstums der Data Warehouse-Datenbank stellen die Zeiträume, in denen riesige Datenmengen gesichert werden können, die größte Herausforderung dar. Aus Kostengründen werden die Platten der Data Warehouse-Datenbanken nicht gespiegelt oder RAID-Systeme eingesetzt, die über eigene Backup-, Restore- und Recovery-Funktionen verfügen. Zumindest bei Datenbanken bis zu 400 - 500 GB ist jedoch die Verwendung von RAID-Systemen dringend zu empfehlen. Für Datenbanken, die über diese Größe hinausgehen, wird man über die Partitionierung von Tabellen und die Parallelisierung von Aktivitäten des Ladens, Indizierens, Aktualisierens und die Berechnungen von Aggregationen versuchen, das Risiko des Ausfalls von Speichermedien oder Teilen davon zu begrenzen. Ferner verlangen die heute verfügbaren Geschwindigkeiten bei der Speicherung nach geeigneten Backup- und Restore-Strategien. Parallelisierte Backup-Lösungen kommen heute auf maximal 10 GB/Std.. Dies bedeutet, daß für 1 TB immerhin noch ca. 4 Tage zu veranschlagen sind. Im Durchschnitt wird man heute jedoch bei den meisten eingesetzten Backup-Lösungen noch mit 40 Tagen für 1 TB rechnen müssen. Berücksichtigt man noch, daß die kleinste Partition in Oracle7 die Tabelle oder ein Index in einem Tablespace ist, so besteht die einzig mögliche Lösung in der Partitionierung der Tabellen. Sehr große Tabellen, die als Faktentabellen im Data Warehouse auftreten, werden deshalb sehr häufig in Abhängigkeit der Dimension "Zeit" partitioniert. Für das Management des Data Warehouse-Systems ist es deshalb wünschenswert, wenn das eingesetzte Datenbanksystem diese Partitionen der Tabellen und Indizes automatisch sichern und wiederherstellen kann. Dies ist z. B. bei Oracle8 oder Informix 7.2 der Fall. Einige Datenbanken sind jedoch nicht in der Lage, auch die Indizes zu partitionieren. Da diese Indizes schnell bis zu 100 GB groß werden, ergeben sich zwangsläufig Backup-Probleme. Einige Hersteller, wie EMC und Storage Technology bieten ihre Band- und Backup-Lösungen mit RAID-Datenbank-Speicherungssystemen an. Diese Anbieter haben bereits Backup-Lösungen angekündigt, die den Systembus und zum Teil Datenbanksoftware umgehen und dabei auf Sicherungen im Umfang von 100 GB/Std. kommen. Kritisch wird allerdings das Restore, das ohne den Systembus und die Datenbanksoftware nicht auskommt.

Auch müssen unter Beachtung des tatsächlichen Wachstums des Data Warehouse-Systems zukünftige Kapazitätsplanungen durchgeführt werden, die mit entsprechenden Kostenschätzungen versehen sein müssen. Eine Schätzung, die auf Bill Inmon zurückgeht, geht von einem Administrationsteam von 4 - 7 Personen aus, wenn ein neu implementiertes zentrales Data Warehouse mittlerer Größe zu betreuen ist. Dabei wird allerdings vorausgesetzt, daß die Hardware- und Netzwerkumgebung bereits bekannt ist und auch die verwendete Datenbank-Technologie vom Team bereits administriert wurde. Ist dies nicht der Fall, so ist der Bedarf entsprechend höher.

Architekturen und Technologien von Data Warehouse-Systemen

Ein wichtiger Schritt im Data Warehouse-Prozeß ist der Technologieplan, der die wesentliche Architektur der Data Warehouse-Umgebung festlegt. Diese Architektur wird wesentlich von der Art der Datenanalyse und -auswertung bestimmt. Dagegen lassen sich die einzelnen Komponenten, die die technologische Architektur der Data Warehouse-Umgebung beschreiben, allgemein aus der Definition des Data Warehouse-Prozesses herleiten (vgl. Abbildung 1).

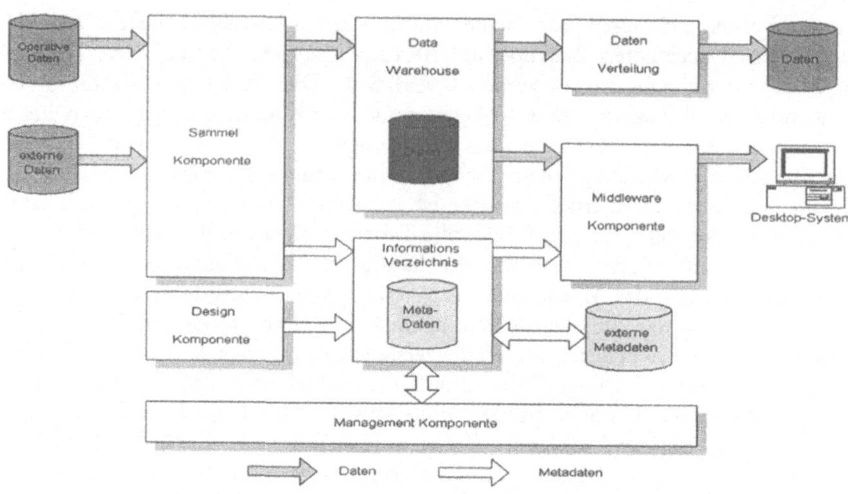

Abbildung 1: Die technologische Architektur von Data Warehouse-Systemen

In der Praxis und in der Literatur sind viele Vorschläge zur Architektur von Data Warehouse-Umgebungen gemacht worden. Die erfolgversprechende Architektur ist das Modell der Parallelentwicklung von Data Mart und Data Warehouse. Bei der Entwicklung verschiedener Data Marts für bestimmte Geschäftszweige muß das Design von einem Data Warehouse-Datenmodell gesteuert werden, das die unternehmensweite Sichtweise repräsentiert. Auf diese Weise soll sichergestellt werden, das zu jedem Zeitpunkt der Entwicklung Redundanz vermieden wird und gleichzeitig keine Informationslücken entstehen. Ist dieser Prozeß für alle parallel entwickelten Data-Marts vollzogen, dann übernimmt fortan das voll integrierte oder verteilte Data-Warehouse die Hauptaufgabe der Weiterentwicklung. Bestehende Data Marts werden nun vom Data Warehouse mit den notwendigen Daten versorgt, neue Data Marts werden durch Extraktion entsprechender Teilmengen mit den notwendigen Daten versorgt. Gleichzeitig wird das unkontrollierte Wachstum einzelner Data Marts verhindert und eine frühzeitige integrierte Betrachtungsweise in das Modell integriert.

Die Komponenten eines Data Warehouse

Zur Beschreibung der Data Warehouse-Gesamtarchitektur ist es sinnvoll, die einzelnen Teilprozesse zu durchlaufen, die zur Erstellung des Gesamtsystems notwendig sind.
Die Quelldaten des Data Warehouse-/Data Mart-Systems kommen aus den unterschiedlichsten Anwendungssystemen, den archivierten Daten im Unternehmen und den möglichen externen Daten, die man für die Datenanalyse verwenden möchte. Alle Aufgaben der Extraktion und Zusammenführung bis zum endgültigen Speichern dieser Daten in einer Datenbank wollen wir als Sammelkomponente definieren (vgl. Abbildung 2).

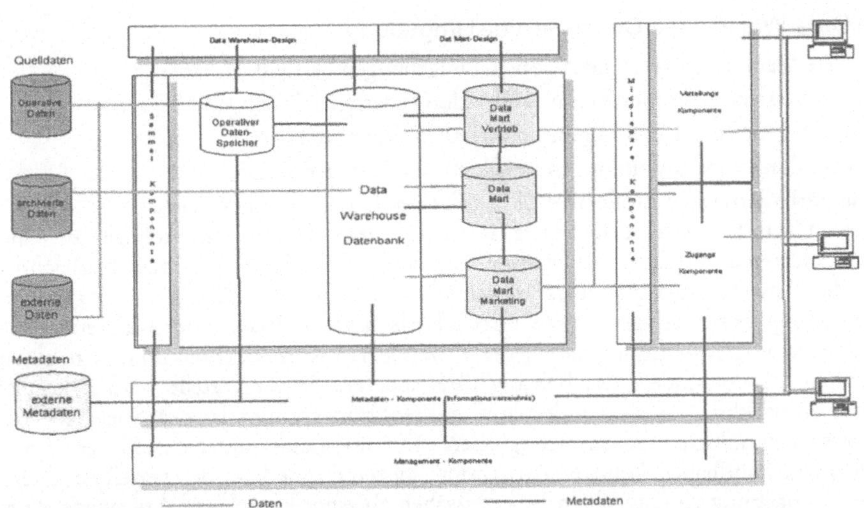

Abbildung 2: Der Data Warehouse-Gesamtprozeß mit seinen Komponenten

Bei diesem Teilprozeß müssen die Daten unter Umständen bereinigt, transformiert und zusammengeführt werden, um dann in der Regel in einer relationalen Datenbank gespeichert zu werden. Aber auch alle Informationen über die Quellanwendungen, ihre Rechnersysteme, die Transformations- und Abbildungsregeln müssen als Metadaten des Data Warehouse-Prozesses von der Sammelkomponente in ein zentrales oder verteiltes Repository (Informationsverzeichnis) geschrieben werden. Um den abschließenden Ladeprozeß zu ermöglichen, muß vorher mit der Designkomponente das Datenmodell des Data Warehouse entworfen werden. Dies kann z. B. mit einem CASE-Werkzeug geschehen, das in der Regel in der Lage ist, auch das physische Datenmodell in der Zieldatenbank zu erzeugen. Das Datenbankschema ermöglicht dann eine integrierte Sichtweise auf die Unternehmensdaten. Da für die Datenanalyse wahrscheinlich auch archivierte Daten benötigt werden, müssen auch diese von der Sammelkomponente integriert werden. Schließlich ist die Sammelkomponente auch für die Aktualisierung der Data Warehouse-Daten zu den festgelegten Zeitpunkten verantwortlich.

Über eine Middlewarekomponente haben die Endbenutzer über ihre Analysewerkzeuge Zugang zu den Daten im Data Warehouse. Dieser Zugang müßte auch über das Informationsverzeichnis ermöglicht werden. Es sollte die Möglichkeit vorhanden sein, daß der Endbenutzer sich diese Daten in Form von Anfragen und/oder Berichten selbst holt (Pull-Technologie). Aber auch die Verteilung wichtiger Informationen sollte über eine Verteilungskomponente möglich sein. Diese über eine Push-Technologie arbeitende Komponente sollte zeit- oder ereignisgesteuert wichtige Informationen den Endbenutzern auch über das Internet/Extranet/Intranet zur Verfügung stellen.

Schließlich besteht der Data Warehouse-Gesamtprozeß aus der wichtigen Management-Komponente, mit der die vollständige und effiziente Administrierung aller Teilprozesse ermöglicht wird.

Die Data Warehouse Client-Server-Umgebung

Die erste Generation von Client-Server-Umgebungen bestand aus einer

- zuverlässigen Kommunikationsverbindung zwischen Clients und Servern,
- vom Client initiierten Interaktion zwischen Client und Server,
- Verteilung von Anwendungen in Client- und Serverprozesse,
- serverbasierten Kontrolle über die zulässigen Anfragen eines Clients.

Dieses Client-Server-Modell wurde in den letzten Jahren sehr schnell zu einer mehrschichtigen verteilten Architektur weiterentwickelt. So konnte man beobachten, daß die Anwendungslogik eines Systems schrittweise vom Client auf sogenannte Anwendungsserver verlagert wurde. Große Fortschritte im Bereich der Middleware und der Anwendungsentwicklung mit wiederverwendbaren Komponenten führten zu einem verteilten Objekt-Modell, das beliebig über mehrere Server verteilt werden konnte. Diese Entwicklung ist verbunden mit großen Fortschritten in der Speicher- und Prozessortechnologie, die immer größere Datenbestände unterschiedlicher Typen performant handhaben können. Anwendungssysteme innerhalb der verteilten Client-Server-Umgebung zu entwickeln ist inzwischen zu einer komplexen Aufgabenstellung geworden, die auch für Data Warehouse-Systeme zutrifft. Die Komplexität dieser Systeme kann durch folgende Fragestellungen verdeutlicht werden:

- Wie können sich Clients und Server in einem solchen Netzwerk finden?
- Wie können Clients und Server auf unterschiedlichen Systemen in getrennten Adressräumen laufen und trotzdem Informationen gemeinsam nutzen?
- Wie können Clients und Server, die in heterogenen Hardwareumgebungen mit unterschiedlichen Betriebssystemen laufen, über die verschiedenen Protokolle ihre Prozesse synchronisieren?

Diese Arbeitsteilung muß auch in Data Warehouse-Systemen erfolgen, wo unterschiedliche Benutzergruppen die verschiedenen Formen der Datenanalyse auf sehr großen Datenbeständen durchführen. Für eine Data Warehouse-Umgebung müssen deshalb die Server eine Reihe von Diensten bereitstellen, die von den Clients nachgefragt werden. Neben diesen Diensten müssen die Server noch eine Reihe anderer Anforderungen erfüllen, die im folgenden kurz zusammengefaßt sind: Mehrbenutzerbetrieb, Skalierbarkeit (vertikal - Prozessoren, Speichermedien, horizontal - gekoppelte Systeme), Performanz (Antwortzeitverhalten), Speicherkapazitäten, Verfügbarkeit (7 Tage, 24 Stunden, RAID-Subsysteme, Online-Administration). Anforderungen an die Performanz des Gesamtsystems hängen auch sehr stark von der gewählten Hardware-Plattform ab. Die Mehrzahl der heute eingesetzten Data Warehouse-Systeme verwenden Ein- und Mehrprozessor-SMP-Hardware-Plattformen. Obwohl sich die Performanz dieser Systeme durch das Hinzufügen weiterer Prozessoren schrittweise verbessern läßt, sind jedoch Grenzen der Skalierbarkeit vorhanden. Abhängig von der gewählten Hardware-Plattform liegt sie in der Regel unterhalb von 30 Prozessoren. Eine Möglichkeit, diese Begrenzung zu überwinden, wird durch MPP-Systeme und Cluster von SMP-Systemen ermöglicht, die über keinen gemeinsamen Speicherbereich verfügen. Wesentliche Voraussetzung der SMP-Skalierbarkeit ist die Fähigkeit des Betriebssystems, diese symmetrischen Multiprozessoren zu unterstützen und bestehende Anwendungen ohne Modifikation auszuführen. Hier sind UNIX und Windows NT die dominierenden Server-Betriebssysteme. SMP-Systeme werden deshalb auch häufig als Datenbankserver eingesetzt. Wichtige Vertreter im Markt der SMP-Maschinen sind Pyramid Technology, Sequent Computers, HP und Sun.

Die Datenbankkomponente

Die verteilte Client-Server-Architektur verlangt nach Datenbanksystemen, die diese Architektur unterstützen. Hinzu kommen die Anforderungen komplexer Datenanalyse für die Data Warehouse-Umgebung und die Unterstützung von Parallelsystemen. Das Wachstum der Data Warehouse-Datenbank und die größere Anzahl der zu unterstützenden Benutzer gehören zu den kritischen Erfolgsfaktoren eines Data Warehouse-Projektes. Fragen der Skalierbarkeit und der Performanz sind deshalb von zentraler Bedeutung. Im einzelnen werden dabei die folgenden Ziele verfolgt:

- Bestehende Anfragen sollen beim Wachstum der Datenbank und der Anzahl der Benutzer mit gleicher Performanz ausgeführt werden.

- Bestehende Anfragen sollen bei gleicher Datenmenge und Anzahl der Benutzer mit besserer Performanz ausgeführt werden.

Wünschenswert wären dabei lineare Verbesserungen, d. h., daß eine Verdoppelung der Anzahl der Prozessoren die Antwortzeit der Anfragen halbiert oder eine Verdoppelung der Datenmenge zu gleichen Antwortzeiten führt. Diese Ziele können jedoch nur erreicht werden, wenn die zugrundeliegende Hardwarearchitektur, das Betriebssystem und die Datenbank eine Parallelarchitektur aufweisen. Parallele Hardwarearchitekturen treten auf der Basis mehrerer Prozessoren in den Ausprägungen eines gemeinsam genutzten Speicherbereichs (SMP) (vgl. Abbildung 3), eines gemeinsam genutzten Plattenbereichs, verteilter Speicherbereiche (MPP) oder Clustern von Einzel- und SMP-Systemen auf. Die Datenbankhersteller müssen mit ihren Systemen versuchen, diese Architekturen zu nutzen. Dies kann dadurch geschehen, daß verschiedene Serverprozesse (Threads) mehrere Anfragen zur gleichen Zeit bearbeiten können. Die parallele Abarbeitung von Anfragen wurden von den großen Datenbankherstellern erfolgreich auf SMP-Systemen implementiert.

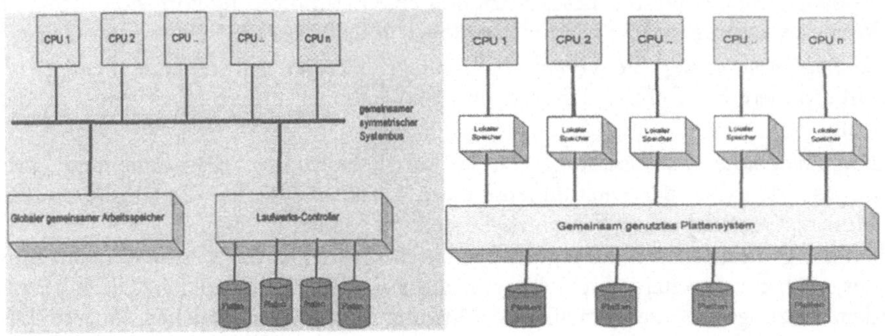

Abbildung 3:
Parallele Hardwarearchitektur mit gemeinsam genutztem Speicherbereich (links)
Parallelarchitektur mit verteilter Speicher- und gemeinsamer Plattenarchitektur
(rechts)

Jedoch hat man zwischen den verschiedenen Typen der Parallelisierungen zu unterscheiden, die erheblichen Einfluß auf die Performanz haben. Besteht z. B. die Ausführung einer Anfrage aus einem vollständigen Tabellendurchlauf (Table-Scan), einem Join und einer Sortierung, dann wäre dies sicher ineffizient, wenn jeder Teilschritt erst abgeschlossen werden muß, bevor der nächste beginnen kann. Einige Datenbankhersteller zerlegen deshalb die serielle SQL-Anfrage in Teilprozesse (Scan, Join, Aggregierung, Sortierung) und können diese dann parallel ausführen, wodurch die gesamte Ausführungsgeschwindigkeit erheblich verbessert wird. Aber auch andere Operationen, die von der Datenbank im Data Warehouse-Umfeld ausgeführt werden müssen, lassen sich parallelisieren, so z. B. alle Transaktionen (Insert, Update, Delete), die Erzeugung und Aktualisierung von Indizes, das Laden der Datenbank, Backup- und Recovery-Funktionen.

Bei der Parallelisierung von SQL-Anfragen unterscheidet man desweiteren die

- *horizontale Parallelisierung*, bei der die Datenbank auf mehrere Speichermedien verteilt wird (Daten-Partitionierung). In diesem Fall werden die Teilprozesse (z. B. Scan) gleichzeitig von mehreren Prozessoren auf verschiedene Partitionen angewendet.

- *vertikale Parallelisierung*, bei der alle Teilprozesse parallel ausgeführt werden. In diesem Fall wird die Ergebnismenge eines Teilprozesses der Input eines anderen Teilprozesses, sobald Datensätze verfügbar sind.

Wünschenswert wäre es, wenn das Datenbanksystem beide Formen der Parallelisierung unterstützen würde.

Bei der horizontalen Parallelisierung kommt es entscheidend auf die unterschiedlichen Formen der Partitionierung an. Neben den zufallsabhängigen Verfahren (Random Partitioning) gibt es eine Reihe intelligenter Techniken der Partitionierung, die bei richtigem Einsatz zu erheblichen Performanzverbesserungen führen können. Im wesentlichen werden unterschieden:

- *Hash-Partitionierung:* Hier wird ein eigener Algorithmus zur Berechnung der Partitionsnummer eines Datensatzes über ein Schlüsselattribut verwendet.

- *Schlüssel-Partitionierung:* In diesem Fall wird ein Attribut verwendet und in Abhängigkeit des Wertes dieses Attributes eine Partitionierung vorgenommen (z. B. Werte zwischen 1 und 99 999 für Partition 1, 100 000 bis 199 999 Partition 2, usw.).

- *Schema-Partitionierung:* Sie verteilt vollständige Tabellen auf separate Platten, was insbesondere bei Referenztabellen und Replikationen effizient verwendet werden kann.

- *Benutzerdefinierte Partitionierung:* Diese Möglichkeit der Partitionierung kann insbesondere bei der multidimensionalen Datenanalyse bei Zeitattributen (z.B. Monate, Quartale) in der Faktentabelle sinnvoll genutzt werden.

Neben der gemeinsamen Nutzung der Speicherbereiche (Shared Memory Architecture) gibt es noch zwei weitere Architekturen, die von den Datenbankherstellern genutzt werden. Dazu gehört die gemeinsame Nutzung von Plattenbereichen (Shared Disk Architecture). In diesem Fall teilen sich mehrere relationale Datenbankserver mit eigenem Speicherbereich die gesamte Datenbank, wobei jeder Datenbankserver Lese-, Schreib- und Transaktionsprozesse auf der gemeinsamen Datenbank ausführen kann. Voraussetzung dafür ist ein verteilter Lock-Manager, der für die Konsistenz der Gesamtdatenbank zu sorgen hat. Dieser Lock-Manager kann bei der Synchronisation der verteilten Prozesse jedoch auch erhebliche Performanzeinbußen verursachen. Hier sind erweiterte Kenntnisse des Administrators nötig, um diese Erscheinung zu vermeiden. Vertreter dieser Technologien sind Oracles Parallel-Server und auch DB2 auf IBM Parallel Sysplex-Maschinen.

Schließlich ist die sogenannte Shared Nothing-Architektur zu nennen, in der alle Daten der Datenbank auf alle Platten verteilt sind. Jeder Subserver des Parallelsystems verfügt über einen eigenen Speicher- und Plattenbereich. SQL-Anfragen werden von dem relationalen Datenbanksystem auf alle beteiligten Subsysteme verteilt. Diese Architektur wird für die MPP- und Clustersysteme optimiert und bietet hinsichtlich der Skalierbarkeit wenig Beschränkungen. Der Nachteil dieser Systeme liegt in der Schwierigkeit der Implementation von Anwendungssystemen.

Diese Schwierigkeiten ergeben sich aus den notwendigen parallelen Erweiterungen der Betriebssysteme, Verbesserung der Compilereigenschaften und der Programmiersprachen. Für die Datenbanksysteme ergeben sich in diesen Architekturen eine Reihe von Herausforderungen, die sich wie folgt zusammenfassen lassen:

- Verteilung der SQL-Kommandos (function shipping): Anfragen an die Datenbank müssen zu dem Subsystem weitergeleitet und ausgeführt werden, das über die entsprechenden Daten verfügt.

- Strategien für Parallele Joins: Wenn die Datensätze in verschiedenen Partitionen, die von verschiedenen Prozessoren kontrolliert werden, zu einem Join verbunden werden müssen, dann muß dies mit optimaler Interprozeßkommunikation und geringer Netzwerkbelastung erfolgen.

- Automatisches Partitionieren der Daten bei ausgefallenen Subsystemen

- Ermittlung optimaler Ausführungsstrategien für den Query-Optimizer

- Unterstützung von Transaktionen

Für den Auswahlprozeß eines geeigneten Datenbanksystems für die Data Warehouse-Umgebung müssen diese Eigenschaften der Parallelarchitekturen und ihre unterschiedlichen Implementationen bekannt sein.

Außerdem kann man beobachten, daß einige Datenbankanbieter an anderen Technologien zur Verbesserung der Performanz arbeiten. Dazu gehört die Implementierung anderer Indizierungstechniken (Bitmap-Indizes). Vorreiter war hier zunächst Sybase, jedoch haben andere Datenbankhersteller diese Techniken ebenfalls implementiert. Kritisch ist bei diesen Indexstrukturen die Aktualisierung der Indizes zu beurteilen. Außerdem ist unklar, wie diese Technologien mit den Datentypen Bild, Video usw. umgehen können. Interessant ist auch das Datenbanksystem des Herstellers Red Brick Systems, das speziell für die Anforderungen der Data Warehouse-Umgebung entwickelt wurde. Die relationale Datenbank dieses Herstellers verfügt über eine Komponente, die das schnelle Laden und Indizieren von Datenbanken ermöglicht. Spezielle Indizes auf der Basis des Star-Schemas sorgen für ein schnelles Navigieren, und spezielle Erweiterungen von SQL ermöglichen effiziente multidimensionale Datenanalysen.

Die Vielzahl der am Data Warehouse-Prozeß beteiligten Komponenten hat zur Folge, daß es kaum einen Hersteller gibt, der den Gesamtprozeß mit den entsprechenden Werkzeugen unterstützen kann. Insbesondere die großen Datenbank- und Hardware-Hersteller haben deshalb Allianzen mit anderen Anbietern gebildet, um möglichst große Teile des Gesamtprozesses durch entsprechende Werkzeuge zu unterstützen. Dabei läßt augenblicklich allerdings der Integrationsgrad dieser Werkzeuge noch sehr zu wünschen übrig.

Data Warehouse-Projekte sind nicht einfach zu implementieren, nicht billig und sicherlich nicht von heute auf morgen zu realisieren. Außerdem haben wir es mit unterschiedlichen Gruppen innerhalb des Unternehmens zu tun, die in diesen Projekten zusammenarbeiten müssen, wenn das Projekt erfolgreich abgeschlossen werden soll. Dazu gehören das Management des Unternehmens, die Fachabteilungen und schließlich die IT-Abteilung, für die ein starker Zwang zur Zusammenarbeit herrscht, der nicht unterschätzt werden kann.

Bei richtigem Einsatz und geeigneter Nutzung kann ein Data Warehouse jedoch zum Informationszentrum eines Unternehmens werden, in dem alle wichtigen Informationen effizient zur Verfügung stehen. Ein Ziel, für das es sich lohnt zu investieren.

Literatur

/Barquin 1997/   Barquin, R.; Edelstein, H.: Planing and Designing the Data Warehouse (Vol. 1). Building, Using and Managing the Data Warehouse (Vol. 2). Upper Saddle River, NJ, Prentice Hall, 1997.

/Berson 1997/   Berson, A.; Smith, S.J.: Data Warehousing, Data Mining and OLAP. New York, McGraw-Hill, 1997.

/Morse 1997/   Morse, S.; Issac, D.; Parallel Systems in the Data Warehouse. Upper Saddle River, NJ, Prentice Hall, 1997.

/Silverstone 1997/   Silverstone, L.; Inmon, W.H. et al.: The Data Model Ressource Book. New York, Wiley, 1997.

III Architekturen im Information Brokering

Das Bild von Ihren Kunden muß so scharf sein wie der Wettbewerb.

Klar sehen. Mit Software für Customer Relationship Management.

Wenn Sie wissen möchten, was Sie mit SAS Software für Ihre Kunden und für Ihren Erfolg tun können, dann rufen Sie uns einfach an, oder besuchen uns im Internet.

Hotline: 0 62 21 / 41 51 23
www.sas.de

CRM Software
SAS® Lösungen für Customer Relationship Management

Parallelisierung Neuronaler Netze im Workstation-Cluster mittels CORBA

Alexander Winterer

Zusammenfassung

Ein Workstation-Cluster ist ein logisch zusammenhängendes System mit einer Anzahl von Workstations, die durch ein LAN miteinander verbunden sind. Die einzelnen im System vorhandenen Workstations werden jedoch oftmals von den Benutzern nur gering ausgelastet. Eine Möglichkeit der Ausnutzung der vorhandenen Rechenkapazität einzelner Workstations ist deren gleichzeitige Nutzung als Arbeitsplatzstation und als Server für verteilte oder parallele Anwendungen.

Die Aufgabe der Untersuchung[1] war es, ein objektorientiertes Modell zu entwickeln und zu implementieren, welches eine variable Verteilung und Parallelisierung eines oder mehrerer Neuronaler Netze auf einem Workstation-Cluster zuläßt. Den Neuronalen Netzen wurde dabei die Aufgabe gestellt, eine kurzfristige Prognose des VW-Aktienkurses durchzuführen. Der Aufbau der verteilten und parallelen Anwendung wurde mit CORBA vorgenommen. CORBA ist ein Standard zur Entwicklung von portablen, verteilten, objektorientierten Anwendungsprogrammen, der relativ neu ist und in vielen innovativen Softwarefirmen bereits zum Einsatz kommt bzw. getestet wird.

Die Neuronalen Netze können hier als Information Broker angesehen werden, die Informationen verteilt speichern und einen schnellen Zugriff darauf bieten. CORBA bzw. das ausgewählte CORBA-Produkt Orbix unterstützt hierbei die Informations-logistik.

Informationslogistik und CORBA

Nachfolgend wird die Common Object Request Broker Architecture dargestellt, die zur Verteilung und Parallelisierung der Neuronalen Netze verwendet wurde und auf ihren Bezug zur Informationslogistik hingewiesen. Es soll an dieser Stelle noch kurz erläutert werden, warum CORBA als Basis für diese Client/Server-Anwendung verwendet wurde.

CORBA ist ein Standard, der auf dem objektorientierten Paradigma aufsetzt und als eine logische Fortführung bzgl. der Entwicklung von objektorientierten Client/Server-Anwendungen angesehen wird. Da die Anwendung zur Verteilung der Neuronalen Netze objektorientiert entwickelt werden sollte und CORBA bzw. die auf diesem Standard basierenden CORBA-Produkte nur selten bezüglich ihrer Einsetzbarkeit in einer Anwendung mit hohem Geschwindigkeitsbedarf getestet wurde, sollten in dieser Untersuchung diese Tests mit einem CORBA-Produkt durchgeführt werden.

Die Common Object Request Broker Architecture (CORBA) definiert ein Rahmenwerk für verschiedene ORB (Object Request Broker) Implementationen, um gemeinsame ORB Dienste und Schnittstellen bereitzustellen und portable Clients und Server zu unterstützen. In Abbildung 1 ist dargestellt, welche Komponenten es dem Client ermöglichen, eine Methode einer Objektimplementierung innerhalb eines Netzwerkes aufzurufen.

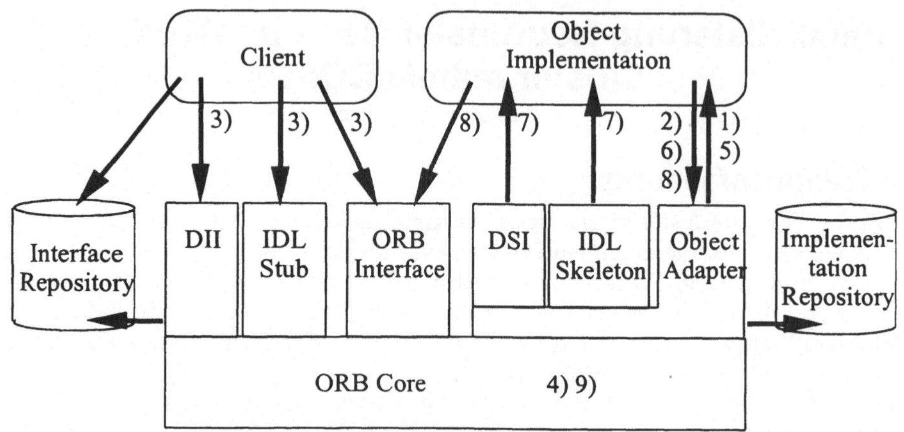

Abbildung 1: Überblick über die CORBA /OMG 1995/

Bevor auf das Zusammenspiel der einzelnen Komponenten eingegangen wird, werden diese hier kurz erläutert. Die allgemein gebräuchlichen Begriffe Client und Server werden hier bzgl. ihrer besonderen Bedeutung im Rahmen der CORBA definiert /OMG 1995/:

- **Client:** Eine Anwendung, die eine Methode eines lokalen oder entfernten Objektes aufruft.

- **Object Implementation (Server):** Stellt den Inhalt eines Objektes durch Definition von Daten und Code für die Methoden zur Verfügung.

- **Dynamic Invocation Interface (DII):** Die dynamische Aufrufschnittstelle dient der dynamischen Konstruktion eines Methodenaufrufes.

- **IDL Stub und IDL Skeleton:** IDL (Interface Definition Language) ist eine an C angelehnte Beschreibungssprache, mit deren Hilfe die Unabhängigkeit von der Sprache, in der Client und Server implementiert sind, erreicht werden kann. Die IDL-Schnittstellenbeschreibung auf der Seite des Clients wird **IDL Stub** genannt, die auf der Seite der Objektimplementation **IDL Skeleton.**

- **Object Request Broker (ORB):** Ist verantwortlich für alle Mechanismen, um die Objektimplementation zu finden, sie zum Empfang des Requests vorzubereiten und die Daten für den Request zu übertragen. Der ORB ist in der Abbildung in zwei Komponenten unterteilt:
  - **ORB Core:** Der ORB-Kern ist der Teil des ORBs, der die Datenübertragung und die Basisrepräsentationen von Objekten bereitstellt. Er bringt den Request eines Clients zu dem passenden Adapter für das Zielobjekt.
  - **ORB Interface:** Die Schnittstelle, die bei allen ORBs gleich ist und nicht vom Objektadapter oder der Objektschnittstelle abhängt.

- **Object Adapter:** Benötigt eine Objektimplementation Dienste, die vom ORB bereitgestellt werden, so benutzt sie den Objektadapter, um diese ansprechen zu können. Es gibt einen allgemeinen Objektadapter, den sogenannten Basic Object Adapter (BOA) für alle Objekte, die ähnliche Anforderungen an eine Schnittstelle haben.

- **Dynamic Skeleton Interface (DSI):** Korrespondierender Mechanismus zum DII auf Server-Seite.

Wie die einzelnen Komponenten zusammenarbeiten, läßt sich am besten durch Darstellung des typischen Ablaufs vom Einbau einer neuen Objektimplementation bis hin zum Aufruf einer ihrer Methoden durch einen Client erläutern. In der folgenden Ablaufdarstellung wird als Objektadapter der in jeder ORB-Implementation verfügbare BOA angenommen:

1. Zur Bereitstellung der Objektimplementation wird vom BOA ein Programm gestartet, welches u. a. die Objektimplementation auffordert, sich zu initialisieren.
2. Die Objektimplementation meldet dem BOA, daß sie die Initialisierung beendet hat und bereit ist, Requests zu empfangen.
3. Ein Client will eine Methode der Objektimplementation aufrufen. Hierzu ruft er entweder eine Stub-Routine auf oder er erzeugt mittels des DII (Dynamic Invocation Interface) dynamisch einen Request. In dem Request legt er fest, welche Methoden er mit welchen Parametern aufrufen will. Zur Bestimmung, welches Objekt er ansprechen will, übergibt er die Objektreferenz.
4. Der ORB-Kern empfängt den Request vom Client mitsamt den Parametern und lokalisiert die gewünschte Objektimplementation. Er überträgt den Request und übergibt die Kontrolle an den BOA.
5. Beim erstmaligen Eintreffen eines Requests beim BOA wird die Objektimplementation von diesem aufgerufen, um das betreffende Objekt zu aktivieren.
6. Die Objektimplementation aktiviert das Objekt unter Benutzung der entsprechenden Funktion des ORBs über den BOA.
7. Der Request wird vom BOA über den IDL Skeleton oder den DSI (Dynamic Skeleton Interface) an die Objektimplementation weitergegeben.
8. Während der Bearbeitung kann die Objektimplementation Funktionen des ORBs über den Objektadapter anfordern oder bei bestimmten Funktionen direkt die ORB-Schnittstelle benutzen.
9. Nach Ablauf der Bearbeitung werden Kontrolle und Rückgabewerte über den ORB-Kern an den Client zurückgegeben.

Es ist hier ersichtlich, daß bei Neuinstallation und erstem Aufruf eines Requests ein gewisser Verwaltungsaufwand notwendig ist. Bei weiteren Requests verkürzt sich aber der Ablauf, da die Punkte 1, 2, 5 und 6 dann entfallen.

An diesem Ablauf ist leicht erkennbar, daß CORBA-Produkte die Informationslogistik unterstützen. Der Nutzer eines CORBA-Produktes muß sich nicht darum kümmern, woher die Informationen kommen (wobei hier der Ort gemeint ist, auf dem die Implementation liegt, nicht welches Objekt angesprochen wird) und wie sie zu ihm gelangen. Er ruft lediglich die entsprechende Stellvertretermethode auf (siehe Punkt 3). Den Rest erledigen der ORB und die anderen Elemente von CORBA.

Um das geeignete CORBA-Produkt für die zu erstellende Anwendung zu finden, wurden einige Auswahlkriterien definiert, die für die Nutzung des Produktes für die Anwendung relevant sind. Aus einer Auswahl der fünf bekanntesten CORBA-Produkte wurde Orbix zur Verteilung der Neuronalen Netze gewählt, da es kostenlos zur

Verfügung gestellt werden konnte und dieses Produkt die Anforderungen, die von der Anwendung gestellt wurden, erfüllt.

Neuronale Netze als Information Broker

Jedes künstliche Neuronale Netz hat Neuronen, die Daten von der Außenwelt aufnehmen (Eingangsneuronen) und solche, die Daten an die Außenwelt weitergeben (Ausgangsneuronen). Es kann außerdem noch Neuronen beinhalten, die Daten von Neuronen aufnehmen und an Neuronen weitergeben (Versteckte Neuronen). Die in Abbildung 2 dargestellte Schichteneinteilung zeigt allerdings schon eine spezielle Netzarchitektur und ist nicht allgemeingültig für Neuronale Netze. Jedes Neuron der Eingangsschicht hat genau einen Eingang (hier E1 oder E2), über den ein Wert zum Neuron gelangen kann. Die Eingangswerte werden Muster genannt. Die Weitergabe der Daten erfolgt über die Verbindungen zu den Neuronen, die bestimmte Gewichte, d.h. Werte (hier w1 bis w6) haben.

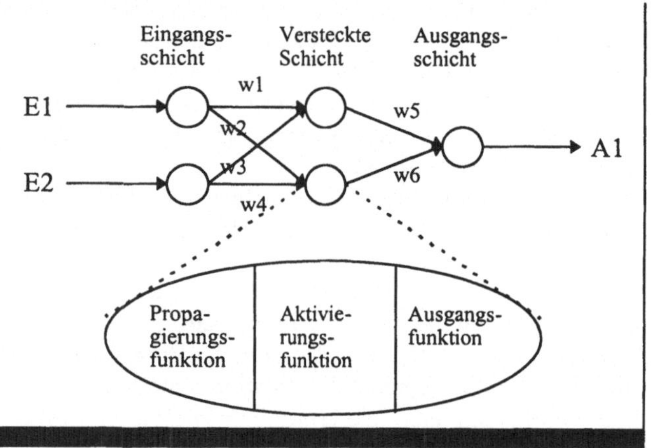

Abbildung 2: Ein einfaches Neuronales Netz

Ein Neuronales Netz ist, wenn man es sich als ein Geflecht einer Vielzahl von Knoten und Verbindungen vorstellt, ein Information Broker. Es werden Daten an das Netz angelegt und von jedem Knoten müssen die ermittelten Ausgangsdaten an verbundene Knoten als Eingangsdaten weitergegeben werden. Die gesamte Informationslogistik, -speicherung und -versorgung erfolgt also über die Verbindungen des Netzes. Diese Gewichte werden immer wieder um ein bestimmtes Maß an die Daten angepaßt, die über diese Verbindung ein Neuron erreichen. Dieses Anpassen der Verbindungsstärken wird im gesamten Neuronalen Netz vorgenommen. Da die Verbindungen verteilt im Neuronalen Netz liegen und das Neuronale Netz wiederum auch verteilt werden kann auf mehrere Rechner, ist auch die Informationsspeicherung verteilt. Ein Neuronales Netz ist robust gegen Ausfälle einzelner Neuronen und deren Verbindungen. Durch die Verteilung einer Information auf alle Verbindungen, kann man sie trotz Ausfall einiger Neuronen und Verbindungen trotzdem wieder ermitteln. Der Anwender eines Neuronalen Netzes bekommt von der internen Informationsversorgung nichts mit. Ihn interessieren lediglich die Ausgangsdaten der „Endknoten" des Netzes (in der Abbildung 2 A1 genannt). Auf einem Rechner ist ein solches Netz, bezüglich der richtigen Informationsversorgung, relativ einfach zu realisieren. Man könnte beispielsweise jedem Knoten eine Liste von Zeigern auf weitere Knoten geben, an die die Ausgangsdaten weiterzugeben sind. Interessant wird das Information Brokering erst, sobald man über die Rechnergrenzen hinausgeht. Gerade bei einem Neuronalen Netz stellt sich die Frage, wie dieses sinnvoll auf mehrere Rechner in einem Workstation-Cluster aufgeteilt werden kann, um hierdurch einen Geschwindigkeitsvorteil zu erhalten und außerdem die richtige und rechtzeitige Informationsversorgung sicherzustellen.

Ein Neuronales Netz hat also zusammenfassend folgende Features, die ein Information Broker anbieten sollte:

- Speicherung von Informationen,
- Schnellen Zugriff auf Informationen durch Verteilung auf mehrere Rechner,
- Schutz vor Informationsverlust durch verteilte Datenhaltung bedingt durch die Netztopologie (Sicherheitsaspekt).

Klassenstruktur

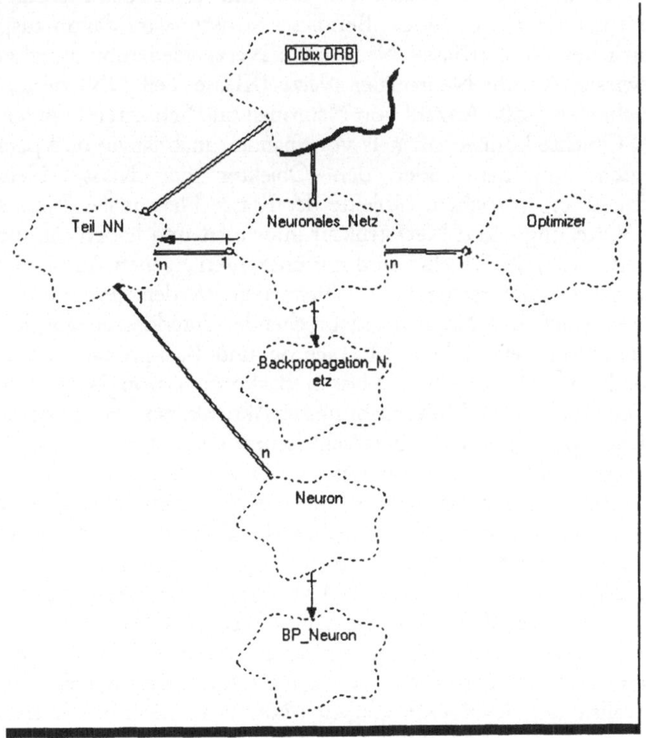

Abbildung 3: Die Klassenstruktur

In der Abbildung 3 ist die prinzipielle Klassenstruktur des in dieser Untersuchung realisierten objektorientierten und verteilten Neuronalen Netzes dargestellt. Die einzelnen Klassen dienen dabei folgenden Zwecken:

- Optimizer: Der Optimizer dient dazu, diejenige Netzstruktur zu finden, mit der das zugrundeliegende Problem am besten gelernt werden kann (Netzstruktur-optimierung) bzw. das die besten Ergebnisse bei den Validierungsmustern erzielt. In einem zweiten Schritt kann darauf aufbauend auch die optimale, d. h., die schnellste Verteilungs- bzw. Parallelisierungsstruktur ermittelt werden (Verteilungsstrukturoptimierung). Außerdem ist es möglich, an ein schon vorhandenes Neuronales Netz Muster anzulegen und eine Reproduktion durchzuführen. Der Optimizer ist also insgesamt die zentrale Komponente, mit deren Hilfe es möglich ist, die Netzstruktur- und Verteilungsstrukturoptimierungen ohne Benutzereingriff ablaufen zu lassen. Die Klasse Optimizer fungiert dabei immer als Client, der seine Serverklasse Neuronales_Netz verschiedenartig anspricht.

- Neuronales_Netz, Teil_NN und Neuron: Das eigentliche Neuronale Netz wird in die Klassen Neuronales_Netz, Teil_NN und Neuron unterteilt. Objekte der Klasse Neuronales_Netz[2] sind dabei entweder auf dem Client (bei Verteilungsstruktur-optimierung) oder auf den Servern (bei Netzstrukturoptimierung) realisiert, während sich Objekte der Klasse Teil_NN und somit auch Neuron stets auf den verschiedenen Servern befinden. Bei dieser Struktur wird davon ausgegangen, daß ein Neuronales Netz (Klasse Neuronales_Netz) wiederum prinzipiell selbst aus einer gewissen Anzahl Neuronaler Netze (Klasse Teil_NN) besteht, die jeweils eine verschieden große Anzahl von Neuronen und Schichten besitzen können. Die Teil_NN-Objekte können oftmals voneinander unabhängig und parallel ablaufen. Sie werden von dem oder den Objekten der Klasse Neuronales_Netz entsprechend angesprochen. Objekte der Klasse Neuronales_Netz sind über die gesamte Verteilungs- und Netzstruktur informiert und haben sämtliche Gewichte gespeichert. Teil_NN-Objekte sind nur über ihren eigenen Aufbau informiert. Für die Realisierung unterschiedlicher Netztypen werden jeweils von der Klasse Neuronales_Netz und Neuron entsprechende Unterklassen abgeleitet (z. B. bei Backpropagation-Netzwerken: BP_Neuron und Backpropagation_Netz). Die in der Abbildung 3 dargestellten Klassen Backpropagation_Netz und BP_Neuron wurden innerhalb dieser Untersuchung zur Aktienkursprognose verwendet, jedoch ist es leicht möglich, andere überwacht lernende Netztypen (z. B. Hopfield-Netz) hinzuzufügen und zu implementieren.

Wie in der Abbildung 3 dargestellt ist, benutzt die zentrale Klasse Optimizer zur Erfüllung der an sie angetragenen Aufgaben die abstrakte Klasse Neuronales_Netz. Diese wiederum benutzt Elemente des Orbix-ORBs und leitet an die Klassen Backpropagation_Netz und Teil_NN ab. Dabei benutzt ein Neuronales_Netz selbst 1 bis n Objekte der Klasse Teil_NN. Die Klasse Teil_NN benutzt ebenfalls Elemente des Orbix-ORBs und besteht aus den einzelnen Neuronen (die Klasse Neuron stellt jeweils ein spezifisches Neuron zur Verfügung). Auch die abstrakte Klasse Neuron vererbt zur Realisierung des Backpropagation-Netzes an die entsprechende Unterklasse BP_Neuron.

Parallelisierung Neuronaler Netze

Die Parallelisierung eines oder mehrerer Neuronaler Netze soll bezogen auf die Informationslogistik zum schnelleren Zugriff auf die Informationen dienen, welches ein wesentlicher Aspekt bei der Informationsermittlung ist.

Zentrales Element bezüglich der Parallelisierung des Neuronalen Netzes ist die während der Designphase hinzugekommene Klasse Teil_NN. Mit ihr ist es möglich, das Neuronale Netz in kleinere (Teil-) Neuronale Netze aufzusplitten und so eine Parallelisierung herbeizuführen. Pro Server wird dann ein Teil-NN verwendet. In Tabelle 1 werden die nachfolgend beschriebenen möglichen Parallelisierungsarten eines Neuronalen Netzes bezüglich der Aufteilung der Teilnetze beispielhaft betrachtet:

- Ein-Server-Lösung: Das gesamte Neuronale Netz wird auf einen Server gelegt, d. h., es findet keine Aufsplittung des Neuronalen Netzes statt und das entsprechende Serverobjekt der Klasse Teil_NN besitzt das gesamte Neuronale Netz. Damit ist prinzipiell jedoch keine Parallelisierung eines einzelnen Netzes möglich.

- Multi-Ebenen-Parallelität: Ein Server kann aus einer beliebigen Anzahl von Schichten des Neuronalen Netzes bestehen. Die Ein-Server-Lösung ist ein Sonderfall dieser Lösung.

- Ebenen-Parallelität: Ein Server bietet genau eine Schicht eines Neuronalen Netzes an.

- Multi-Knoten-Parallelität: Ein Server kann mehr als ein Neuron einer Schicht des Neuronalen Netzes enthalten.

- Knoten-Parallelität: Ein Server enthält genau ein Neuron des Neuronalen Netzes.

- Disjunkte Spalten-Parallelität: Ein Server bietet ein gesamtes Neuronales Netz an. Zwischen den einzelnen Netzen existieren keine Verbindungen. Die Ergebnisse der Netze können von einem nachfolgenden Netz weiterverarbeitet werden.

Parallelisierungsart	1. Teilnetz	2. Teilnetz	3. Teilnetz	weitere Teilnetze
Ein-Server-Lösung	alle Neuronen des Netzes	-	-	-
Multi-Ebenen-Parallelität	erste Schicht	zweite und dritte Schicht	-	-
Ebenen-Parallelität	erste Schicht	zweite Schicht	dritte Schicht	-
Multi-Knoten-Parallelität	erste zwei Neuronen der ersten Schicht	nachfolgende zwei Neuronen der ersten Schicht	zwei Neuronen der zweiten Schicht	entsprechend bis dritte Schicht
Knoten-Parallelität	erstes Neuron der ersten Schicht	zweites Neuron der ersten Schicht	drittes Neuron der ersten Schicht	entsprechend bis dritte Schicht
Disjunkte Spaltenparallelität	ersten zwei Neuronen der ersten und zweiten Schicht	restliche Neuronen der ersten und zweiten Schicht	dritte Schicht	-

Tabelle 1: Parallelisierungsmöglichkeiten eines Neuronalen Netzes

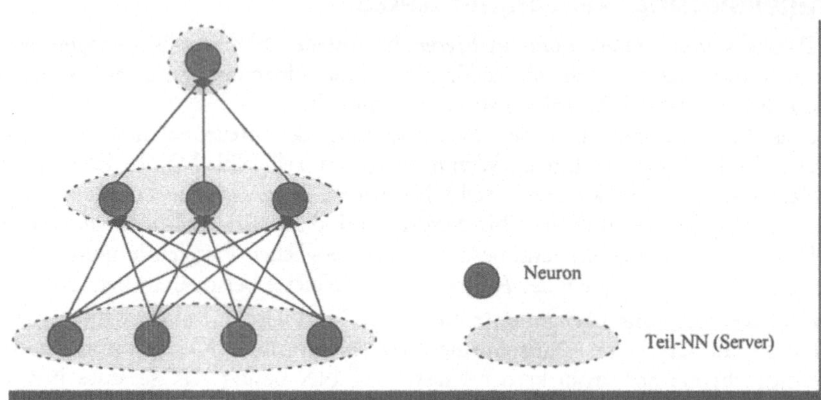

Abbildung 4: Die Ebenen-Parallelität als Beispiel einer Parallelisierungsart

In der Tabelle 1 wurde von einem dreischichtigen NN ausgegangen. Die Anzahl der Neuronen in einem Teil-NN wurde beispielhaft bei der Multi-Knoten-Parallelität auf zwei Neuronen festgelegt. Bei der disjunkten Spaltenparallelität sind ebenfalls auch andere Aufteilungen denkbar. Als Beispiel einer Parallelisierungsart ist in Abbildung 4 die Ebenen-Parallelität noch einmal grafisch dargestellt.

Die Hardwareumgebung als Basis der Verteilung

Sowohl das parallelisierte Neuronale Netz als auch die Orbix-Testprogramme werden in einem Rechnernetz homogener DEC Alpha-Workstations implementiert. Die einzelnen Arbeitsplatzstationen sind dabei mittels eines 10Mbit-Ethernet-Kabels miteinander vernetzt.

Die vorhandenen Alpha-Systeme haben unterschiedliche Ausbaustufen und lassen sich unterscheiden in Standard-System (AXP 3000-400 mit 64 MB Hauptspeicher), Extended-System (AXP 3000-600 mit 128 MB), Server-System 1 (AXP 3000-400 mit 64 MB) und Server-System 2 (AXP 3000-800 mit 128 MB).

Die Standard-Systeme und das Server-System bestehen aus dem 64-Bit RISC (Reduced Instruction Set Computer)-Prozessor 21064 von DEC, der mit 133 MHz getaktet ist. Neben 16 KB internen Prozessorcache ist noch ein 512KB-Cache auf dem Board vorhanden. Der Speicherausbau kann von 32 MB bis 512 MB erfolgen. Die Übertragung von Daten aus dem Speicher zum Prozessor erfolgt mit 106 MB/s bei einer Busbreite von 256 Bits. Auf allen Systemen läuft das UNIX-Betriebssystem DEC OSF/1 AXP, unter dem auch noch vorhandene ULTRIX- oder SystemV-Applikationen ablaufen können.

Anwendungsgebiete Neuronaler Netze

An ein Neuronales Netz können immer nur Muster, d.h. eine Anzahl von Werten, angelegt werden. Demnach müssen die Komponenten jedes zu lösenden Problems zunächst in Werte umgewandelt und die Lösung des Problems muß ebenfalls aus den Ausgabewerten (dem Ausgangsmuster) des Netzes interpretiert werden. Die Probleme aller Anwendungsbereiche, die mit Neuronalen Netzen gelöst werden können, sind demnach für das Neuronale Netz auf ein Grundproblem reduzierbar - das der Mustererkennung. Abbildung 5 legt diesen Sachverhalt dar.

An ein Neuronales Netz können u. a. Zeitreihen zur Prognose, Bilder oder Sprache, z. B. zur Zuordnung zu einem bestimmten Menschen oder zur Richtungsentscheidung für Roboter angelegt werden. Zur Transformation der Daten für die Mustererkennung ist allerdings ggf. ein gewisser Vor- und Nachbearbeitungsaufwand erforderlich.

Wegen der äußeren Ähnlichkeit dieses Modells mit einer Sanduhr drängt sich der Schluß auf, daß das Neuronale Netz den Flaschenhals des Modells darstellt. Dies ist nicht der Fall. Ganz im Gegenteil bietet das Neuronale Netz durch seine Schnittstellen zur Außenwelt die Möglichkeit, es als black box zu behandeln. Dadurch ist man in der Lage, es in den verschiedensten Anwendungsbereichen einzusetzen. Neuronale Netze eignen sich allerdings besonders in Anwendungsbereichen, bei denen viele Eingangsdaten verwendet werden und Zusammenhänge in diesen Daten vom Netz erkannt und „interpretiert„ werden sollen, die ohne Verwendung aufwendiger Verfahren nicht auffindbar sind. Zu den häufigsten Anwendungsgebieten zählen u. a. Planung (Personalbedarf, Maschinenbelegung, Tourenplanung), Steuerung (z. B. Roboter, Maschinen), Erkennung (Zeichen, Sprache, Bilder) und Prognose (Aktienkurse, Umsätze, Zinsen).

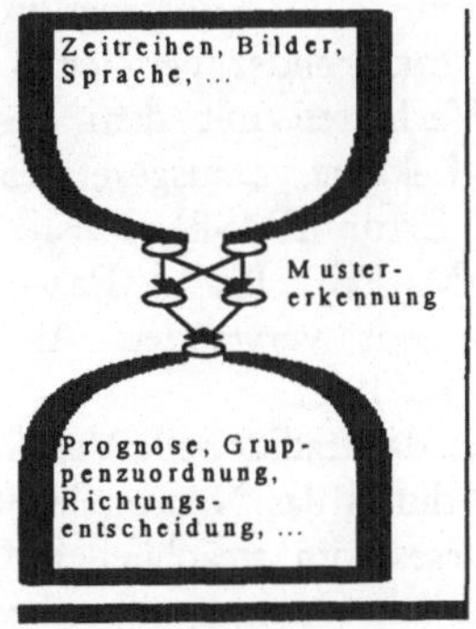

Abbildung 5: Uminterpretation der Probleme in Mustererkennungsprobleme und Rückinterpretation der Lösungen

Um die Geschwindigkeit des verteilten Neuronalen Netzes testen zu können, wird ein Anwendungsbereich benötigt, bei dem viele und große Muster (große Anzahl an Eingangswerten) benötigt werden. Dies ist in vielen der dargestellten Anwendungsgebiete der Fall; es wurde die Aktienkursprognose gewählt.

Es sollte der Kursverlauf der VW-Aktie vom Neuronalen Netz prognostiziert werden. Hierzu mußten zunächst die Eingangsdaten für das Netz definiert und beschafft werden. Folgende Eingangsdaten wurden verwendet, die jeweils bereinigt und auf den Bereich [-1; 1] transformiert an das Netz angelegt wurden:

- Differenzen der Aktienkurse von VW der letzten 10 Tage.

- Indizesunterschiede zum Vortag von DAX, WestLB-Gesamt, WestLB-Auto, Commerzbank.

- Kursunterschiede zum Vortag der Aktien BMW, Daimler-Benz, Porsche.
- Gleitende Mittelwerte und RSI (Relative Stärke Index), berechnet über die letzten 10 Tage, für die Indizes DAX, WestLB-Gesamt, WestLB-Auto, Commerzbank.
- Gleitende Mittelwerte und RSI, berechnet über die letzten 10 Tage, für die Aktien BMW, Daimler-Benz, Porsche.
- Wochentag.

Anschließend mußte die geeignete Netztopologie für das Neuronale Netz gefunden werden. Hierzu wurde ein Optimizer-Programm entwickelt, das verschiedene Backpropagation-Netztopologien erstellte. Der Optimizer legte auf jeden verfügbaren Server genau ein Neuronales Netz mit einer bestimmten Topologie ab und trainierte alle parallel mit den oben dargestellten Daten (Netztopologieparallelität).

Als optimal hat sich ein Netz mit 66 Eingangsneuronen, einer Hidden-Schicht mit 66 Neuronen sowie einer Ausgangsschicht mit nur einem Neuron herausgestellt. Das Netz ist schichtenweise vermascht. Als Lernalgorithmus wurde bei den Tests zur Parallelisierung der optimierte Backpropagation-Algorithmus verwendet. Die Eingangsdaten sind auf den Bereich [-1; 1], die Ausgangsdaten auf den Bereich [0; 1] normiert. Das Netz wurde mittels eines eigens hierfür konstruierten Algorithmus auf unterschiedlichste Art und Weise auf dem Workstation-Cluster verteilt und parallel abgearbeitet.

Im folgenden werden die Ergebnisse der Kursprognosen mit Neuronalen Netzen und traditionellen Verfahren kurz miteinander verglichen. Dabei wird jeweils von den statistischen Verfahren das Verfahren mit dem besten Ergebnis verwendet. Als Vergleichsmaße werden die als bekannt vorausgesetzten Gütemaße Mean Square Error (MSE), Rooted Mean Square Error (RMSE), Mean Absolute Error (MAE), Mean Absolute Percentual Error (MAPE), Bravais-Pearson-Korrelationskoeffizient und Theilscher Ungleichheitskoeffizient verwendet. Als Datengrundlage dienten die Kurswerte vom 1. 9. 1992 - 30. 12. 1992.

Wie in Tabelle 2 zu sehen ist, ist das traditionelle Verfahren der Naiven Punktprognose gegenüber der Punktprognose durch das Neuronale Netz eindeutig besser, d. h., die Abweichungen des Prognosekurses vom tatsächlichen Kurs sind geringer. Dies wird am besten bei der Trefferquote deutlich. Demgegenüber besitzt die Richtungsprognose mit Neuronalen Netzen eine um 7,15 % höhere Trefferquote als die des besten traditionellen Verfahrens, d. h., die Richtung des zu prognostizierenden Kurses wurde bei der Prognose mit einem Neuronalen Netz zu 63,1 % richtig vorhergesagt, während dies beim besten traditionellen Verfahren, der Methode der gleitenden Mittelwerte, lediglich mit 55,95 % der Fall war.

Prognoseart	Treffer-quote	MSE	RMSE	MAE	MAPE	Bravais	Theilsch
Punktprognose NN	13,1 %	99,16	9,96	8,11	3,01 %	0,93	1,68
Richtungsprognose NN	63,1 %	0,35	0,60			0,29	0,82
Naive Punktprognose	23,8 %	37,23	6,1	4,55	1,67 %	0,97	1
Gleit. Mittelwert: Richtungsprognose	55,95 %	0,42	0,65			0,13	0,93

Tabelle 2: Fehlermaße bei Punkt- und Richtungsprognose von VW mit Neuronalen Netzen und traditionellen Verfahren

Da die Richtungsprognose das bestimmende Element bei der Berechnung der ökonomischen Gütemaße ist, sind diese bei der Prognose mit einem Neuronalen Netz eindeutig besser. Dies wird am deutlichsten bei Verwendung eines Tradingmodells, bei dem keine Transaktionskosten betrachtet werden. Der Buy-and-Hold-Gewinn beträgt im angegebenen Zeitraum -2754,48 DM. Die Prognose mit Neuronalen Netzen erzielt bei demselben Tradingmodell einen Tradinggewinn von 984,50 DM, während bei allen durchgeführten Prognosen mit traditionellen Methoden ein Verlust zu verbuchen ist.

Parallelisierung

Die hier nachfolgend dargestellten Ergebnisse der Parallelisierung Neuronaler Netze auf Workstation-Clustern beziehen sich auf die verschiedenen dargestellten Parallelisierungsmöglichkeiten. Die Performancetests wurden jeweils in der Nacht durchgeführt, als kein anderer Benutzerbetrieb im Workstation-Cluster vorhanden war. Jeder betrachtete Test mußte innerhalb einer Nacht abgearbeitet werden, obwohl es vom Programm auch vorgesehen ist, die Optimierung der Verteilungsstruktur nach einem Abbruch wiederaufzusetzen. Der Grund dafür ist, daß sich die Performance der Workstations durch ablaufende Hintergrundprozesse sowie nicht gelöschte Prozesse von Tag zu Tag ändern kann, und somit eine Vergleichbarkeit der Performance-messungen an unterschiedlichen Tagen nicht gegeben ist. Deshalb mußte die Anzahl der zu lernenden Muster auf 100 beschränkt und die Anzahl der Epochen auf 10 festgelegt werden. Eine Epoche ist der Zeitbedarf des Netzes, um alle 100 Muster einmal zu lernen. Das ganze Konzept ist natürlich darauf ausgerichtet, gerade auch am Tag zu funktionieren, wenn anderer Benutzerbetrieb vorhanden ist und die trotzdem noch geringe Auslastung der Maschinen für diese rechenaufwendigen Anwendungen zu nutzen.

Bei der Ebenenparallelität können die einzelnen Schichten eines Neuronalen Netzes zueinander parallel ablaufen, bei der Knotenparallelität werden die einzelnen Neuronen einer Schicht parallel verarbeitet. Durch das entwickelte Modell ergibt sich bei der Knotenparallelität die Möglichkeit, verschiedene Neuronen einer Schicht zu unterschiedlichen Gruppen zusammenzufassen und diese dann parallel abarbeiten zu lassen. Die Möglichkeiten der Ebenen-Parallelität wurden dahingehend erweitert, daß auch mehrere Schichten einem Prozessor bzw. einer Workstation zugeordnet werden können. Sowohl die Ebenen- als auch die Knotenparallelität werden vom Optimizer während der Suche nach der optimalen Verteilungsstruktur des Netzes verwendet.

Da die zur Aktienkursprognose verwendeten Netze zu klein waren, um die Parallelisierung austesten zu können, wurden zur Performanceeinschätzung größere Netze erzeugt, denen jedoch nicht die Aufgabe gestellt wurde, Aktienkursprognosen durchzuführen. Ein großes Netz zur Aktienkursprognose wurde deshalb nicht erstellt, da hierzu nicht genügend sinnvolle Eingangsdaten zur Verfügung standen. Um jedoch eine Vergleichbarkeit zu erzielen, wird derselbe Lernalgorithmus, derselbe Wertebereich der Ein- und Ausgangsdaten und auch hauptsächlich die gleiche Vermaschungsart benutzt. Das neu erstellte, größere, schichtenweise vollständig vermaschte Backpropagation-Netz besitzt 100 Eingangsneuronen, drei Hidden-Schichten mit (in dieser Reihenfolge) 200, 100 und 80 Neuronen sowie 50 Ausgangsneuronen. Es existieren keine schichtenübergreifenden oder rekurrenten Verbindungen. Ein Lernmuster des Neuronalen Netz besteht aus 50 Paaren von (x/y)-Werten, wobei jedem Paar ein Ausgangsneuron zugeordnet ist, das angibt, ob sich der entsprechende (x/y)-Punkt innerhalb eines Koordinatensystems unter- oder oberhalb der Funktion $f(x) = x^2$ befindet. Zum Lernen wurden an das Netz 100 verschiedene Lernmuster mit jeweils 50 verschiedenen (x/y)-Paaren normiert auf den Bereich [0; 1] angelegt. Die Ergebnisse, bei durch den Optimizer erzeugten verschiedenen Verteilungsstrukturen, sind in Tabelle 3 dargestellt. Es sind hier nur die besten Ergebnisse dargestellt. Bei der Knotenparallelität konnte festgestellt werden, daß sich diese erst bei wesentlich größeren Netzen auszahlt.

Verteilungs-struktur	Anzahl Rechner	Lernzeit bei 10 Epochen	Speedup	Effizienz	Grenz-Speedup[3]
(200-100-80-50)	1	200,0 Sek.	1	1	-
(200)-(100-80-50)	2	133,7 Sek.	1,5	0,75	0,5
(200-100)-(80-50)	2	158,7 Sek.	1,27	0,635	0,27
(200-100-80)-(50)	2	191,8 Sek	1,047	0.50235	0,047
(200)-(100)-(80-50)	3	106,3 Sek	1,88	0,626	0,38
(200)-(100-80)-(50)	3	124,2 Sek	1,61	0,536	0,11
(200-100)-(80)-(50)	3	160,5 Sek	1,25	0,416	-0,25
(200)-(100)-(80)-(50)	4	100,2 Sek	1,99	0,4975	0,49

Tabelle 3: Ergebnis bei der Ebenenparallelität

Es konnte mit der Ebenen-Parallelität ein Speedup-Wert von beinahe zwei gegenüber der Ausführungszeit des Neuronalen Netzes auf einem Rechner erzielen. Bei der Verwendung von vier Maschinen des Clusters, d.h. bei der Zuteilung jeder Schicht auf genau einen Prozessor, wurde so die Lernzeit von 200 Sekunden auf beinahe 100 Sekunden halbiert. Jedoch ist die Effizienz mit lediglich 49,75 % der theoretisch möglichen Ausführungsgeschwindigkeit[4] nicht zufriedenstellend. Würde man je ein Netz auf die vier Rechner legen (Netztopologieparallelität), so würde man einen Speedup-Wert von beinahe vier erreichen.

Fazit

In dieser Arbeit wurde eine Simulation Neuronaler Netze entwickelt, die verschiedene Arten der Parallelisierung eines Neuronalen Netzes innerhalb eines Workstation-Clusters erlaubt. Bezüglich der Fragestellung der Parallelität wurde ein objekt-orientiertes Modell entwickelt und implementiert, das die Netztopologie-Parallelität, die Ebenen-Parallelität sowie eine abgewandelte Form der Knotenparallelität zuläßt. Die Messungen ergaben, daß bei der Netztopologieparallelität ein beinahe idealer Speedup erreicht werden konnte, während die Ebenenparallelität nur ca. 50 % des idealen Speedups erzielte. Der Einsatz der Knotenparallelität eignet sich erst bei wesentlich größeren Netzen.

Bei der Aktienkursprognose erzielte das vom Optimizer erzeugte Neuronale Netz bei der Richtungsprognose wesentlich bessere Ergebnisse als die traditionellen Verfahren.

Das verwendete CORBA-Produkt Orbix eignete sich sehr gut zur Unterstützung bei der Informationslogistik. Nachdem das Design auf eine verteilte Anwendung ausgerichtet war, waren nur wenige Schritte notwendig, um die Teil_NN auf den einzelnen Rechnern mittels Orbix anzusprechen. Das Neuronale Netz mußte lediglich die richtige und rechtzeitige Informationsversorgung sicherstellen.

Anmerkungen

[1] Die in diesem Beitrag dargestellten Untersuchungen und Ergebnisse basieren auf einer Diplomarbeit /Stengel, Winterer 1996, Betreuer Prof. Dr. R. Bischoff. Daher können sich inzwischen Änderungen ergeben haben, die hier nicht berücksichtigt worden sind. So ist das hier verwendete CORBA-Produkt Orbix (Version 1.3) inzwischen erweitert und verbessert worden (aktuelle Version: 2.3), weshalb die dargestellten Performance-messungen und andere Ergebnisse nicht zwingend mit aktuellen Daten übereinstimmen müssen. Da es in diesem Beitrag aber mehr um die Art der gemeinsamen Nutzung verschiedener Konzepte geht als um die konkreten Ergebnisse, sind nicht die quantitativen Größenordnungen der Ergebniswerte von Belang sondern die Relationen der Daten.

[2] Die Klassen Neuronales_Netz und Neuron sind abstrakte Klassen, da sie an die entsprechenden Klassen für bestimmte Netztypen, wie z. B. Backpropagation_Netz und BP_Neuron vererben. Mit Objekten der Klassen Neuronales_Netz und Neuron sind hier Objekte dieser vererbten Klassen gemeint.

[3] Der Grenz-Speedup berechnet sich hier durch die Differenz des vorliegenden Speedups mit dem besten Speedup, bei Verwendung einer Workstation weniger.

[4] Die theoretisch mögliche Ausführungsgeschwindigkeit ist der Zeitaufwand bei nur einem Rechner geteilt durch die Anzahl der verwendeten Rechner.

Literatur

/OMG 1995/   Object Management Group: CORBA 2.0 Specification, OMG-Document, 1995.

/Stengel, Winterer 1996/   Stengel, Frank; Winterer, Alexander: Parallelisierung Neuronaler Netze zur Aktienkursprognose in Workstation-Clustern mittels CORBA, Diplomarbeit FH Furtwangen, FB WI, April 1996.

▶ ▶ ▶ Die MLP Consult GmbH ist eine Gesellschaft des MLP-Konzerns, einer der führenden Finanzdienstleistungsgruppen in Deutschland. Wir entwickeln Software-Lösungen für Unternehmen vor allem aus der Finanzdienstleistungs- und Touristik-Branche und betreuen Kunden im ganzen Bundesgebiet. Unsere Erfahrungen und unser Know-how sind immer stärker gefragt. Unser Team mit derzeit 160 Programmier- und Hardware-Spezialisten braucht deshalb Verstärkung.

Wir suchen baldmöglichst

Softwareentwickler

Um die gestellten Anforderungen zu erfüllen, bringen Sie ein Studium der Informatik, Betriebswirtschaft oder Mathematik/Versicherungsmathematik mit. Es werden DV-Profis, die eine mehrjährige Berufspraxis, idealerweise in der Versicherungsbranche, vorweisen können, ebenso angesprochen, wie Studienabgänger.

Sind Sie gewohnt, analytisch und konzeptionell zu denken und verantwortungsbewußt zu handeln? Können Sie Projekte sowohl selbständig als auch teamorientiert bearbeiten? Dann könnten Sie zu uns passen.

Reizt Sie diese Aufgabe? In diesem Fall freuen wir uns auf Ihre Bewerbungsunterlagen.

MLP Consult GmbH, Im Breitspiel 11, 69126 Heidelberg, Telefon: (06221) 348-8,
Internet: http://www.mlp.de

Die Rolle von Informations- und Kommunikations- technologien in modularen Unternehmen - eine agency-theoretische Betrachtung

Sabine Daniel

Zusammenfassung

Unternehmen müssen auf die zunehmende Dynamik des Marktes flexibel reagieren können. Ein Ansatz, um dies zu erreichen, besteht in der Auflösung hierarchischer Strukturen zugunsten kleiner, prozeß- und kundenorientiert gestalteter Module. Dieser Ansatz geht einher mit Forderungen der Agency-Theorie, die zur Angleichung der Interessen von Principal und Agent die Installierung von Anreizsystemen vorschlägt.

Informations- und Kommunikationstechnologien müssen sich den Anforderungen einer dezentralen modularen Organisation anpassen und Lösungen zur Verfügung stellen, die die Aufgabenerfüllung innerhalb der einzelnen Module gewährleisten und die vertikale und horizontale Koordination unterstützen.

Agency-Theorie und Organisationsstruktur

In den 70er Jahren kristallisierte sich im Rahmen der Analyse von Institutionen die Agency-Theorie heraus, die das Entstehen neuer Organisationsformen mit deren - im Vergleich zu alternativen Organisationsformen - geringeren Agency-Kosten[1] begründet. In fast allen Unternehmen existieren in vielfältigen Formen Agency-Beziehungen, in denen die Partei mit dem niedrigeren Informationsstand (der Principal) die Partei mit dem höheren Informationsstand (den Agent) beauftragt, für sie zu handeln. Charakteristika dieser Auftragsbeziehung sind Informationsasymmetrie und Interessenkonflikte zwischen Principal und Agent. Da beide Parteien eigeninteressiert agieren, kann nicht davon ausgegangen werden, daß der Agent automatisch auch im Sinne des Principals handelt. Es stellt sich somit die Frage, wie der Agent motiviert werden kann, dennoch im Interesse des Principals zu agieren (vgl. /Jensen, Meckling 1976/, /Ross 1973/).

In hierarchisch gegliederten Unternehmen lassen sich Agency-Probleme auf verschiedenen Ebenen aufzeigen (vgl. /Picot et al. 1996/, S. 214f.). Die hier vorherrschende Informationsasymmetrie ist die des moral hazard, bei der der Principal weder die Aktivitäten des Agenten noch den eingetretenen Umweltzustand beobachten kann (vgl. /Arrow 1985/, S. 83).

Ein Lösungsansatz der Agency-Theorie ist die Installierung eines Anreizsystems. Die dadurch bewirkte Interessenangleichung der Ziele von Principal und Agent bewirkt, daß der Agent seine Aktivitäten so ausrichtet, daß er dadurch sowohl seinen Nutzenerwartungswert als auch den des Principals erhöht.
Die Zuordnung von Entscheidungskompetenz und Ergebnisverantwortung ist jedoch nur dann sinnvoll, wenn relativ autonome Teilbereiche mit geringen Schnittstellen zu anderen Unternehmensbereichen geschaffen werden. Die Struktur der Unternehmung muß daher zugunsten einer modularen Struktur umgestaltet werden (vgl. /Picot et al. 1996/, S. 201 – 206).

Zielsetzung und Merkmale modularer Unternehmen

Zielsetzung

Unternehmen sehen sich einer zunehmenden Marktdynamik gegenübergestellt. Ziel der Modularisierung ist es, dieser mit einer Flexibilität des Unternehmens zu begegnen. Durch Restrukturierung der Unternehmensorganisation steigt die Reagibilität des Unternehmens auf Marktänderungen.

Vorteil der Modularisierung ist auch eine erhöhte Transparenz des Unternehmens, so daß effiziente Module einfacher identifiziert werden können. Das Unternehmen kann sich so auf seine Kernkompetenzen konzentrieren und ineffiziente Module eliminieren. Dezentrale Entscheidungskompetenz und Ergebnisverantwortung resultieren in einer Interessenangleichung der einzelnen Hierarchieebenen, den Erfolg des Unternehmens zu erhöhen. Zusammen mit der Konzentration auf die Module, die sich durch einen hohen Ergebnisbeitrag auszeichnen, kann dies zur Stärkung der Erfolgsposition des Unternehmens beitragen.

Merkmale

Betrachtungsgegenstand der Modularisierung ist die innerbetriebliche Umstrukturierung. Unter *modularen Unternehmen* sollen Organisationsformen verstanden werden, die sich durch folgende Merkmale auszeichnen (vgl. /Picot et al. 1996/):

- **Eigenständige Aufgabenerfüllung**

   Ziel der Restrukturierung ist die Bildung von Einheiten, die weitgehend unabhängig von der Aufgabenerfüllung anderer Organisationseinheiten operieren können. Komplexe Abstimmungen können so innerhalb des Moduls gelöst werden und Nachteile der bereichsübergreifenden Zusammenarbeit werden vermieden[2].

- **Bildung kleiner Einheiten**

   Das Konzept der Modularisierung wird innerhalb der Grenzen des Unternehmens auf allen Ebenen angewandt, d. h., ein Modul kann wiederum in einzelne Prozesse und diese in Unterprozesse gegliedert werden.

   Die Größe des einzelnen Moduls wird bestimmt durch die Grenzen der menschlichen Informationsaufnahme-, Informationsverarbeitungs- und Informationsspeicherkapazität. Die Aufgabenstellung innerhalb eines Moduls muß hinsichtlich Umfang und Komplexität mit den operativen und dispositiven Fähigkeiten des Menschen korrespondieren. Die Bildung von Modulen kann dann jedoch im Widerspruch zu der oben aufgestellten Forderung nach Eigenständigkeit der Problemlösung stehen, wenn z. B. das Maß der aus Prozeßsicht sinnvollen Aufgabenintegration die menschliche Beherrschbarkeit übersteigt.

- **Prozeß- und kundenorientierte Strukturierung**

  Grundgedanke der Modularisierung ist die Orientierung an den innerbetrieblichen Wertschöpfungsprozessen. Ein Geschäftsprozeß soll als eine inhaltliche, abgeschlossene, zeitliche und sachlogische Abfolge von Aktivitäten verstanden werden, die zur Erreichung von Unternehmenszielen durchgeführt werden (vgl. /Becker, Vossen 1996/, S. 19., /Nordsieck 1972/, S. 8 - 9). Ein Geschäftsprozeß weist einen meßbaren In- und Output auf, deren bewertete Differenz die Wertschöpfung darstellt. Prozesse ohne positive Wertschöpfung sind hierbei zu vermeiden (vgl. /Picot, Rohrbach 1995/, S. 28).

  Neu hierbei ist die Kundenorientierung, wobei nicht nur der externe Kunde, sondern auch der interne Kunde einen Prozeß anstößt bzw. am Ende des Wertschöpfungsprozesses steht (vgl. /Picot et al. 1996/, S. 202f.). Beispiele hierfür sind die Leistungen von Servicebereichen, wie z. B. die Zahlungsverkehrsabwicklung oder die Erstellung von Informationsverarbeitungsleistungen, die von den Marktbereichen nachgefragt werden. Die Abteilungen stehen sich hier als interner Dienstleister und interner Kunde gegenüber (vgl. /Terrahe 1995/, S. 684).

- **Entscheidungskompetenz**

  Die Zuteilung von Entscheidungskompetenz soll so prozeßnah wie möglich gestaltet werden, um eine höhere Flexibilität zu erreichen und um lange und fehleranfällige Kommunikationswege zu vermeiden. Es ist eine Kongruenz von inhaltlicher Gestaltung, Entscheidungskompetenz und Ergebnisverantwortung anzustreben. Fehlen dem Agenten Kompetenzen und Befugnisse, zielorientiert zu handeln, kann er für die Ergebnisse seiner Aktivitäten nicht in vollem Umfang zur Verantwort gezogen werden (/Rinker 1997/, S. 105).

- **Ergebnisverantwortung**

  Ziel der dezentralen Ergebnisverantwortung ist eine Interessenangleichung zwischen dem Verantwortlichen eines Moduls und der höheren Hierarchieebene. Die Gestaltung eines Anreizsystems wird von der Frage nach Belohnungsart, Bemessungsgrundlage und Belohnungsfunktion begleitet, die daher auch als die Basiselemente eines Anreizsystems[3] bezeichnet werden (vgl. /Laux 1990/, S. 7). Damit ein Anreizsystem zu den gewünschten Konsequenzen führt, ist die Gestaltung der Basiselemente an den folgenden Kriterien auszurichten (vgl. /Laux 1995/, S. 39, 74 - 77):

  - Das Prinzip der *intersubjektiven Überprüfbarkeit* fordert, daß die Basiselemente operational definiert und von Principal und Agent objektiv überprüft werden können.

  - Erzielt der Agent aus dem Anreizsystem nur dann eine Steigerung seines Nutzenerwartungswertes, wenn auch der Principal durch die Aktivität des Agents seinen Nutzenerwartungswert verbessert, so ist das Prinzip der *Anreizkompatibilität* erfüllt.

  - Das Prinzip der *paretoeffizienten Risikoteilung* ist erfüllt, wenn durch Umverteilung des zustandsabhängigen Erfolges der Nutzenerwartungswert der einen Partei nicht erhöht werden kann, ohne daß der erwartete Nutzen der anderen Partei sinkt.

- Nach dem Prinzip der *Effizienz* gilt ein Anreizsystem dann als effizient im Sinne von vorteilhaft, wenn die ökonomischen Erträge die Kosten des Anreizsystems übersteigen[4].

• Vertikale und horizontale Koordination

Koordination ist notwendig, da die Abgrenzung der Module untereinander nicht überschneidungsfrei gelöst werden kann. Interdependenzen resultieren aus verschiedenen Verbundeffekten[5]. Im Rahmen dieses Beitrags sind folgende Verbundeffekte von Bedeutung:

- Ein *Restriktionsverbund* liegt vor, wenn Aktionen eines Bereiches die Aktionen eines anderen Bereiches beeinflussen (z. B., wenn verschiedene Bereichsleiter auf eine limitierte Menge von Ressourcen zugreifen oder ein Bereich von der Bereitstellung eines Zwischenproduktes eines anderen Bereiches abhängig ist).
- Setzt sich der Gesamterfolg nicht additiv aus den Bereichserfolgen zusammen (z. B., wenn der Erfolg einer Werbemaßnahme eines Bereiches auch davon abhängt, ob in einem anderen Bereich ebenfalls Werbeaktivitäten stattfinden), liegt ein *Erfolgsverbund* vor.

Koordinationsbedarf entsteht zum einen in Form von horizontaler Koordination, d. h. durch Abstimmung der Module untereinander, als auch in vertikaler Koordination, d. h. durch Abstimmung von hierarchischen Ebenen. Vor dem Hintergrund einer eigenständigen Aufgabenerfüllung ist der Abstimmung über marktähnliche Instrumente der Vorrang vor hierarchischen Koordinationsinstrumenten zu geben.

Modularisierung am Beispiel deutscher Banken

Die Strukturierung der Marktaufgaben kann sowohl dem Verrichtungs- als auch dem Objektprinzip folgen, wobei die Divisionalisierung bei letzterem produkt-, kunden- oder regionalorientiert erfolgen kann. Im Bankwesen existiert keine Abgrenzung, die eine vollständige Autonomie der Organisationseinheiten impliziert. Das Problem der Leistungsverflechtung wird bei der kundenorientierten Divisionalisierung jedoch weitgehend minimiert. Die so entstandenen Einheiten können weiter aufgespalten werden, so daß Teams oder im Extremfall einzelne Personen für die Betreuung dezidierter Kunden bestimmter Regionen oder Branchen verantwortlich sind/vgl. Rinker 97, S. 104f./. Je weiter die Modularisierung jedoch heruntergebrochen wird, desto größer wird die Leistungsverflechtung und somit das Problem der Zuordnung von Entscheidungsgewalt und Ergebnisverantwortung. Die folgende Abbildung 1 verdeutlicht die heute vorherrschende kunden(gruppen)orientierte Divisionalisierung.

Auch wenn die Abgrenzung der einzelnen Bereiche auf Unternehmensebene weitgehend schnittstellenfrei gestaltet ist und die Markt- bzw. Servicebereiche vieler Banken bereits als Profit- bzw. Cost Center[6] geführt werden, sind die Merkmale der Prozeß- bzw. Kundenorientierung, vor allem in den Stabsstellen, nicht erkennbar.

Eine Entflechtung der Servicebereiche und die damit einhergehende interne Kundenorientierung unterbleibt zu Gunsten einer funktionalen hierarchischen Struktur[7].

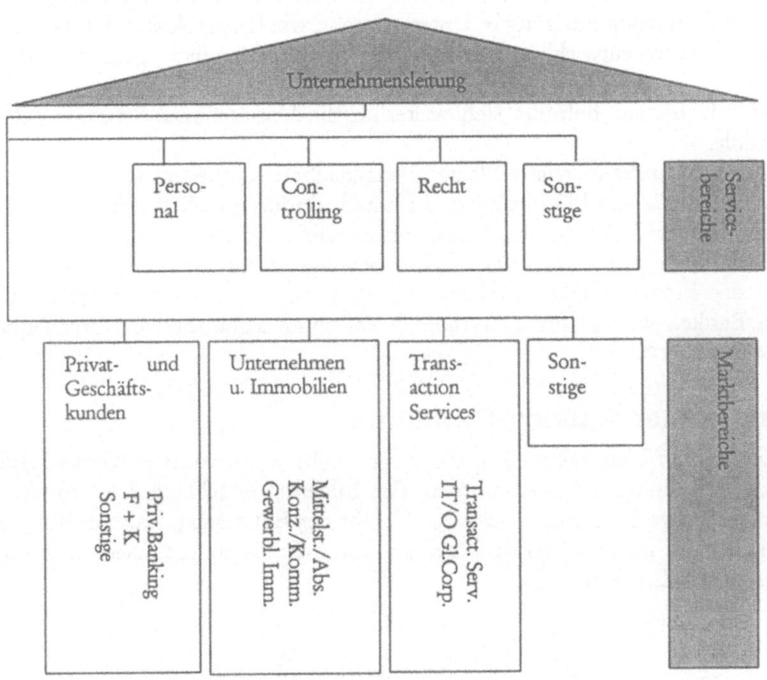

Beispiel der Deutschen Bank
Quelle: vgl. /Deutsche Bank 1998/, S. 95
(F + K = Filialvertrieb und Kundenservice;
IT/O Gl. Corp. = Information Technology/Operations Global Corporates and Institutions)

Abbildung 1: Kunden(gruppen)orientierte Organisationsstruktur

Auch beim *prozeßorientierten Lösungsansatz* bleibt die Unterteilung in Markt- und Servicebereiche erhalten.

Aufgrund der Spezifität der Kundengruppen erscheint es sinnvoll, die Strukturierung der Marktbereiche weiter zu differenzieren. Es entstehen so kundenorientierte Marktmodule, wie z. B. Commercial Banking, Vermögende Privatkunden, Private Banking und Mittelstand.

Die Prozesse innerhalb der Module werden bereichsübergreifend, d. h. quer zur bestehenden Hierarchie definiert und die Prozeßverantwortlichen festgelegt. Ihnen ist durch Kompetenzübertragung die Steuerung der Prozesse zu übergeben. Es bietet sich an, diese Prozesse kundenorientiert weiter zu differenzieren (im Consumer Banking z. B. entsprechend der ibi-Finanztypologie (vgl. /Bartmann et al. 1997/), im Modul

Mittelstand branchenorientiert). Die so gebildeten Prozesse werden wiederum produktorientiert in Unterprozesse aufgefächert.

Servicemodule beinhalten die Aufgaben, deren Erfüllung aus Kostengründen weiterhin gebündelt erfolgt. Um Spezialisierungsvorteile zu nutzen, sollte hier eine funktionale Gliederung beibehalten werden, z. B. beim Modul Personal in die Prozesse Arbeitsrecht oder Administration. Einzelne Prozesse, wie z. B. die Personalentwicklung, können gemäß der internen Kundenorientierung in Unterprozesse, wie Personalentwicklung Consumer Banking, Personalentwicklung Vermögende Privatkunden usw., gegliedert werden.

Als koordinierende Instanz befindet sich weiterhin die Unternehmensleitung an der Spitze der Module.

Das Reengineering mündet in relativ kleine, überschaubare Einheiten. Im Extremfall ergibt sich eine Identität von Mitarbeiter und Prozeß. Dadurch oder durch Betreuung durch ein Team kann im Marktbereich Kundennähe realisiert werden.

Werden die Mitarbeiter am Erfolg des Moduls beteiligt, steigt ihr Anreiz, mögliche Problemfelder des Prozeßablaufs zu erkennen und diesen effektiver zu gestalten. In verschiedenen Banken wurden für außertariflich entlohnte Mitarbeiter entsprechende Anreizsysteme installiert[8].

Entstehung neuer Agency-Probleme

In der Realität können Unternehmen in der Regel nicht so strukturiert werden, daß Verbundeffekte vollständig eliminiert werden. Die folgende Abbildung 2 verdeutlicht die daraus resultierenden Problembereiche: die Gefahr der Entstehung externer Effekte sowie die Gefahr einer ineffizienten Risikoteilung durch Einbezug entscheidungsfremder Störgrößen in den Erfolgsausweis.

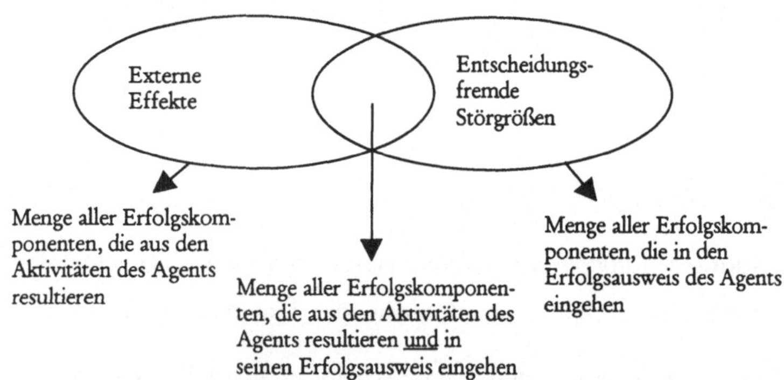

Quelle: vgl. /Laux 1995/, S. 210 - 214

Abbildung 2: Problembereiche der Erfolgszurechnung

Bei zentraler Steuerung des Unternehmens werden diese Interdependenzen in das Kalkül des Entscheiders einbezogen.

Bei modularen Unternehmen mit dezentraler Ergebnisverantwortung und Entscheidungsgewalt steigt der Einflußbereich des Agents, während die Beobachtbarkeit seines

Verhaltens sinkt. Mit der Implementierung eines Anreizsystems besteht so die Gefahr, daß er primär die Aktivitäten durchführt, die seinen Erfolgsausweis positiv beeinflussen, aber zu suboptimalen Ergebnissen auf Unternehmensebene führen und/oder sich auf die Ergebnisse anderer Module negativ auswirken. Modulegoismus kann sich auch in einem bewußten Zurückhalten von Informationen zeigen, die die Informationsasymmetrien weiter verstärken (vgl. /Kah 1994/, S. 147f.). Wird die Menge der Erfolgskomponenten erweitert, um die so entstandenen externen Effekte zu internalisieren, werden zunehmend auch Komponenten in den Erfolgsausweis übernommen, deren Größe nicht durch den Agent beeinflußbar sind, so daß das Belohnungsrisiko des Agents steigt. Wird die Menge der Erfolgskomponenten eingeengt, steigen die externen Effekte[9].

Bedeutung von IT in modularen Unternehmen

Die Rolle der Informations- und Kommunikationstechnologie in modularen Unternehmen ist vielfältig. Zum einen wird durch die Überbrückung der zeitlichen und räumlichen Dimension durch IT die dezentrale und prozeßorientierte Gestaltung von Unternehmen erst ermöglicht und zum anderen muß sie Lösungen resultierender Probleme anbieten.
Es lassen sich folgende Funktionen ermitteln:

Unterstützung der Aufgabenerfüllung innerhalb der Module

Zur Durchführung von Prozessen in einem betriebswirtschaftlichen Umfeld bieten sich *Workflow-Management-Systeme* (WFMS) an. Ein WFMS soll verstanden werden als ein komplexes Softwaresystem, das die Automatisierung von Funktionsübergängen, die Ausführung automatisierter Funktionen und die Zuordnung von Ressourcen und Mitarbeiter zu Funktionen unterstützt (vgl. /WFMC 1996/, S. 8). WFMS weisen zwei Komponenten auf: eine Modellierungskomponente und eine Ausführungskomponente, die den Arbeitsfluß zwischen den beteiligten Stellen eines Prozesses (Organisationseinheiten, Personen, Rollen oder Applikationen) nach den Vorgaben der Modellierung steuert. Dies unterscheidet sie von Systemen, die arbeitsteilige Prozesse nur punktuell unterstützen.
Der Konflikt zwischen der aus Prozeßsicht sinnvolle Integration von Aktivitäten und der Zielsetzung, kleine Einheiten zu bilden, bekräftigt die Forderung nach einem *hohen Unterstützungsgrad* von WFMS, so daß eine ganzheitliche Sachbearbeitung ermöglicht wird (/Hasenkamp, Syring 1993/, S. 408 - 410).
Wird ein Mitarbeiter durch automatische Ermittlung des nächsten Arbeitsschrittes und Überwachung einer fristgerechten Ausführung von Routinetätigkeiten entlastet, kann er weitere Aufgaben übernehmen[10]. Erweitert sich so sein *horizontaler Handlungsspielraum*[11], indem er z. B. neben Kreditanträgen auch Wertpapierorder und Aufträge aus dem Bereich Zahlungsverkehr entgegennimmt, kann eine Kundenbetreuung "aus einer Hand", d. h. eine stärkere Kundenorientierung realisiert werden.
Eine Erweiterung des *vertikalen Handlungsspielraumes* kann vor allem bei den Prozessen erreicht werden, die sich durch geringe Komplexität auszeichnen[12]. Im oben genannten Beispiel ist es anzustreben, daß die Entgegennahme des Kreditantrages und deren Bearbeitung durch eine Person durchgeführt wird. Auch diese Modellierung kann zur

Erhöhung der Kundenzufriedenheit führen, wenn dadurch die Bearbeitungszeiten verkürzt werden können(vgl. /Becker 1996/, S. 330f.).
In beiden Fällen erleichtert ein hoher Integrationsgrad die Erfolgszurechnung und mindert die Entstehung externer Effekte und entscheidungsfremder Störgrößen.
Aufgrund der dezentralen Entscheidungsgewalt und Ergebnisverantwortung ist gemäß dem Prinzip der intersubjektiven Überprüfbarkeit die Versorgung des Mitarbeiters mit allen relevanten Workflowausprägungen von Bedeutung. Der Informationsbedarf verschiebt sich vom Principal zum Agent. Die Monitoringfunktionalität als Kontrollinstrument des Principals verliert an Bedeutung und wird primär zum Steuerungsinstrument für das Verhalten des Agents.

Eine weitere Anforderung an WFMS, die mit der Zielsetzung von modularen Organisationsstrukturen einhergeht, ist die Flexibilität. WFMS müssen sich dynamischen Marktbedingungen anpassen, so daß neue oder modifizierte Produkte schnell dargestellt werden können. Ein WFMS sollte daher ein Versionierungs- und Konfigurationskonzept beinhalten. Um die Adaption schnell und ohne aufwendige Neukonzipierungen durchzuführen, sollten Komponenten wiederverwendbar sein, d. h. keine spezifischen Annahmen bezüglich der zugrundeliegenden Situation enthalten. Die Modellierung sollte auch so ausgelegt sein, daß eine Erweiterung des Workflows abgebildet werden kann (vgl. /Jablonski 1996/, S. 69f.).

Wird ein Prozeß durch eine Gruppe von Mitarbeitern durchgeführt, kann dies durch Verwendung eines WFMS abgebildet werden, das ein Rollenmodell auf Gruppenbasis beinhaltet[13]. Aktivitäten werden damit nicht einzelnen Personen oder personenbezogenen Rollen zugeordnet, sondern einer sich selbst steuernden Gruppe (vgl. /Becker 1996/, S. 332). Die Entscheidungsgewalt und Ergebnisverantwortung liegt damit bei der Gruppe; in den Erfolgsausweis gehen die Erfolgskomponenten ein, die aus den Aktivitäten aller Gruppenmitglieder resultieren.

Horizontale und vertikale Koordination

Im Rahmen der Koordination muß sichergestellt werden, daß die Aktivitäten des Agents nicht zu externen Effekten führen. Eine Koordination durch eine zentrale Entscheidungsinstanz würde den Gedanken der Modularisierung ad absurdum führen und die Entscheidungsfreiheit der Module auf eine Schein-Autonomie beschränken (vgl. /Meyer zu Selhausen 1994/, 383f.).
Marktähnliche Instrumente sind z. B. der Ansatz der pretialen Lenkung, bei der die Koordination durch Verrechnungspreise geschieht (vgl. /Schmalenbach 1948/). Damit fällt dem Controlling die Aufgabe zu, allen Beteiligten alle relevanten Informationen zur Verfügung zu stellen[14].
Eine weitere Koordinationsform ist die Abstimmung über Multi-Agenten-Systeme (MAS). MAS stellen einen Verbund intelligenter bzw. teilintelligenter Informationssysteme (Agenten) dar, die sowohl über den Informationsstand der einzelnen Module verfügen als auch deren Intention kennen (vgl. /Bond, Gasser 1988/, S. 3). Neben weiteren Kriterien, wie Effizienz oder geringer Kommunikationsbedarf, ist das Kriterium der Informationsoffenbarung von besonderer Bedeutung. Die Modulverantwortlichen werden der Repräsentanz durch ein MAS nur dann zustimmen, wenn gewährleistet ist, daß die Agenten keine bzw. möglichst wenige

Informationen anderer Modulen offenbaren. Die Nutzung von MAS sollte nicht zur Reduzierung des spezifischen Informationsvorsprungs führen und damit unter Umständen Machtverluste herbeiführen. Um marktähnliche Koordinationsformen nachzubilden, sollten MAS zudem so modelliert sein, daß die Koalition zwischen Modulen nicht nur möglich ist, sondern explizit gefördert wird (vgl. /Gomber et al. 1996/).

Die Gefahr der Entstehung externer Effekte kann auch dadurch vermieden werden, daß durch den Einsatz von WFMS eine bestimmte Arbeitsqualität gesichert wird. Ohne Standardisierung hätte ein Filialleiter einen Anreiz, die Servicequalität seiner Filiale und somit die Kosten zu senken, ohne daß sich dadurch der Nutzen in gleichem Maße ändert. Die geringe Servicequalität würde dann von anderen Filialen und der Gesamtorganisation mitgetragen werden. Durch die standardisierte Bearbeitung kann eine bestimmte Servicequalität filialübergreifend gewährleistet werden.
Um Zieldivergenzen zu vermeiden, kann die Abgeschlossenheit der Module derart aufgeweicht werden, daß zwischen Modulen und übergeordneter Ebene als auch zwischen den einzelnen Modulen bereichsübergreifend Groupwaresysteme installiert werden. Die gemeinsame Erarbeitung unstrukturierter Probleme, z. B. die Ermittlung von Strategien, die mehrere Geschäftsbereiche betreffen, können so realisiert werden. Auf diesem Weg können z. B. Vereinbarungen über die Einhaltung von Qualitätsnormen getroffen werden, um so mögliche Fehlanreize zu schmälern. Die modulübergreifende Zusammenarbeit sollte auch dafür genutzt werden, um die Transparenz zu erhalten, die eine notwendige Voraussetzung für die Planung, Entscheidung und Durchführung gemeinsamer Aktivitäten darstellt, um so Synergieeffekte zu realisieren.

Modularisierung der IT

Die Modularisierung der Organisationsstruktur muß einhergehen mit einer Modularisierung der IT. Entsprechend der Strukturierung in Unternehmensleitung und Markt- und Servicemodule entstehen so technische Steuerungs-, Service- und Marktmodule. Ziel ist es, eine Infrastruktur zu schaffen, die eine dezentrale Aufgabenerledigung innerhalb der einzelnen Module gewährleistet und gleichzeitig die Organisation mit ihren Verflechtungen in ihrer Gesamtheit darstellt.
Hier bieten sich Client-Server-Architekturen an, die einen dezentralen Zugriff und einen Austausch von Informationen bieten, die Netzbelastung gering halten und die dezentrale Unternehmensstruktur unterstützen. Dies kann durch die Schaffung unternehmensweit integrierter verteilter Datenbanken und Kommunikationsnetzwerke gelöst werden. Die Modularisierung des Unternehmens kann durch eine modulare Struktur der Informations- und Kommunikationstechnologie abgebildet werden, die modulspezifische und -strategische Informationen unter Zuordnung entsprechender Zugriffsrechte dezentral speichert, den Informationsfluß innerhalb der einzelnen Module gewährleistet und für den notwendigen Informationsfluß zwischen den Modulen und zwischen Modul und übergeordneter Ebene sorgt (vgl. /Picot et al. 1996/, S. 247 – 249).
Hier stellt sich das Problem der Integration in gewachsene Strukturen, was am Beispiel der Einführung von WFMS verdeutlicht werden soll.
In WFMS sind neben Anwendungen aus der individuellen Datenverarbeitung auch operative Anwendungssysteme und Dokumentenmanagement-Systeme zu integrieren.

Während WFMS auf Client-Server-Architekturen basieren, sind operative Anwendungssysteme häufig auf proprietären Host-Systemen installiert. Zudem sind bestehende Dokumentenmanagement-Systeme häufig nach Sachgebieten geordnet, während für WFMS eine vorgangsorientierte Archivierung vorteilhaft ist (vgl. /Hasenkamp, Syring 1993/, S. 411).

Übernahme von Informationsfunktionen innerhalb des Anreizsystems

Voraussetzung der Anreizkompatibilität ist die Kenntnis des Agents von der Wirkungsweise des Anreizsystem, d. h. er muß wissen, mit welchen Aktivitäten er Einfluß auf die Ausprägung der Bemessungsgrundlage nehmen kann, und er muß Kenntnisse über die Belohnungsfunktion selbst haben (vgl. /Kossbiel 1994/, S. 84). Dem Agent sollten daher Entscheidungsunterstützungssysteme (EUS) zur Verfügung stehen, deren zugrundeliegende Methoden und Annahmen ihm bekannt sein müssen. Aufgrund der dezentralen Entscheidungsgewalt von der Unternehmensleitung bis zu Teams oder einzelnen Personen und der Flexibilität der Unternehmensstruktur sollte das EUS folgende Anforderungen erfüllen (vgl. /Kraege 1998/, S. 95f.):

- *Leichte Handhabung:* Um hohen Schulungsaufwand zu vermeiden, sollte das EUS für alle damit betrauten Personen intuitiv erlernbar sein, indem die entscheidungsrelevanten Informationen verdichtet - z. B. in Form von Tabellen oder Graphiken - dargestellt und im Dialogbetrieb Alternativrechnungen durchgeführt werden können.
- *Unternehmensweite Begriffs- und Methodenkonsistenz*
- *Flexibilität und Erweiterbarkeit des Instrumentariums,* um einen unternehmensweiten Einsatz sicherzustellen.

Anreizsysteme führen zwar zur Interessenkonvergenz und können so den Kontrollbedarf reduzieren, ihn aber nicht völlig ersetzen. Insbesondere dann, wenn die Auswirkungen eines neuen Anreizsystems überprüft und Fehlentscheidungen des Agenten, die aus überhöhten Anforderungen resultieren, vermieden werden sollen, ist ein Informationsfluß zwischen Modul und übergeordneter Ebene nötig (/Laux90/, S. 7).

Fazit

Informations- und Kommunikationstechnologien stellen die notwendige und hinreichende Voraussetzung zur Realisierung modularer Strukturen dar.

Modulare Unternehmen weisen marktähnliche Charakteristika auf, die sich im strategischen Verhalten der Module im Hinblick auf ihr spezifisches Umfeld und in modulspezifischen Informationen mit dezentralen Zugriffsrechten zeigen.

Daneben existieren jedoch durch das gemeinsame Auftreten am Markt unter einem Namen und durch die Gültigkeit gemeinsamer Normen und Werte auch hierarchische Charakteristika. Der Entstehung externer Effekte, begünstigt durch marktähnliche Charakteristika, sind modulübergreifende Koordinierungsinstrumente entgegenzusetzen. Damit steht auch das Informationsmanagement im Spannungsfeld marktähnlicher dezentraler und hierarchischer zentraler Strukturen.

Anmerkungen

[1] Agency-Kosten setzen sich aus den Monitoring-Kosten des Principals, den Bonding-Kosten des Agents und dem residual loss zusammen; vgl. /Jensen, Meckling 1976/, S. 308.

[2] Zu klassischen Kriterien der Abteilungsgliederung vgl. /Laux, Liermann 1993/, S. 306 - 308.

[3] Der Begriff des Anreizsystems wird in der Literatur unterschiedlich ausgelegt; vgl. z. B. /Ackermann 1974/, S. 156. Hier soll ein Anreizsystem als das Zusammenspiel aller drei Basiselemente betrachtet werden.

[4] Zu weiteren Effizienzbegriffen vgl. /Kossbiel 1994/, S. 66f..

[5] Die anderen Verbundeffekte sind der Risikoverbund (der Erfolg der Bereiche ist voneinander stochastisch abhängig) und der Bewertungsverbund (die Vorteilhaftigkeit einer Maßnahme hängt bei nichtlinearen Indifferenzkurven auch von der Erwartungs-wert-Varianz-Position ab, die durch Maßnahmen eines anderen Bereiches erzielt wird.

[6] Die Literatur unterscheidet nach der Art der zugeordneten Komponenten zwischen Expense-, Cost-, Revenue-, Profit- und Investment-Center. Während Cost-Center gemäß der Einhaltung eines vereinbarten Kostenbudgets beurteilt werden, ist für Profit-Center der Erfolg als Saldo aus positiven und negativen Erfolgskomponenten relevant; vgl. /Anthony et al. 1989/, S. 187. Maßgeblich für die Installierung eines Anreiz- und Kontrollsystems ist hierbei die Ermittlung eines geeigneten Erfolgskonzeptes; vgl. /Laux 1995/.

[7] Eine Ausnahme bildet der Unternehmensbereich Transaction Services, der transaktionsbezogene Leistungen des Zahlungsverkehrs und der Wertpapierabwicklung als auch Services aus dem Umfeld Softwaresysteme, Rechenzentren und Telekommunikation anbietet. Die Marktöffnung zeigt den fließenden Übergang von interner und externer Kundenorientierung; vgl. /Deutsche Bank 1998/, S. 28.

[8] Dies wurde z. B. bei der Deutschen Bank realisiert; vgl. /Deutsche Bank 1998/, S. 27.

[9] Vgl. /Laux 1995/, S. 210 - 214 u. 488 - 494/; ein weiterer Ansatz zur Vermeidung externer Effekte ist die Gewinnpoolung mehrerer Module; vgl. /Laux 1995/, S. 494. Dies widerspricht jedoch dem Gedanken der Modularisierung, möglichst kleine Einheiten zu bilden.

[10] In diesem Zusammenhang ist zu beachten, daß Routinetätigkeiten auch als entspannend empfunden werden können. Beschränken sich die Aktivitäten des Mitarbeiters hauptsächlich auf "Problembereiche", kann dies seine Belastung erhöhen; vgl. /Markmann 1986/.

[11] Zum Konzept des vertikalen und horizontalen Handlungsspielraums vgl. /Ulich et al. 1973/.

[12] Eine Erhöhung des Handlungsspielraums liegt auch dann vor, wenn Aktivitäten nicht durch den Workflow aufgerufen werden, sondern der Mitarbeiter die nächsten Handlungsschritte aus einem Pool möglicher Aktivitäten des Prozesses wählen kann und so die Bearbeitungsreihenfolge selbst bestimmt; vgl. /Becker 1996/, S. 338.

[13] Zu Funktionalitäten von WFMS, die Aktivitäten direkt an Mitarbeiter bzw. Rollen koppeln, vgl. /Oberweis 1996/, S. 68 - 71.

[14] Auf die herausragende Bedeutung des Controllings soll hierbei nicht weiter eingegangen werden; zur Problematik einer anreizkompatiblen Erfolgsrechnung, Erfolgsbeteiligung und Erfolgskontrolle vgl. /Laux 1995/.

Literatur

/Ackermann 1974/   Ackermann, Friedrich: Anreizsysteme; in: Grochla, Erwin u. Wittmann, Waldemar (Hrsg.): Handwörterbuch der Betriebswirtschaft, 4. völlig neu gest. Aufl., Stuttgart, 1074, S. 156 – 163.

/Anthony et al. 1989/   Anthony, R. N.; Dearden, J.; Bedford, N. N.: Management Control Systems. Cases and Readings, 6. Aufl., Homewood, 1989.

/Arrow 1985/   Arrow, Kenneth J.: The Economies of Agency; in: Pratt, John W. u. Zeckhauser, Richard J. (Hrsg.): Principels and Agents: The Structure of Business, Boston, 1985, S. 37 – 51..

/Bartmann et al. 1997/   Bartmann, Dieter; Grebe, Michael; Kreuzer, Martin: ibi Privatkundenumfrage '97, Institut für Bankinformatik und Bankstrategie (Hrsg.), Studie Nr. CCM-7071, Regensburg, 1997

/Becker 1996/   Becker, Matthias: Workflow-Management - Szenarien und Potentiale; in: Österle, Hubert u. Vogler, Petra (Hrsg.): Praxis des Workflow-Managements, Braunschweig u.a., 1996, S. 319 – 341.

/Becker, Vossen 1996/   Becker, Jörg; Vossen, Gottfried: Geschäftsprozeßmodellierung und Workflow-Management: Eine Einführung; in: Vossen, Gottfried u. Becker, Jörg (Hrsg.): Geschäftsprozeß-modellierung und Workflow-Management, Bonn u. a., 1996.

/Bond, Gasser 1988/   Bond, Alan H. u. Gasser, Les: An Analysis of Problems and Research in DAI; in: Bond, Alan H. u. Gasser, Les (Hrsg.): Readings in Distributed Artificial Intelligence, San Manteo, 1988, S. 3 – 35.

/Deutsche Bank 1998/   Deutsche Bank: Geschäftsbericht 1997, Frankfurt/Main, 1998.

/Gomber et al. 1996/   Gomber, Peter; Schmidt, Claudia;Weinhardt, Christof: Synergie und Koordination in dezentral planenden Organisationen, in Wirtschaftsinformatik, H. 3, 39. Jg., 1996, S. 299 – 307.

/Hasenkamp, Syring 1993/   Hasenkamp, Ulrich; Syring, Michael: Konzepte und Einsatzmöglichkeiten von Workflow-Management-Systemen; in: Kurbel, Karl (Hrsg.): Wirtschaftsinformatik '93: Innovative Anwendungen, Technologie, Integration, Heidelberg, 1993, S. 405 – 422.

/Jablonski 1996/   Jablonski, Stefan: Anforderungen an die Modellierung von Workflows: in: Österle, Hubert u. Vogler, Petra (Hrsg.): Praxis des Workflow-Managements, Braunschweig u.a., 1996, S. 65 – 82.

/Jensen, Meckling 1976/   Jensen, Michael C. u. Meckling, William H.: Theory of the Firm: Managerial Behaviour, Agency Costs and Ownership Structure, in: Journal of Financial Economics, Vol. 3 (1976), S. 305 – 360.

/Kah 1994/   Kah, Arnd: Profitcenter-Steuerung: ein Beitrag zur theoretischen Fundierung des Controllings anhand des Principal-Agent-Ansatzes, Stuttgart, 1994.

/Kossbiel 1994/   Kossbiel, Hugo: Überlegungen zur Effizienz betrieblicher Anreizsysteme; in: Die Betriebswirtschaft, 54. Jg., 1994, S. 57 – 93.

/Kraege 1998/   Kraege, Thorsten: Konzeption zur Gestaltung eines wertorientierten Entscheidungsunterstützungssystems; in: Wirtschaftsinformatik, H. 2, 40. Jg., 1998, S. 95 – 104.

/Laux 1990/   Laux, Helmut: Risiko, Anreiz und Kontrolle: Principal-Agent-Theorie. Einführung und Verbindung mit dem Delegationswertkonzept, Berlin u. a., 1990.

/Laux 1995/   Laux, Helmut: Erfolgssteuerung und Organisation 1, Anreizkompatible Erfolgsrechnung, Erfolgsbeteiligung und Erfolgskontrolle, Berlin u. a., 1995.

/Laux, Liermann 1993/   Laux, Helmut u. Liermann, Felix: Grundlagen der Organisation, 3. Aufl., Berlin u.a., 1993.

/Markmann 86/   Markmann, Heinz: Auswirkungen der Informationstechnik auf Arbeitnehmer und Arbeitsplätze; in: Schröder, Klaus Theo (Hrsg.): Arbeit und Informationstechnik, Berlin, 1986, S. 103 – 122.

/Meyer zu Selhausen 1994/   Meyer zu Selhausen, Hermann: Interne Leistungsverrechnung in der Profit-Center-Rechnung; in: Schierenbeck, Henner u. Moser, Hubertus (Hrsg.): Handbuch Bankcontrolling, Wiesbaden, 1994, S. 375 – 392.

/Nordsieck 1972/   Nordsieck, Fritz: Betriebsorganisation, 2. Aufl., Stuttgart, 1972.

/Oberweis 1996/   Oberweis, Andreas: Modellierung und Ausführung von Workflows mit Petri-Netzen, Stuttgart u. a., 1996.

/Picot et al. 1996/   Picot, Arnold, Reichwald, Ralf u. Wigand, Rolf T.: Die grenzenlose Unternehmung: Information, Organisation und Management, 2. Aufl., Wiesbaden, 1996.

/Picot, Rohrbach 1995/   Picot, Arnold u. Rohrbach, Peter: Organisatorische Aspekte von Workflow-Managmenet-Systemen; in: Information Management, H. 1, Jg. 10, 1995, S. 28 – 35.

/Rinker 1997/   Rinker, Andreas: Anreizsysteme in Kreditinstituten, Gestaltungsprinzipien und Steuerungsimpulse aus Controllingsicht, Frankfurt/Main, 1997.

/Ross 1973/	Ross, Stephen A.: The Economic Theory of Agency: The Principal's Problem; in: The American Economic Review, Vol. 63, 1973, S. 134 – 139.
/Schmalenbach 1948/	Schmalenbach, Eugen: Pretiale Wirtschaftslenkung, Bd. 2, Bremen, 1948.
/Terrahe 1995/	Terrahe, Jürgen: Unternehmensstrategie und Organisation; in: Stein, Johann Heinrich von u. Terrahe, Jürgen (Hrsg.): Handbuch Bankorganisation, 2. überarb. u. erw. Aufl., Wiesbaden, 1995, S. 667 – 685.
/Ulich et al. 1973/	Ulich, Eberhard; Groskurth, Peter; Bruggemann, Agnes: Neue Formen der Arbeitsgestaltung. Möglichkeiten und Probleme einer Verbesserung des Arbeitslebens, Frankfurt/Main, 1973.
/WFMC 1996/	Workflow Management Coalition: Workflow Management Coalition Terminology & Glossary, Document Nr. WFMC-TC-1011, 2. Aufl., Brüssel, 1996.

Jetzt als Neueinsteiger in einem renommierten EuroSoft-Projekt anfangen!

Die ganz großen Namen, die Blue Chips sollen auch in Ihrem Lebenslauf stehen?

ann heißen wir Sie willkommen: als freiberuflicher Partner bei EuroSoft, einem der ganz großen IT-Dienstleister in Europa. Mit EuroSoft können Sie die Chancen nutzen, die sich durch den enorm wachsenden Bedarf an Software-Dienstleistungen ergeben. Sie arbeiten für Top-Unternehmen - bei entsprechend guter Bezahlung und erstklassiger Auftragslage. Besonders Partnern, die jetzt den ersten Schritt in die Freiberuflichkeit wünschen, können wir ein sicheres Netzwerk bieten.

Gute Gelegenheit also, Ihre Karriere mit dem entscheidenden Kick zu starten. Schreiben Sie einfach an Sandra Ortwein: EuroSoft Deutschland GmbH, Friedrichstraße 10-12, D-60323 Frankfurt,

Fax +49 69-17 42 51, E-mail: resourcing@ eurosolu.com, Internet: www.eurosolu.com. Oder einfach gleich anrufen: Karriere-Hotline +49 69-1 70 86-65.

Eurosoft ist ein wachstumsstarker IT-Dienstleister mit über 600 Mitarbeitern europaweit, über 300 davon in Deutschland. Als Tochter von Parity plc., einem der größten Software- und Beratungshäuser Großbritanniens, bieten wir unseren Kunden: IT-Beratung, Projektunterstützung, Systementwicklung, Schulung. Mit unseren europaweit 14 Büros in Deutschland (BERLIN, STUTTGART, FRANKFURT, MÜNCHEN), Frankreich, der Schweiz, den Benelux-Ländern und Irland betreuen wir viele der Top 500-Unternehmen in Europa und haben einen hervorragenden Ruf im Markt.

Eurosoft ist ein Unternehmen der Parity-Gruppe, einem der führenden britischen System- und Beratungshäuser. **PARITY**

Komponentenarchitektur für Information Brokering

Jörg Raasch

Zusammenfassung

Die Versicherungsbranche hat eine Rahmenarchitektur für Versicherungsanwendungen entworfen, die VAA – Versicherungs-Anwendungs-Architektur. Diese Architekturbeschreibung verletzt an wesentlichen Stellen das Geheimnisprinzip. Dennoch wird die Vision eines Komponentenmarktes verfolgt.
In diesem Beitrag wird eine alternative Komponentenarchitektur entworfen. Im Hinblick auf einen Komponentenmarkt wird das Geheimnisprinzip als wichtigstes Entwurfsprinzip hervorgehoben. Die Versicherungswirtschaft liefert für die hier geschilderte Architekturentwicklung den Anlaß und den ersten Anwendungskontext. Die vorgestellte Architektur ist aber übertragbar auf andere, ähnlich gelagerte Anwendungsfelder. Schließlich wird aufgezeigt, welche Beziehungen zwischen der Komponentenarchitektur und dem Information-Brokering bestehen.

Ausgangspunkt

Die Initiative einiger Versicherungsunternehmen innerhalb des GDV (Gesamtverband der Deutschen Versicherungswirtschaft e.V.) führte zur Formulierung der VAA - Versicherungs-Anwendungs-Architektur /GDV 1996/. Diese beabsichtigt, einen softwaretechnischen Rahmen für die Versicherungsanwendungen der Zukunft zu setzen und dabei einen Komponentenmarkt zu etablieren.

VAA geht von folgenden Konstruktionsregeln aus:

- Es gibt eine Trennung von Daten, Funktionen und Kontrolle /GDV 1996c, S. 20/.

- Komponenten dürfen keine anderen Komponenten aufrufen /GDV 1996b, S. 44/. Statt dessen ist es nur erlaubt, über einen Datenmanager direkt auf Datenbestände anderer Komponenten zuzugreifen.

Mit diesen Regeln wird das Geheimnisprinzip unterlaufen. Systeme können entstehen, die genauso wartungs- und pflegeintensiv sind wie jene Altsysteme, die es mittelfristig abzulösen gilt. Die dringend erforderliche Flexibilisierung der Anwendungen wird nicht erreicht. Andererseits gibt es Handlungsbedarf für die Weiterentwicklung der informationstechnischen Infrastruktur von Versicherungsunternehmen, der etwa durch folgende Ziele beschrieben werden kann:

- Der Übergang von der Sparten- zur Kundenorientierung fordert einen hohen Integrationsgrad (z. B. Partnersystem) und gleichzeitig die Entfernung von Spartenabhängigkeiten aus dem gesamten System.

- Neuere Anforderungen wie „Telefon-Helpdesk" unterstreichen die Forderungen nach Kundenbezug und Integration.

- Es sollte nur ein einziges, für alle Produkte taugliches Anwendungssystem geben, statt für jede größere Sparte eines.

- Neue Konkurrenzsituationen erfordern höhere Flexibilität (z. B. Produktdefinition).

- Die Ergonomie der Anwendungen muß verbessert werden.
- Möglichkeiten der verteilten Verarbeitung und der Außendienstanbindung müssen effizienter genutzt werden.
- Mit neuen Technologien sollen neue Vertriebswege erschlossen werden.
- Durch Standardisierung (Komponentenmarkt) wird Kostenreduktion angestrebt.

Eine Architektur, die derartigen Anforderungen gerecht wird, erfordert eine stärkere Berücksichtigung etablierter Grundsätze des Software-Engineering.

Die hier beschriebene Architekturentwicklung wird von unserer Arbeitsgruppe im SEVERS-Projekt („Software-Engineering für die Versicherungswirtschaft", vgl. /Gerken, Raasch 1996/) an der FH Hamburg getragen. Diese verfolgt das vorrangige Ziel, durch exemplarische Vertiefung des Projektstudiums in Kooperation mit Wirtschaftsunternehmen praxisrelevante Qualifikationsmöglichkeiten für Studierende zu eröffnen.

Begriffe

Die folgenden Begriffsabgrenzungen fordern möglichst wenig einschränkende Eigenschaften. Deswegen sind unsere Schlußfolgerungen auch für jene relevant, die engere Begriffsdefinitionen bevorzugen.

Geschäftsprozesse

Operative Systeme reagieren auf Ereignisse, die in der Umgebung auftreten. An das System herangetragene Aufträge werden im Rahmen von Geschäftsprozessen bearbeitet. Ergebnisse gehen als Antworten des Systems an die Umgebung.

Geschäftsprozesse sind meist so kompliziert und vielgestaltig, daß eine elementare, flache Darstellung nur wenig sinnvoll ist. Geschäftsprozesse werden besser in einer Baumstruktur (Abbildung 1) beschrieben: Wurzelknoten ist der Geschäftsprozeß, Teilprozesse bilden die Knoten, die Blätter repräsentieren einzelne atomare Arbeitsschritte (Funktionen).

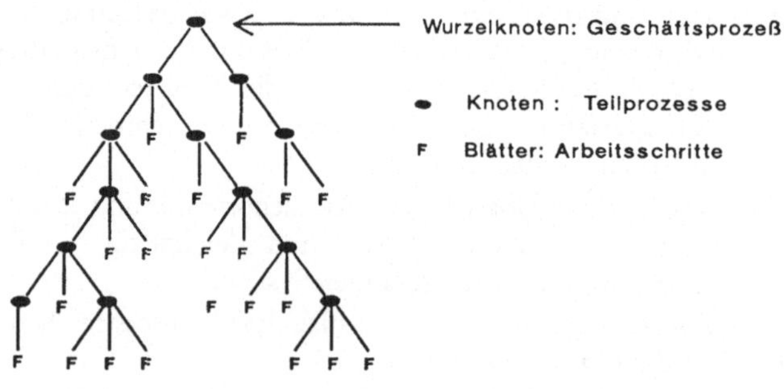

Abbildung 1: Baumstruktur von Geschäftsprozessen

Für die Teilprozesse und Arbeitsschritte innerhalb eines Geschäftsprozesses gelten zahlreiche Randbedingungen (Constraints) logischer und zeitlicher Art. Zum Beispiel erfolgt die Vertragsausfertigung immer logisch und zeitlich erst nach der Risikoprüfung, nur existierende Verträge darf man kündigen, eine Mahnung wird vielleicht erst drei Wochen nach Rechnungsstellung versandt.

Das Workflowmanagement hat die Aufgabe, im konkreten Ablaufgeschehen die Einhaltung der Constraints zu überwachen, die auch eine Interpretation als Konsistenzregeln besitzen. Es verfügt daher über die Repräsentation der Geschäftsprozesse sowie über alle für die Geschäftsprozesse relevanten Constraints.

System

Ein System ist eine Menge von Elementen zusammen mit ihren Beziehungen untereinander /Daenzer 1988, S. 11/. Ein System liefert eine Aufteilung der Realität in zwei Bereiche, das Systeminnere und die Systemumgebung. Aus der Realität wird ein Teil zur Untersuchung bzw. Gestaltung herausgegriffen. Die Abgrenzung zwischen System und Umgebung muß entscheidbar sein, was im Anwendungskontext normalerweise kein Problem ist.

Modul

Ein Modul ist ein System, das den Grundsatz des Information-Hiding /Parnas 1972/ einhält, Dienstleistungen (services) des Systems sind für die Umgebung nur über explizite Schnittstellen verfügbar. Ein Nutzer des Moduls benötigt lediglich eine auf die Nutzung ausgerichtete Schnittstellen-Sicht /Denert 1991/, /Nagl 1990/.

Schnittstellen von Moduln haben den Charakter von Verträgen. In der Vorbedingung (Precondition) einer Schnittstelle werden vollständig und eindeutig alle Bedingungen genannt, die der Nutzer erfüllen muß, um in den Genuß der Leistungen des Moduls zu kommen. In der Nachbedingung (Postcondition) werden alle Bedingungen genannt, deren Erfülltsein der Modul garantiert, wenn vom Nutzer die Precondition eingehalten wurde /Jones 1986/, /Meyer 1988/, /Nagl 1990/.

Komponente

Eine Architektur ist gegeben durch eine Zerlegung eines Systems in Moduln, wobei diese Moduln miteinander ausschließlich explizit über die vorgesehenen Schnittstellen kommunizieren /Horn, Schubert 1993/. Diese Moduln bezeichnen wir als Architekturkomponenten.

Eine Architekturkomponente spielt in der Architektur eines Systems eine semantisch hervorgehobene Rolle. Daneben werden Entwurfskomponenten betrachtet. Eine Entwurfskomponente ist ein Modul, der mit dem Ziel entworfen wird, als Architekturkomponente genutzt zu werden. Meist ist einfach von Komponenten die Rede. Eine Komponente ist insbesondere ein Modul.

Von Komponenten werden Eigenschaften gefordert /Orfali, Harkey, Edwards 1996, S. 34ff./, die auch unmittelbare Bedeutung für die Gestaltung von Referenzarchitekturen haben. Ohne diese Eigenschaften von Komponenten ist die Vision eines Komponentenmarktes nicht realisierbar. Hier werden nur wenige besonders wichtige Eigenschaften aufgezählt:

Semantische Einheit

Eine Komponente muß ihre gesamte Semantik kapseln. Komponenten erzeugen semantisch vollständige Ergebnisse, keine Halbfertigprodukte.

Unabhängigkeit

Komponenten sind als Moduln voneinander unabhängig, d. h. austauschbar bei gleicher Schnittstelle.

Verifizierbarkeit

Verträge zur Spezifikation der Schnittstellen müssen so verbindlich und eindeutig formuliert sein, daß eine Verifikation von angebotenen Komponenten möglich ist. Die Schnittstellenspezifikation muß ausreichen, um die Korrektheit einer Komponentenimplementation im Hinblick auf diese Spezifikation zu beweisen.

Zertifizierbarkeit

Komponenten sind die Einheit für die Zertifizierung. Es muß eine Kontrollinstanz geben, die angebotene Komponenten prüft und inhaltlich und softwaretechnisch abnimmt. Eine solche Kontrollinstanz kann ihre Aufgabe nur wahrnehmen, wenn ihre Prüfobjekte auf dem Geheimnisprinzip basieren, also Komponenten sind.

Entwicklung einer Anwendungsarchitektur

Unser Komponentenbegriff wird durch einen Styleguide für Komponentenschnittstellen präzisiert, vergleichbar den Styleguides für grafische Benutzungsschnittstellen (GUI). Dadurch werden die Regeln explizit gemacht, nach denen Schnittstellen von Anwendungskomponenten spezifiziert werden dürfen.

Zentrales Prinzip für den Styleguide ist das Information-Hiding. Komponenten werden postuliert, die Leistungen anderer Komponenten explizit benutzen und ihre eigenen Details verbergen. Es gibt keine globale Datenbank, die alle Daten zu speichern hat. Stattdessen sollen die Komponenten ihre Daten in eigenen, lokalen Datenbanken speichern, die aber ausserhalb der Komponente unsichtbar und damit auch nicht zugreifbar sind.

Die Entwicklung dieser Architektur erfolgt in den Entwicklungsschritten:

- Formulierung eines Styleguide für die Schnittstellengestaltung von Anwendungskomponenten,
- Spezifikation der für eine Versicherungsanwendung erforderlichen Anwendungskomponenten unter Beachtung des Styleguides,
- Prototypische Realisierung dieser Anwendungskomponenten.

Diese Schritte werden in mehreren Evolutionszyklen durchgeführt, um die Erfahrungen mit realisierten Prototypen in der weiteren Konzeption des Styleguides berücksichtigen zu können. Es ist nicht zu erwarten, daß allein durch konzeptionelle Überlegungen ohne praktische Absicherung eine zukunftssichere Architektur entstehen kann.

Anwendungskomponenten

Aufbau von Anwendungskomponenten

Orientiert an den für Informationssysteme üblichen Architekturmustern /Horn, Schubert 1993, S. 56 f./, /Oestereich 1997, S. 117 ff./ wurde die in der Abbildung 2 gezeigte Aufbaustruktur abgeleitet.

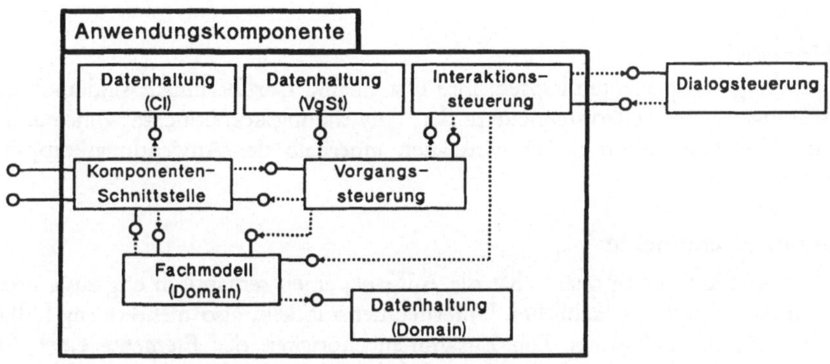

Abbildung 2: Aufbau von Anwendungskomponenten

Anwendungskomponenten besitzen eine innere Aufteilung in Komponenten, die jeweils bestimmte Aufgaben übernehmen, nämlich

Fachmodell (Domain)

Die Objekte des Anwenders werden im Fachmodell realisiert. Die Systementwicklung geht von einem genauen Verständnis des Aufgabenbereichs aus. Um dieses zu erreichen, ist eine „menschenbezogene Rekonstruktion der Begriffswelt des Anwenders" /Kilberth, Gryczan, Züllighoven 1994/ erforderlich.

Komponentenschnittstelle

Die Komponentenschnittstelle enthält sämtliche Export- und Importschnittstellen der Anwendungskomponente und abstrahiert damit sowohl die Leistungen für andere als auch die Leistungen, die von anderen erbracht werden müssen.

Vorgangssteuerung

Die Vorgangssteuerung enthält den Teil des Workflowmanagements, der für die Anwendungskomponente relevant ist, sowohl die Repräsentation der Geschäftsprozesse, als auch die logischen und zeitlichen Constraints.

Interaktionssteuerung

Die Interaktionssteuerung realisiert die Ablaufsteuerung für die Dialoge mit Benutzern.

Dialogsteuerung

Die Dialogsteuerung enthält alle Darstellungsformate der Benutzungsschnittstelle. Die Anwendungskomponente stellt neben einer Standardversion der Dialogsteuerung eine öffentliche Schnittstelle zur Dialogsteuerung bereit, so daß etwa firmenspezifische Anpassungen möglich werden.

Datenhaltungen

Anwendungskomponenten kapseln ihre Datenbank. Darüberhinaus sind auch die Datenhaltungen der Teilkomponenten der Anwendungskomponente voneinander getrennt. Die Zugriffskompetenz wird auch innerhalb der Anwendungskomponenten genau eingehalten.

Komponentenobjekte

Eine Anwendungskomponente hat die Aufgabe, einen semantisch eng zusammenhängenden Ausschnitt des fachlichen Unternehmensmodells, also mehrere eng kollaborierende Klassen, zu kapseln. Die Zusammengehörigkeit der Elemente einer Anwendungskomponente wird meistens dadurch konkretisiert, daß bestimmte Objekte innerhalb der Anwendungskomponente verwaltet werden, deren Details verborgen, deren Existenz und Integrität jedoch nach außen hin vertraglich garantiert wird und daher referenziert werden kann.

Zum Beispiel ist es Aufgabe einer Partnerkomponente, Personen mit ihren sämtlichen Rollen, die sie für das Versicherungsunternehmen spielen können, mit allen zugehörigen Informationen und Verarbeitungsformen zu kapseln und für Nutzer über Schnittstellen referenzierbar zu machen. Entsprechendes gilt für die Vertragskomponente, die den Vertragsbegriff kapselt oder etwa für die Schaden/Leistung-Komponente, die einzelne Schadensfälle mit allen Details kapselt.

Daher resultiert der Begriff des Komponentenobjekts. Komponentenobjekte gehören einer Klasse innerhalb der Komponente an und sind nach außen hin persistent referenzierbar. Dabei muß die globale Konsistenz aller lokalen Datenbanken sichergestellt werden. Zur extern sichtbaren Existenz und zur referentiellen Integrität von Komponentenobjekten gibt es einige Grundmuster, nach denen die Erzeugung, Änderung und Löschung erfolgt.

Styleguide für Komponentenschnittstellen

Im Styleguide werden Interfaces definiert, die für jede Komponente eingerichtet werden dürfen. Diese Interfaces haben eine vordefinierte Semantik. Umgekehrt dürfen keine Schnittstellen eingerichtet werden, die nicht durch den Styleguide legitimiert sind. Im folgenden werden einige Interfaces beispielhaft angedeutet.

Interface: Erzeugen und Löschen von Komponentenobjekten

Die Existenz von Komponentenobjekten wird extern gesteuert und die referentielle Integrität wird über Grenzen von Anwendungskomponenten hinweg sichergestellt.

Aufgrund externer Aufträge werden Komponentenobjekte eingerichtet, wobei eine persistente Referenz dem Auftraggeber zurückgegeben wird. Je nach Anwendungssemantik sind folgende Situationen zu unterscheiden:

Autonom einrichten

Autonome Komponentenobjekte werden eingerichtet, ohne mit Komponentenobjekten anderer Anwendungskomponenten verbunden sein zu müssen. Beispiel ist etwa ein Gutachter für Schäden in der KFZ-Versicherung. Er ist zu speichern, auch ohne daß er bereits Schäden begutachtet hat. Ein weiteres Beispiel ist das Versicherungsprodukt, das durch einen Geschäftsprozeß eingerichtet wird, wobei seine Existenz nicht von der Existenz anderer Komponentenobjekte abhängig ist.
Ein Löschen autonomer Komponentenobjekte ist nur zulässig, wenn das Komponentenobjekt nicht mehr referenziert wird (restriktiv).

Existenzabhängig einrichten

Existenzabhängige Komponentenobjekte werden auf Veranlassung von Komponentenobjekten anderer Anwendungskomponenten eingerichtet und sind von diesen existentiell abhängig. Beispiel ist der Versicherungsnehmer, der bei Einrichtung eines Vertrages etabliert wird und in seiner Existenz abhängig ist von dem Vertrag, in dem er referenziert wird.
Ein Löschen existenzabhängiger Komponentenobjekte ist nur durch den Eigentümer des Komponentenobjektes möglich, der es selber in der Vergangenheit eingerichtet hat (kaskadierend).

Verbinden mit existierendem Komponentenobjekt

Zu autonom existierenden Komponentenobjekten kann eine Verbindung (Referenz) hergestellt werden. Die Verbindung kann gelöscht werden, ohne daß das referenzierte, autonom existierende Komponentenobjekt gelöscht wird. Beispiel ist ein (autonom eingerichteter) Gutachter, der einen Schadensfall zu begutachten hat und deswegen durch das einzurichtende Schaden/Leistung-Objekt referenziert wird. Eine Verbindung kann nur durch den Eigentümer gelöscht werden (akzeptierend).

Interface: Ausgabe von Komponentenobjekten

Eine Anwendungskomponente darf nicht die Kompetenz besitzen, in den Details einer anderen Komponente zu navigieren und sich eventuell benötigte Informationen selber zu suchen. Statt dessen werden entsprechende Aufträge an die andere Komponente gegeben, die jedoch keine Objektreferenzen herausgibt, sondern nur String-Objekte, die das jeweilige Komponentenobjekt extern beschreiben. Je nach inhaltlichen Erfordernissen dürfen hier zum Beispiel Formate für Adreßaufkleber oder Menüzeilen vereinbart werden.

Interface: Aufträge vom Workflowmanagement oder von anderen Komponenten

Zu jedem Auftrag, den eine Anwendungskomponente gemäß ihrer semantischen Spezifikation erfüllen können muß, gibt es eine entsprechende Schnittstelle der Anwendungskomponente. Die Vertragskomponente bietet zum Beispiel Dienste an, um Verträge einzurichten, zu ändern, aufzulösen. Die entsprechenden Aufträge beinhalten zumeist weitere Aufträge an andere Komponenten, etwa an die Partnerkomponente, einen Versicherungsnehmer einzurichten, oder an die Produktkomponente, eine Verbindung zu einem Tarif zu etablieren.

Import-Interface: von anderen Komponenten benötigte Leistungen

Auch Importschnittstellen (Zugriffe auf andere Anwendungskomponenten) werden explizit in der eigenen Schnittstellenklasse definiert. Wenn also etwa im Zuge einer Vertragseinrichtung ein Versicherungsnehmer benötigt wird, der vom Vertrag referenziert werden muß, dann ist ein Auftrag an die Partnerkomponente zur Einrichtung eines Versicherungsnehmers zu erteilen. Dies erfolgt jedoch über das Interface der Vertragskomponente und nicht etwa direkt durch Objektmethoden innerhalb der Vertragskomponente. Dadurch wird jede Anwendungskomponente vollständig durch ihr Interface repräsentiert, sowohl durch die Exportdienste (Leistungen für andere Anwendungskomponenten) als auch durch die Importdienste (Leistungen, die von anderen für die gegebene Anwendungskomponente erbracht werden müssen).

Geschäftsprozeßmodellierung und Workflowmanagement

Aufbauend auf dem Komponentenbegriff und dem Styleguide für Anwendungskomponenten werden die in Versicherungen benötigten Anwendungskomponenten spezifiziert und realisiert. Einige dieser Anwendungskomponenten werden im VAA-Konzept als Kernentities bezeichnet /GDV 1996a, S.16ff./: Partner, Vertrag, VersicherungsObjekt, Produkt, SchadenLeistung, InkassoExkasso, Provision,usw..
Geschäftsprozesse werden über den Workflowmanager, der die globale Ablaufsteuerung kapselt, gestartet. Die Bearbeitung erfolgt dann in der semantisch zuständigen Anwendungskomponente und wird entsprechend delegiert. Die Anwendungskomponente kapselt das gesamte Wissen, das zur Bearbeitung des Auftrags notwendig ist. Daher ist es erforderlich, das Regelwerk des Workflowmanagers zum größeren Teil auf die Anwendungskomponenten zu verteilen und dort im Rahmen der sog. Vorgangssteuerung zu realisieren.
Teilprozesse eines Geschäftsprozesses können an andere Anwendungskomponenten *delegiert* werden. Diese sind dann für alle Aufgaben innerhalb des Teilprozesses verantwortlich und geben die durch die Schnittstelle garantierte Leistung zurück. Dabei werden aber immer nur ganze „Äste" der Geschäftsprozeß-Baumstruktur delegiert (Abbildung 3).
Wie zum Beispiel ein Vertrag eingerichtet wird, das ist in der Vertragskomponente zu kapseln. Die Vorgangssteuerung der Vertragskomponente verfügt über das entsprechende Wissen, welche Aufgaben an andere Anwendungskomponente zu delegieren sind. Diese erledigen ihre Teilaufgabe vollständig, kommunizieren dabei eventuell mit dem Anwender. So erteilt die Vertragskomponente gegebenenfalls der Partnerkomponente den Auftrag, einen Versicherungsnehmer zu etablieren. Das bis dato von VAA propagierte Vorgehen, nach dem Komponenten sich nicht gegenseitig aufrufen dürfen /GDV 1996b, S. 44/, würde dazu führen, daß keine Komponenten entstehen, die auf dem Geheimnisprinzip basieren. Denn das gesamte Ablaufwissen wäre außerhalb jeder Anwendungskomponente lokalisiert und damit von Daten und Funktionen getrennt.

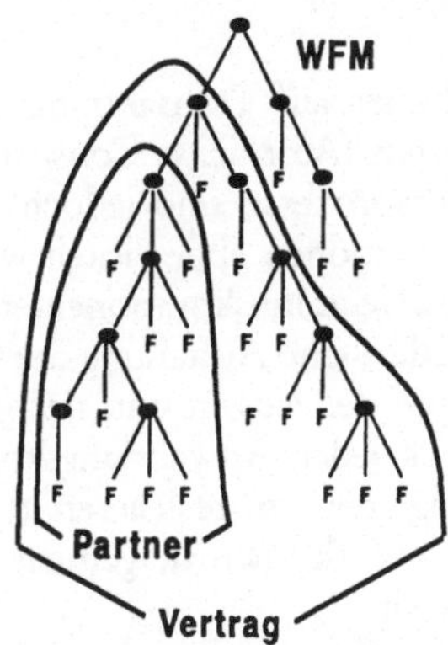

Abbildung 3: Anwendungskomponenten realisieren Äste des Geschäftsprozeß-Baumes

Änderungen wären nicht auf eine Komponente beschränkt, sondern würden auch Änderungen in der Komponente „Workflowmanager" erfordern, die getrennt von der Anwendungskomponente ist. Die Ablaufregeln wären ohne Daten und Funktionen unverständlich, Daten und auch Funktionen wären ohne die Ablaufregeln und Steuerungsbedingungen unverständlich.

Das VAA-Konzept ist daher nur realisierbar mit einem Workflowmanager, der über das gesamte Ablaufwissen im Detail verfügt und der von den Komponenten nur die elementaren RUDI-Funktionen (read-update-delete-insert) aufruft (Abbildung 4). In VAA gibt es daher offenbar gar keine Komponenten, sondern nur eine globale Datenbank, deren physikalischer Aufbau durch einen Datenmanager /GDV 1996b/ abstrahiert wird.

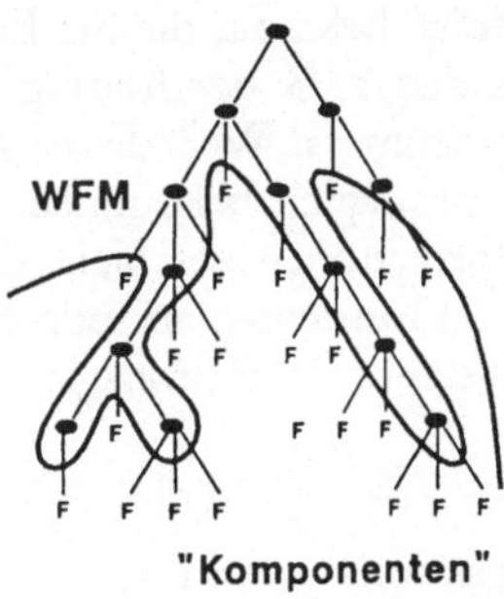

Abbildung 4: Trennung von Workflowmanager und Komponenten (VAA)

Transaktionsverarbeitung

Geschäftsprozesse sind abzubilden auf Transaktionen. Für Geschäftsprozesse müssen nämlich die ACID-Eigenschaften (Atomicity, Consistency, Isolation, Durability) zugesichert werden. Reale Geschäftsprozesse sind jedoch meistens so kompliziert, daß sie nicht als einfache, flache Transaktionen abgewickelt werden können. Auch die Aufteilung des Gesamtsystems in Anwendungskomponenten mit jeweils lokalen, von außen unsichtbaren Datenbanken fordert eine Aufteilung der Geschäftsprozeß-Transaktionen. Im Ergebnis sind die Konzepte der langen und der geschachtelten Transaktionen zu implementieren. Dabei wird es jeder Anwendungskomponente überlassen, in ihrem Inneren ein Transaktionsmanagement zu realisieren, das die Aufträge von außen (über das Interface: „Aufträge vom Workflowmanagement oder von anderen Komponenten") als Transaktionen behandelt.

Jede Anwendungskomponente, die einen Auftrag erteilt, also eine Transaktion veranlaßt, muß darüberhinaus alle Informationen zur Auftragserteilung aufzeichnen (Logfile), die gegebenenfalls ein geschachteltes Zurücksetzen ermöglichen. Damit kann auch in verteilten Systemen die ACID-Eigenschaft für Geschäftsprozesse zugesichert werden.

Insgesamt sind also folgende Regeln einzuhalten, um Transaktionsverarbeitung zu sichern:

- Jede Komponente behandelt sämtliche an sie gestellten Aufträge als Transaktionen.

- Jede Komponente protokolliert die Aufträge, die im Rahmen einer Transaktion an andere Komponenten gerichtet wurden.

- Der globale Workflowmanager ist auch eine Komponente. Er besitzt einen Transaktionsmonitor mit Logfile.

Im Falle etwa des Zurücksetzens einer Vertragseinrichtung wird also vom globalen Workflowmanager an die Vertragskomponente der Auftrag zum Zurücksetzen propagiert. In der Vertragskomponente kann dann lokal ein Zurücksetzen vorgenommen werden. Dabei werden alle Aufträge bekannt, die bei Einrichtung des Vertrags an andere Komponenten gerichtet wurden, z. B. der Auftrag an die Partnerkomponente zur Etablierung eines Versicherungsnehmers. Weil dieser Auftrag bekannt ist, kann die Partnerkomponente die Aufgabe propagiert bekommen, die entsprechende Transaktion zurückzusetzen. Bei lokalen Informationen geschieht dies in eigener Verantwortung. Werden Aufträge erkannt, die beim Einrichten an andere Komponenten erteilt wurden, so wird der Auftrag zum Zurücksetzen weiter propagiert.

Entwicklung und Verteilung

Die Architektur der Anwendungskomponenten ist semantisch motiviert: Jede Anwendungskomponente kapselt einen eng zusammengehörenden Teil des Unternehmensgesamtmodells, ergänzt um Vorgangssteuerung, Komponentenschnittstelle und Benutzungsschnittstelle (Interaktionssteuerung und Dialogsteuerung) und ist von technischen Verteilungskriterien unabhängig.

Zur Nutzung in einem verteilten System muß die Anwendungskomponente in einen Server-Teil und einen Client-Teil aufgespalten werden. Durch die *semantische Architektur* wird zunächst als Verteilungsform (vgl. z. B. /Niemann 1995/) die verteilte

Präsentation nahegelegt (vgl. Abbildung 2). Für praktisch einsetzbare Systeme sind dagegen meist andere Verteilungsformen günstiger (Abbildung 5).

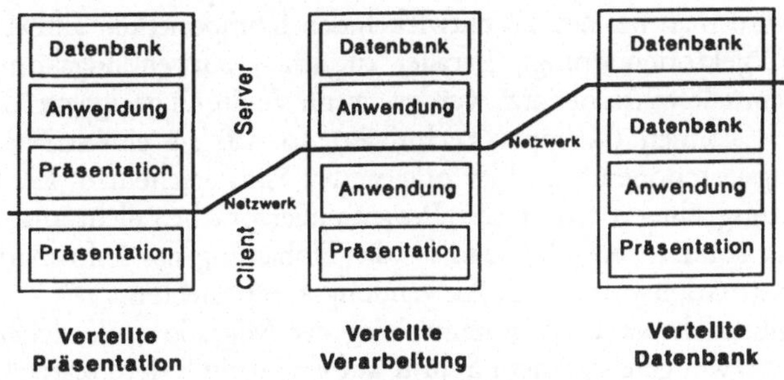

Abbildung 5: Einige Verteilungsformen

Bestimmend für die *technische Architektur* der Anwendungskomponenten ist die Netzbelastung. Die Trennungslinie zwischen Aufgaben des Server- und des Client-Teils (Abbildung 6) der Anwendungskomponente muß also frei von semantischen Gesichtspunkten allein aufgrund technischer Kriterien festgelegt werden können.

Dabei darf aber das Geheimnisprinzip auf Ebene der Anwendungskomponenten nicht unterlaufen werden. Also werden innerhalb der Komponenten weitere Schnittstellen entwickelt, die eine Kommunikation zwischen Client- und Server-Teil der Anwendungskomponente ermöglichen, aber jeden Seiten-Einstieg verbieten.

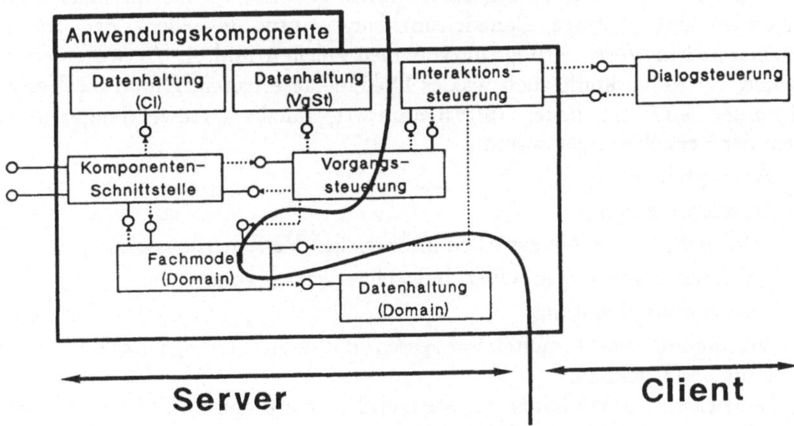

Abbildung 6: Trennung einer Anwendungskomponente in Server- und Client-Anteil

Migration

Durch die Regeln zum Aufbau von Anwendungskomponenten ist zunächst nicht festgelegt, welche Technologie im Inneren dieser Komponenten benutzt wird. Selbstverständlich wird man bei neu zu entwickelnden Komponenten aktuelle Technologie anwenden (Objektorientierung). Parallel zu neuen Anwendungskomponenten können ältere Systemteile weiterbenutzt werden, wenn sie durch geeignete Maßnahmen verborgen werden können (Wrapper-Techniken), so daß sie einem Nutzer gegenüber als Anwendungskomponente im hier präzisierten Sinn erscheinen. Entscheidend ist nicht die Benutzung einer bestimmten Programmiersprache, nicht mal eines bestimmten Paradigmas, sondern entscheidend ist die Einhaltung des Information-Hiding als primäres Konstruktionsprinzip für Anwendungskomponenten.

Damit ergibt sich ein evolutionärer Weg der Migration; Versicherungsunternehmen sind nicht gezwungen, in einem Schritt auf eine neue Referenzarchitektur umzustellen. Statt dessen wird die real vorhandene Anwendungslandschaft intern schrittweise strukturell verbessert. Es kommt darauf an, die Teilsysteme logisch zu separieren und über normierte Schnittstellen miteinander kommunizieren zu lassen. Dadurch entsteht erstmal eine besser strukturierte Ist-Anwendungswelt. Die IT-Verantwortlichen verfügen dann aber auch über Optionen, ältere Komponenten nach und nach im Rahmen evolutionärer Weiterentwicklung durch neuere, verbesserte zu ersetzen, die etwa leistungsfähiger in Richtung Ergonomie oder Vernetzung sind, bei gleichbleibender logischer Schnittstelle und bei gleichbleibender Anwendungssemantik.

Information Brokering

Information Brokering bedeutet Informationsbeschaffung, Informationslogistik und sachgerechte Informationsversorgung. Informationen und Dienstleitungen werden global angeboten. In Versicherungsunternehmen geht man bisher meistens davon aus, daß Kunden ihre Anträge, Schadensmeldungen usw. in jedem Fall auf Papier-Dokumenten dem Versicherungsunternehmen zuleiten und als Antwort neben einer möglichen Telefonauskunft auch wieder Dokumente erhalten. Durch die Verbreitung des Internet wird ein neuer Informationsweg nutzbar. Anwendungsbeispiele im Kontext der Versicherungen wären:

- Antragstellung ,
- Schadensmeldung,
- Information über den aktuellen individuellen Versicherungsschutz,
- Tarifüberschneidungen, Über- bzw. Unterversicherung,
- Versicherungsberatung,
- Verfolgung von Geschäftsprozessen mit Eingriffsmöglichkeiten durch den Kunden (Tracking).

Die ersten beiden Punkte bilden im wesentlichen die (Papier-) Dokumentformate auf Internet-Formate ab und sind daher sicher als erster erforderlicher Schritt zu betrachten. Die anderen weiterführenden Dienste stellen dagegen für viele Versicherungsunternehmen noch eine Herausforderung dar.

Um derartige Dienste überhaupt extern sinnvoll anbieten zu können, müssen interne Voraussetzungen geschaffen werden. Auch ohne Blick auf Möglichkeiten des Internet werden diese Voraussetzungen seit einigen Jahren in Versicherungsunternehmen diskutiert unter den Problemstellungen

- Übergang von der Spartenorientierung zur Kundenorientierung
- Neuere Anwendungen: zentrale Auskunfterteilung (Telefon-Helpdesk).

Eine zentrale und vollständige Auskunfterteilung setzt voraus, daß die gesamte informationstechnische Infrastruktur kundenorientiert ausgelegt ist. Kundenorientierung erfordert, daß die einzigen spartenbezogenen Informationen bei der Produktdefinition (Tarif) gespeichert werden. Alle anderen Anwendungskomponenten müssen frei von Spartenwissen implementiert sein. Weiterhin ist ein integriertes Partnersystem erforderlich, das einen Zugriffspfad von der Person über ihre Rollen zu sämtlichen Geschäftsprozeß-Ergebnissen ermöglicht. Wenn diese Voraussetzungen alle erfüllt sind, dann ist eine (konventionelle) telefonische Auskunfterteilung möglich, aber auch die Entwicklung von Internet-basierten Dialogen.

Die Verfolgung des Bearbeitungsstandes von Geschäftsprozessen schließlich setzt einen Workflowmanager voraus, der Zustandsinformation zu jedem in Bearbeitung befindlichen Geschäftsprozeß repräsentiert. Wenn diese Voraussetzung gegeben ist, dann ist es leicht, einen Internet-basierten Dialog bereitzustellen, mit dem sich ein Kunde die ihn selber betreffende Information beschaffen und womöglich sogar mit dem gerade zuständigen Sachbearbeiter in Kommunikation treten oder sonstwie Beiträge zur Erledigung des Geschäftsprozesses liefern kann.

Diese Beispiele verdeutlichen, daß die interne Systemarchitektur eine wesentliche Voraussetzung für ein Konzept der Informationsvernetzung darstellt, das über den Austausch von Papierdokumenten hinausgeht. Die hier vorgestellte Architektur erleichtert die Beteiligung eines Unternehmens an globalen Informationsvernetzungen.

Verallgemeinerung

Für unser Hochschulprojekt sind Versicherungsanwendungen Anlaß und Motivation für Fragestellungen und vorläufig wichtigster Anwendungsbereich. Es wird jedoch nicht angestrebt, die Architektur auf eine bestimmte Branche zu beschränken.

Unsere Architekturdefinition enthält keine versicherungsspezifischen Besonderheiten. Versicherungsdetails kommen nur in Motivationen und Beispielen vor. Daher ist die geschilderte Architektur übertragbar auf andere, ähnlich gelagerte Anwendungsfelder.

Fazit

Ein *Komponentenmarkt* setzt verifizierbare und zertifizierbare Komponenten und damit *Information-Hiding* voraus. Die *Schnittstellengestaltung* ist primäre Design-Aufgabe für die Architekturentwicklung.

Ausgangspunkt einer evolutionären *Migrationsstrategie* ist eine schrittweise Verbesserung der installierten und historisch gewachsenen Anwendungen, wodurch die strategische Option zur Einführung neuer Komponenten entsteht.

Neugefaßte Anwendungskomponenten werden selbstverständlich unter Nutzung *aktueller Entwicklungsmethoden und Technologien* entwickelt, z. B. Objektorientierung.

Der eingangs aufgeführte Handlungsbedarf kann durch eine Systementwicklung nach der vorgestellten Anwendungsarchitektur in wesentlichen Punkten entschärft werden.

Weiteres Vorgehen

Die Entwicklung experimenteller und explorativer Prototypen wird eine Hauptaufgabe des Teilprojektes „Anwendungsarchitektur" des SEVERS-Projektes an der FH Hamburg bleiben. Daneben werden im Projekt weitere Themenbereiche untersucht, zum Beispiel die Datenauswertung (Data Warehouse, vgl. /Gerken 1997/) und die Verteilung und Vernetzung von Anwendungen.

Danksagung

An der Architekturentwicklung haben zahlreiche Personen mitgewirkt. Allen Beteiligten sei herzlich gedankt. Mein besonderer Dank gilt Robert Aldrup (agens Consulting), Petra Becker, Prof. Helga Carls, Frank Dünnleder (PDV Unternehmensberatung), Martin Ersche, Prof. Dr. Erhard Fähnders, Prof. Jürgen Freytag, Prof. Dr. Wolfgang Gerken, Stefan Gertsobbe, Oliver Grampp, Gilles Iachelini, Andreas Kopka, Hartmut Kubesch (IDUNA-NOVA), Thorsten Lüders, Michael Mathé, Claus-Jürgen Moessinger (BERATA), Prof. Dr. Guido Pfeiffer, Volker Schrödter.

Literatur

/Daenzer 1988/   Walter F. Daenzer (Ed.): Systems Engineering - Leitfaden zur methodischen Durchführung umfangreicher Planungsvorhaben. Zürich: Verlag Industrielle Organisation, 1988.

/Denert 1991/   Ernst Denert: Software-Engineering. Berlin;.: Springer, 1991.

/GDV 1996/   Gesamtverband der Deutschen Versicherungswirtschaft: VAA - Die Anwendungsarchitektur der Versicherungswirtschaft. Dezember 1996 (2. Auflage).

/GDV 1996a/   Fachliche Beschreibung, in /GDV 1996/.

/GDV 1996b/   Technische Beschreibung, in /GDV 1996/.

/GDV 1996c/   Fragen und Antworten, in /GDV 1996/.

/Gerken 1997/   Wolfgang Gerken: Data Warehouse - Datengrab oder Informationspool? Versicherungswirtschaft 8/1997, S. 506 – 511.

/Gerken, Raasch 1996/   Wolfgang Gerken, Jörg Raasch: VAA im Lichte der Objektorientierung. Versicherungswirtschaft, 8/1996, S. 492 – 498.

/Horn, Schubert 1993/   Erika Horn, Wolfgang Schubert: Objektorientierte Software-Konstruktion. Grundlagen - Modelle, Methoden - Beispiele. München; Wien: Hanser, 1993.

/Jones 1986/   Cliff B. Jones: Systematic Software Development Using VDM. Prentice-Hall, 1986.

/Kilberth, Gryczan, Züllighoven 1994/   Klaus Kilberth, Guido Gryczan, Heinz Züllighoven: Objektorientierte Anwendungsentwicklung. Konzepte, Strategien, Erfahrungen. Braunschweig; Wiesbaden: Vieweg, 1994, 2. Auflage.

/Meyer 1988/   Bertrand Meyer: Objektorientierte Softwareentwicklung. München; Wien: Hanser; London: Prentice-Hall, 1988.

/Nagl 1990/   M. Nagl: Softwaretechnik: Methodisches Programmieren im Großen. Springer, 1990.

/Niemann 1995/   Klaus D. Niemann: Client/Server Architektur, Organisation und Methodik der Anwendungsentwicklung. Braunschweig; Wiesbaden: Vieweg, 1995.

/Oestereich 1997/   Bernd Oestereich: Objektorientierte Softwareentwicklung mit der Unified Method Language. München; Wien: Oldenbourg, 1997, 3. Auflage.

/Orfali, Harkey, Edwards 1996/   Robert Orfali, Dan Harkey, Jeri Edwards: The Essential Distributed Objects Survival Guide. New York, John Wiley & Sons, 1996.

/Parnas 1972/   David L. Parnas: On the Criteria to Be Used in Decomposing Systems into Modules. Communications of the ACM, vol. 5, no. 12, 1053 - 1058, 1972.

Durchgängige Prozeßketten in der Produktentwicklung

Mario Jeckle

Zusammenfassung

In Zeiten immer größeren Wettbewerbsdrucks, der zur Ausschöpfung noch vorhandener Rationalisierungspotentiale zwingt, gerät neben Produktqualität und Produktionsgeschwindigkeit auch die Entwicklung selbst, mithin der Zeitraum zwischen Idee und Vermarktung (*time to market*), zum erfolgsentscheidenden Kriterium. Nachdem bisher die Herstellung des Gutes im Mittelpunkt des Optimierungsinteresses stand (*Lean Production, Kaizen, Flexible Fertigungssysteme, Produktionsplanung und –Steuerung*), werden in jüngster Zeit verstärkt die Vorfertigungsphasen betrachtet.

Insbesondere die transparente Informationsbereitstellung innerhalb der Produktentwicklungsabläufe und die IT-Unterstützung in diesem Umfeld stellt eine Herausforderung dar.

Einerseits existieren in den frühen Vorentwicklungsphasen nicht formalisierte Prozesse, wie z. B. die „Ideenfindung„ und Evaluierung von Alternativen, die nicht vollständig DV-gestützt implementiert sind. Andererseits entstehen während dieser Periode grundlegende produktbezogene Konzepte und Informationen, die zu Engineeringergebnissen führen.

Ziel ist es, Techniken zu schaffen, welche die Sammlung, Klassifikation und Verfügbarkeit der entstehenden Informationen durch hinreichend rechnergestützte Abbildung der gesamten Prozeßkette in Product-Daten-Management- und Workflow-Systemen gewährleisten. Darüber hinaus stellt die Vernetzung informationserzeugender und informationsverwaltender Systeme eine weitere Herausforderung dar.

Diese Forschungsaktivitäten laufen u. a. auch in enger Zusammenarbeit mit dem Fachbereich Informatik der Fachhochschule Augsburg. Im Rahmen von mehreren Diplomarbeiten konnten, wie im folgenden ausgeführt, in etlichen Teilbereichen prozeßkettenunterstützende Techniken entwickelt und implementiert werden.

Grundlagen

Prozeß und Prozeßkette

Begriffsbildung

Der Begriff „Prozeß", verschiedenst attributiert z. B. zu „Geschäftsprozessen", und seine Aggregierung zu „Prozeßketten" oder „-Abläufen" beherrscht derzeit die Diskussion.

Prozesse sollen ganzheitlich durch die vielfältigsten Modellierungsmethoden und -ansätze abgebildet werden, um sie später reorganisiert, d. h. optimiert, re-implementieren zu können (vgl. hierzu: /Oestereich 1997/, /Booch, et al. 1997/, /Scheer 1992/). „Ganzheitlich" soll hierbei die terminologisch sehr differierend ausgedrückten Ansprüche der verschiedenen Darstellungsmethoden subsumieren. Es kann festgestellt werden, daß neben die Betrachtung der rein dynamischen Abläufe mit all ihren Facetten (z. B. Iterationen, Selektionen, Parallelitäten) auch eine integrierte Systemsicht, d. h. unter Einbezug der statischen Datenstrukturen, zunehmend in den Vordergrund des Optimierungsinteresses tritt (vgl. hierzu: /Feltes 1997/).

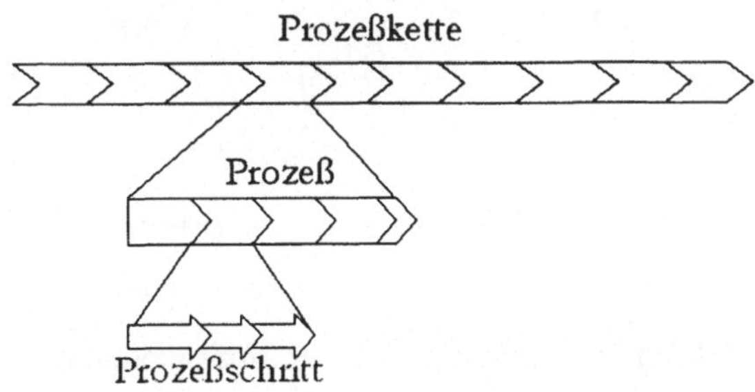

Abbildung 1: Begriffsbildung Prozeßkette

Wie in Abbildung 1 dargestellt, wird die Prozeßkette als Menge von Prozessen aufgefaßt. Diese müssen nicht zwingend sequentiell ablaufen. Durch *simultaneous* oder *concurrent engineering* (verschiedene gleichzeitige Entwicklungsaktivitäten am selben Teil und möglichst frühzeitige Freigabe von Teil- oder Zwischenständen) treten oftmals Parallelitäten oder Schleifen in den Prozeßabläufen auf.

Jeder Prozeß faßt mehrere Prozeßschritte organisatorisch und logisch zusammen. Jeder Prozeß ist ein Geschäftsgang, eine Handlung des Unternehmens (z. B. „Rechnung erstellen„). Prozesse haben einen definierten Beginn und ein definiertes Ende, sie werden transaktionsartig durchgeführt.

Mehrere Prozesse können einen konkreten Prozeßschritt nutzen. Genauso faßt eine Prozeßkette als komplexer Ablauf mehrere Prozesse zusammen, die wiederum jeweils in mehrere Prozeßketten integriert sein können.

Optimierungsinteresse

Besonders im Bereich des *Business Process Reengineerings* (BPR) wird durch die von /Hammer 1995/ propagierte grundlegende Überprüfung der Unternehmensprozesse, mit dem Ziel ihrer radikalen Neugestaltung, die sog. *Wertschöpfungskette (value chain)*, die Aktivitäten eines Unternehmens zur Steigerung des Kundennutzens oder zur Kosteneinsparung (Firmennutzen), in den Blickpunkt des Interesses gerückt. Hintergrund der Umgestaltungsaktivitäten ist die Minimierung der entstehenden Kosten und des eingesetzten Kapitals bei gleichzeitiger Maximierung von Qualität, Service und Geschwindigkeit.

Abbildung 2 illustriert das Spannungsfeld der Optimierungsbemühungen zwischen Qualität, Service, Kapital, Kosten und Geschwindigkeit (vgl. /Henz 1996/). Durch die schlagwortartige Formulierung der Optimierungsziele ergibt sich hinreichender Ermessungsspielraum, um beliebige ökonomische Prozesse betrachten zu können; beispielhaft sei hier nur der Begriff „Geschwindigkeit„ erwähnt, der bei näherer Betrachtung selbst wieder multidimensional aufgefaßt werden kann (z. B. Liefer-, Produktions-, Entwicklungs-, Servicegeschwindigkeit).

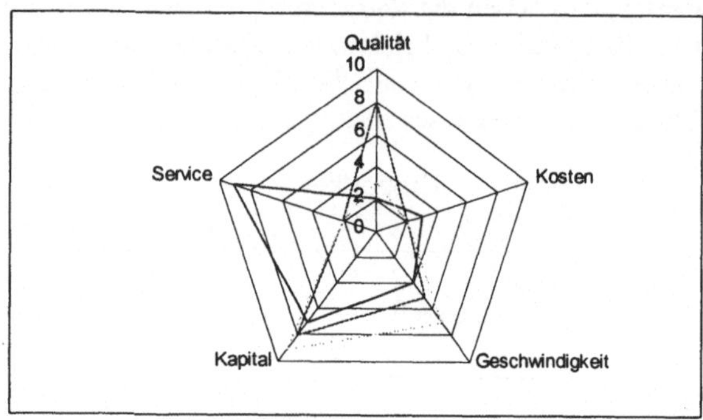

Abbildung 2: Spannungssfeld der Prozeßkettenoptimierung

Während die Wertschöpfungskette, bedingt durch ihre Orientierung am sukzessiv wachsenden Wert des entstehenden Gutes (jeder quantifizierbare Wertzuwachs markiert einen Prozeßschritt) die betriebswirtschaftliche Sichtweise darstellt, bildet die *Engineeringprozeßkette* hierzu das technisch focusierte Pendant.

Jedoch lassen sich Entwicklungsprozesse während ihrer Ausführungszeit schwer gemäß der postulierten Kriterien einordnen:

- Qualität – wie ist ein Zwischenergebnis qualitativ zu beurteilen, und gibt es auch „schlechte„ (per se unnütze) Ergebnisse?
- Geschwindigkeit – korreliert Entwicklungsgeschwindigkeit qualitativ mit den erzielten Ergebnissen?
- Kosten – „je billiger, desto besser„ – zu Lasten intensiver Tests?

In einer bewertenden Rückschau auf erbrachte Ergebnisse mag dies leichter fallen. Auch der Ansatz, die Entwicklungsabteilung als Servicebetrieb zu verstehen, führt schwerlich zu Erfolgen.

Da die Prozeßkettenoptimierung den heutigen Produkten bereits ausreichende Qualität unterstellt, beschränkt sich die Optimierung der Entwicklungsprozeßketten ausschließlich auf die Verringerung des Entwicklungszeitraumes.

Herausforderungen bei der Implementierung von Prozeßketten im Engineeringbereich

Die Einführung rechnergestützter Entwicklungstätigkeit wurde seit den frühen 80er Jahren sehr stark durch die CAx-Technologien vorangetrieben und kann nunmehr als abgeschlossen gelten. Daraus ließe sich ableiten, daß der Produktentwicklungsprozeß bereits optimal DV-unterstützt ist und weitere Verbesserungen (d.h. Arbeitserleichterungen durch zusätzliche DV-Anlagen) sich bestenfalls marginal auf den gesamten Zeitaufwand auswirken.

Demgegenüber stehen u. a. die Ausführungen von /Kimmig 1998/, die zeigen, daß das Tagesarbeitspensum eines Konstrukteurs nur zu 10 bis 25 Prozent aus der eigentlichen Primäraufgabe, nämlich der kreativen Konstruktionstätigkeit, besteht. Die verbleibende Arbeitszeit entfällt auf sekundäre Tätigkeiten wie Neuaufbereitung bereits erbrachter Ergebnisse. Gänzlich unproduktiv einzuschätzen sind weitere Zeiten, mit der die Suche nach bereits existierenden Daten verbracht werden.

In den heutigen Engineeringprozeßketten haben sich folgende Probleme gezeigt:

* Konsistenzprobleme
  Es existieren häufig verschiedene „Inseldatenhaltungen„ zur Informationsversorgung mit Applikationsdaten. Da diese Informationreservoirs voneinander vollständig unabhängig sind, treten verstärkt Konsistenzprobleme auf. Ursachen dieser dezentralen und unsynchronisierten Datenhaltung sind neben der nicht-durchgängigen DV-Infrastruktur (Fehlen von entsprechenden Kommunikationsmechanismen, die eine Informationsversorgung technisch verhindern) auch die mangelnde Informationslogistik, welche die zeitnahe Bereitstellung der benötigten Informationen und Daten gewährleisten soll.

* Systemheterogenitätsprobleme
  Der Einsatz verschiedenster Softwaresysteme zur Erstellung, Nachbearbeitung oder Analyse der Engineeringergebnisse bedingt eine Vielzahl notwendiger Austauschschnittstellen an den Prozeßübergängen. Einen Extremfall bilden sie sog. *Medienbrüche.* Sie treten an Prozeßübergängen zutage, wenn sich die Darstellung der Daten hinsichtlich des verwendeten Mediums unterscheidet (z. B. Übergang Formular zu Datenbank). Oftmals ist dies der Fall, wenn nicht der gesamte Prozeßablauf rechnergestützt abgewickelt wird oder werden kann.

* Kommunikationsprobleme
  Die herrschenden Abläufe sind vielfach nicht transparent. Dies erschwert durch unklare Datenflüsse die Informationsversorgung einzelner Prozeßbeteiligter deutlich.

* Dokumentations- und Spezifikationsprobleme
  Undokumentierte, ad-hoc gebildete, Abläufe verhindern eine sukzessive Dokumentation des Entwicklungsfortschrittes bis hin zur Fertigstellung und Produktion. Gerade bei der Entwicklung von Produkten mit vergleichsweise langen Lebenszyklen (z. B. bei Flugzeugen länger als 30 Jahre) muß aus Haftungsgründen die Primärkonstruktion, einschließlich aller später vorgenommenen Änderungen, vollständig dokumentiert werden.

Lösungsansätze und –möglichkeiten durch prozeßkettenunterstützende Technologien

Abbildung 3 unterscheidet die Optimierungsansatzpunkte für bestehende Prozeßketten in eine vertikale und eine horizontale Sicht auf die gesamte Prozeßkette.

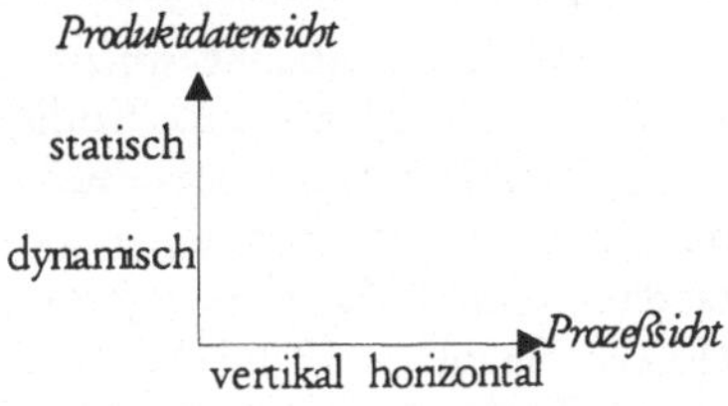

Abbildung 3: Prozeßkettensichten

Gleichzeitig lassen sich die Prozeßdaten primär dynamisch (d. h. Abläufe und zugrundeliegende Daten) oder primär statisch (d. h. Daten und darauf operierende Abläufe) betrachten Während in der Vergangenheit, beispielsweise beim Entwurf relationaler Datenbanken, der statische Aspekt sehr stark betont wurde (u.a. Normalisierungstheorie), tritt mit zunehmender Bedeutung des objekt-orientierten Paradigmas und der darauf basierenden Technologien der dynamische Systemanteil in den Vordergrund.

Auf die vorhergehenden beschriebenen Problematiken angewandt, bedeutet dies zunächst die Optimierung der Prozeßdaten, und davon separiert die Umgestaltung des Prozeßablaufs.

Die detailzentrierte *bottom-up* Betrachtung stellt jeden Prozeß für sich genommen in den Vordergrund. Interdependenzen zu anderen Prozessen bleiben ebenso unberücksichtigt, wie die mögliche Mehrfachintegration des einzelnen Prozesses in verschiedene Prozeßketten. Stärke dieser Betrachtung ist eindeutig die mit der Reduktion des Komplexitätsniveaus einhergehende Optimierung eines Prozesses innerhalb des betrachteten Verwendungskontextes durch direkte Beeinflussung der enthaltenen Prozeßschritte. Nachteilig wirkt sich neben der Negierung der bestehenden Seitenwirkungen jedes Prozesses auch die rein lineare Reorganisation der enthaltenen Prozeßschritte, auf das Optimierungsziel dieses Prozesses hin, aus. Vergleichbar ist dies mit der einseitigen Modifikation von Programmstrukturen, ausgerichtet auf Performancebeschleunigung genau eines konkreten Anwendungsfalles (vgl. z. B. Sedgewick's Anmerkungen zu vermeintlichen „Quicksort-Verbesserungen„ in /Sedgewick 1992/ S. 145 ff.). Mögliche Optimierungsergebnisse, die durch den Einbezug weiterer abhängiger Prozesse in die Betrachtung erzielt werden könnten, bleiben ungenutzt. In Einzelfällen, insbesondere bei komplexen netzartig organisierten Prozeßketten, kann die beschriebe *brute-force*-Optimierung vertikaler Aspekte auch zur Verschlechterung des Gesamtablaufes führen. Die Beurteilung der existierenden Dynamik ist hierbei nahezu unmöglich, da, abhängig von der Granularität der betrachteten Prozesse, die darin enthaltene Ablauflogik nur beschränktes Reorganisationspotential birgt.

Alternativ bietet sich die horizontale Analyse der Prozeßkette an. Durch die Betrachtung der Prozesse in ihrem realen Verwendungskontext steigt die Komplexität der Optimierung deutlich an. Jedoch ermöglicht die Analyse abhängiger Prozesse und deren Wechselwirkungen die Einbeziehung des dynamischen Anteils der Prozeßkette.

Letztes Glied der (bis dato theoretischen) Optimierung ist die (Re-)Implementierung durch konkrete prozeßunterstützende Systeme, wie Product-Data- und Workflow-Management, die hinreichend Prozeßablauf und -daten verwalten.

Produktstrukturmangement und PDM-Systeme

In den letzten Jahren treten verstärkt datenbankgestützte Applikationen zur Verwaltung produktstrukturbezogener Daten am Markt auf. Häufig firmeren diese Systeme als *Product-Data Management* oder kurz PDM. Sie organisieren die produktbeschreibenden Daten (z. B. CAD-Geometrien, NC-Programme, textuelle Spezifikationen aber auch Arbeitspläne sowie Behandlungs- und Verarbeitungsvorschriften) entlang der *Produktstruktur* (vgl. hierzu: /PDM Enablers 1998/ S. 121ff.). Diese bildet neben der klassischen stücklistenartigen Zusammenbaustruktur (die als dynamische Auswertung aus den im PDM gehaltenen Daten abgeleitet werden kann) aus Bau-Gruppen und -Teilen auch den zeitlichen, geometrischen und anwendungsspezifischen Kontext ab.

Mithin bestehen Beziehungen verschiedener Semantik innerhalb der entstehenden Strukturen. Während innerhalb von Zusammenbauten Teile-Ganzes-Hierarchien, welche die physikalische Assemblierung widerspiegeln, realisiert sind, stellen Beziehungen zwischen den Einzelprodukten der Struktur einen zeitlichen Zusammenhang dar. Beispielhaft sei hier der Übergang vom Rohteil, unter Ausführung definierter Bearbeitungsvorschriften, bis hin zum Fertigteil genannt.

Immer kürzer werdende Entwicklungszyklen stellen hohe Anforderungen an die Ergebnisqualität der Engineeringphasen. Ziel ist die direkte übergangslose (Serien-)Fertigung im Anschluß an die Konstruktionsperiode durch weitestgehende Entwurfsvalidierung. Intention dieser Aktivitäten ist es unter Verzicht auf Prototypen- und Modellbau, das Endprodukt digital im Rechner erstehen zu lassen. Im Zentrum solcher Aktivitäten steht der Versuch elektronischer Einbau- und Zusammenbauuntersuchungen, das *Digital Mock-up* (DMU). Als heutige Haupteinsatzgebiete von DMU stellen sich neben der Zusammenstellung und Inspektion komplexer Baugruppen auf Vollständigkeit, Kollisionsfreiheit und Montagefähigkeit die frühe Beurteilung des Designs und Ergonomieuntersuchungen dar. Der Übergang zu Virtual Reality Techniken wie *Augmented Reality*, die sich hauptsächlich mit Montagebetrachtungen beschäftigt, ist fließend. Alle hierfür notwendigen Daten von den 3D-Geometrien und aller daraus abgeleiteten Zeichnungen bis hin zu Einbaudaten (Transformationsmatrix, Absolute Position) sind in der Produktstruktur organisiert.

Die Verflechtung primärer und sekundärer Strukturdaten, d. h. die Verbindung von Produkten mit deren deskriptiven Daten verschiedenster Art, ist die anwendungsspezifische Komponente der Produktstruktur. Implizit erfolgt hierbei die logische Kopplung der datenerzeugenden Spezial-Systeme mit dem datenverwaltenden PDM-System.

Generell bezeichnet *PDM* kein konkretes am Markt verfügbares System eines Herstellers, sondern vielmehr eine Philosophie zur Informationsversorgung der angeschlossenen Teilnehmer. Bei diesen handelt es sich um Entwickler im weitesten Sinne. Mithin zeichnet sich die Organisation und Verwaltung dynamisch wachsender und verändernder Information als Haupteinsatzgebiet dieser Systeme ab. Der Facettenreichtum der gehaltenen Daten grenzt sie auch deutlich von ihren historischen Vorläufern, den Dokumentenverwaltungssystem, ab (vgl. hierzu: /Jeckle 1998/ S. 18 ff.). Insbesondere, da neben der bloßen Datenspeicherung auch die Abbildung des Produktentwicklungsprozeßes selbst durch diese Systeme gewährleistet sein soll (vgl. hierzu: /CIMdata 1997/).

Ergänzend ist anzumerken, daß die Umgestaltung bestehender Prozesse dieselbe Bedeutung zukommt, wie der Einführung neuer DV-Tools. PDM-Systeme, für sich genommen, stellen kein „Allheilmittel„ dar, da deren bloße Integration in bestehende Abläufe diese positiv beeinflußt. Erfolgversprechend ist nur die Kombination aus Prozeßoptimierung und Einführung einer DV-Systemunterstützung.

Dynamische Abläufe und Workflow-Management-Systeme

Neben der Durchgängigkeitsoptimierung der statischen Daten bildet die Reorganisation der dynamischen Abläufe den zweiten Schwerpunkt der Prozeßkettenoptimierung.

Der Einsatz von *Workflow-Management-Systemen* (WfMS) zur Steuerung des Kontroll- und Datenflusses betrieblicher Abläufe hat in den vergangenen Jahren beständig zugenommen.

Gemäß der eingeführten Terminologie lassen sich *Workflows* als (semi-)formale Darstellung von Prozeßketten auffassen. Nach Jablonski ist ein System, welches Workflows verwaltet, ein Workflow-Management-System, definiert als *ein (re-)aktives Basissoftware-system zur Steuerung des Arbeitsflusses (Workflow) zwischen beteiligten Stellen nach den Vorgaben einer Ablaufspezifikation (-organisation)* (aus: /Jablonski 1997/ S. 491).

Verallgemeinert können die ablaufbezogenen Funktionen von Modellierung über Steuerung und Überwachung bis hin zur Protokollierung der dynamischen Aktionen den Aufgaben eines Workflow-Management-Systems zugeordnet werden.

Bereits seit Mitte der 80er Jahre wird die systemgestützte Abwicklung des Papierflusses diskutiert (Stichwort: *papierloses Büro*) und in stark formalisierten (d. h. formularlastigen Umgebungen mit klar definierten Dienstwegen - typischerweise Behörden, oder Produktionsumgebungen mit festen Abläufen) mit einigem Erfolg angewandt. Vergleichsweise jung ist jedoch der Ansatz WfM-Systeme auch in die, gegenüber den relativ starr und unveränderlich ablaufenden Produktionsprozessen informelleren, Entwicklungsprozesse zu integrieren.

Neuere Workflow-Systeme gliedern die Datenhaltung vollständig aus und bieten statt dessen offene Schnittstellen. Hieraus ergibt sich ein natürlicher Ansatzpunkt zur Kopplung mit den im Vorhergehenden beschriebenen PDM-Systemen als prozeßdatenhaltende (d. h. produktstrukturverwaltende) Applikationen.

Hauptfocus der Workflow-Integration in die Produktentwicklung sind die spezifischen Engineeringprozesse. Typischerweise läßt sich kein „Kochrezept„ der Produktentwicklung angeben, d.h. oftmals sind die Prozesse nicht hinreichend zerlegbar, um eindeutige Strukturen aufzuzeigen. Desweiteren reproduzieren dieselben Entwicklungsteilschritte, bei gleichen Ergebnissen, nicht denselben Ablauf.

Vor dem Hintergrund im Detail sehr stark variierender Prozesse sollten moderne Workflow-Management-Systeme primär die Elemente einer Prozeßkette zielorientiert abbilden, d. h. ausgerichtet am angestrebten Ergebnis und nicht am zur Erreichung zu beschreitenden Weg („Was statt Wie„).

Darüber hinaus stellt die Vielgestaltigkeit der Kommunikationsstrukturen innerhalb von Entwicklungsprozeßketten eine Herausforderung für ihre formalisierte Abbildung dar.

Insbesondere die unstrukturierten Vor-Entwicklungsprozesse, innerhalb derer die Ideenfindung und Evaluierung verschiedener Lösungsansätze erfolgt, steigern die diskutierten Anforderungen nochmals. Es treten hierbei Aspekte der Künstlichen Intelligenz zu Tage, beispielsweise bei der Verwaltung des Konstruktionswissens, das den Ausgangspunkt der Entwicklung bildet, sowie die Organisationsfragestellungen (unter weitestgehender Vermeidung beschränkender Klassifikation oder Einordnung) per se unstrukturierter Entwürfe.

In diesem Bereich besteht sowohl forschungsseitig als auch bei den existierenden WfMS Handlungsbedarf.

Beispiel einer optimierten Produktentwicklung in der Automobilindustrie

Die dargestellten Probleme und deren Lösungsansätze sollen an einem Beispiel aus der Automobilindustrie – die Prozeßkette *Entwicklung von Gießwerkzeugen bei Mercedes-Benz* – erläutert und untermauert werden.

Der Bereich *Gießwerkzeugbau* (GWB) beschäftigt sich mit der Konstruktion von Gießwerkzeugen und der dafür notwendigen Bauteile zur Erstellung von Gußformen hauptsächlich für Aluminiumguß. Bekannte Gußteile eines Fahrzeuges sind u. a. Zylinderkopf, Ölwanne aber auch komplette Karosserieteile wie die Hecksäule. Aufgrund der räumlichen Trennung der Fahrzeugentwicklung (Sindelfingen) und der Gießwerkzeugentwicklung (Esslingen-Mettingen) ist eine leistungsfähige Informationslogistik unabdingbar. Durch die enge Kopplung der beiden sich gegenseitig beeinflussenden Entwicklungsprozesse, ist ein gut funktionierender Datenaustausch sowie ein durchgängiges Changemanagement zur Versionsverwaltung unumgänglich, um das Aufsetzen der Gießwerkzeugentwicklung auf bereits veralteten Fertigteilständen zu verhindern.

Abbildung 4 stellt den dynamischen Prozeßverlauf unter Verwendung der UML Aktivitätsdiagramme dar (vgl. hierzu: /Booch, et al. 1997/ - Notation Guide S. 121ff.). Die Ereignisse sind als Text auf die gerichteten Kanten zwischen Quell- und Zielzustand geschrieben. Rauten markieren Selektionen innerhalb des Ablaufes, an denen, als (in eckigen Klammern dargestelltes) Resultat einer Bedingung, in eine der dargestellten Richtungen verzweigt wird. Ein senkrechter Balken kennzeichnet *Synchronisation* bestehender Ausführungspfade, falls die Anzahl der eingehenden größer als die der ausgehenden Pfade ist; im umgekehrten Fall *Parallelisierung*.

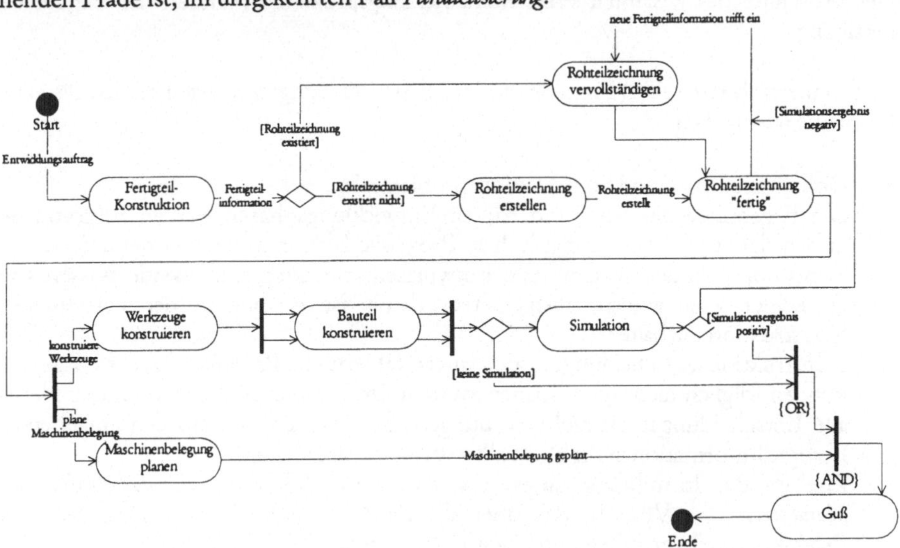

Abbildung 4: Beispielhafter Prozeßverlauf „Entwicklung von Gießwerkzeugen„

Die in Abbildung 4 graphisch dargestellte Prozeßkette läßt sich verbal wie folgt beschreiben. Nach Eingang eines *Entwicklungsauftrages* beginnt die Fahrzeugkonstruktion mit der Entwicklung der notwendigen Fertigteile (sie werden später zum Fahrzeug zusammengebaut). Sobald ein stabiler Entwicklungsstand erreicht ist, werden *Fertigteilinformationen* an die Gießwerkzeugkonstruktion übermittelt.

Je nach „Reifegrad" des Fertigteils können diese Informationen aus einer Papier-Skizze, CAD-Geometrien oder nur fernmündlich mitgeteilten „Entwicklungsabsichten" bestehen. Zum Zeitpunkt der erstmaligen Übermittlung der fertigteilbezogenen Informationen an den GWB existieren dort noch keine abhängigen und somit synchronisationsbedürftigen Rohteildaten. Bei späteren iterativen Weiterentwicklungen des Fertigteils tritt hierbei eine implizite (da im Diagramm nicht als solche dargestellte) Parallelität auf; während der Überarbeitung der Fertigteildaten in der Fahrzeugentwicklung werden bereits die Gießwerkzeuge auf den letzten übermittelten Stand angepaßt (Prozeß: *Rohteilzeichnung vervollständigen*).

Nach Fertigstellung der Rohteilzeichnung parallelisiert sich die Prozeßkette explizit. Zeitgleich mit der Konstruktion der Einzelwerkzeuge für die Gußform des Rohteils beginnt die Fertigungsplanung mit der Einteilung der Maschinenbelegung. Zwischen diesen Prozessen existiert eine enge Ergebniskopplung, d. h., die Fertigungsmaschinen können erst belegt werden, wenn konkrete Informationen über Anzahl und Charakteristika der darauf einzusetzenden Werkzeuge vorliegen. Die Einzelwerkzeuge ihrerseits können wiederum parallel designed werden. Inhärent erhöht sich der Parallelitätsgrad durch die wiederum simultan konstruierbaren Bauteile eines Werkzeuges.

Nach Abschluß der Werkzeug- und sämtlicher Bauteilkonstruktion werden optional Einguß-, Formfüll- oder Erstarrungssimulationen durchgeführt, die genauere Rückschlüsse auf das Einsatzverhalten der Gußform zulassen.

Den Abschluß des gesamten Produktentwicklungsprozesses markiert der Beginn der Fertigung.

Auch innerhalb der GWB-Prozeßkette lassen sich die eingangs allgemein dargestellten Probleme ausmachen:

- Dokumentations- und Spezifikationsproblematik
  Die Ergebnisse der Vor- und frühen Entwicklungsphasen werden aufgrund des informalen und hoch dynamischen Prozeßverlaufs nur unzureichend (oder gar nicht) dokumentiert. Das in eine Entwurfsentscheidung einfließende Wissen wird zu keiner Zeit explizit festgehalten, damit ist es nur in der entstehenden Konstruktion enthalten.
  Konstruktionsentscheidungen, die später fehlerhafte Produkte nach sich ziehen, können folglich nicht rekonstruiert werden. Im Beispiel sind hierzu unter anderem alle Entscheidungen zu rechnen, die getroffen werden, um aus den eingehenden Fertigteilinformationen die Rohteilkonstruktion abzuleiten.
  Ziel ist die Einführung eines erweiterten PDM-Systems (*Virtual-Product-Data Managment* – VPDM), das über die Produktstruktur hinaus auch den Vor-Produkt-Anteil verwalten und klassifizieren kann.

- Heterogenitätsproblematik
  Der über Jahre aufgebaute und gewachsene Bestand an Spezialsystemdaten (z. B. CAD-Geometrien in 2, 2½ und 3D - noch dazu oft jeweils mit verschiedenen Systemen erstellt, NC-Programme, Simulationen) ist nicht durch ein einziges

System abzulösen, da vor allem die heterogenen Applikationsdatenformate auch nur beschränkt ineinander, ohne Verlust an Datenqualität, konvertierbar sind. Vorherrschend werden die Applikationsdaten in gewöhnlichen Betriebssystem-Datei- und Verzeichnisstrukturen gehalten. Die Integration der produktbeschreibenden Daten in die Produktstruktur forciert als gemeinsame Informationsbasis ein PDM-System.

Die Problematik läßt sich somit in zwei Teilbereiche aufgespaltet betrachten und lösen. Zum einen die Softwareheterogenität hinsichtlich der erzeugten und verarbeiteten nativen Datenformate; zum anderen die Systemheterogenität, die aus der Gesamtbetrachtung aller an der Prozeßkette beteiligten Systeme herrührt. Zur Lösung der Format-Heterogenität bieten sich normierte Standardformate wie *ISO-STEP (Standard for the exchange of product model data)* als tragfähigere Lösung an. Hierbei wird versucht, durch die Definition eines international genormten Austauschformates der Schnittstellenproblematik zwischen den verschiedenen Spezialsystemen zu begegnen. Ziel ist die Ablösung aller direkten Formatkonverter durch einen Im- und Exportprozessor für das durch STEP definierte Format.

Die Systemheterogenitätsproblematik ist prozeßketteninhärent und damit nicht durch eine Standardlösung zu lösen. Ziel der PDM-Bemühungen ist die nahtlose transparente Anbindung der Spezialsysteme an das produktdatenverwaltende System, so daß sich die Gesamtheit als geschlossenes *Engineering Framework* darstellt (vgl. hierzu: /Feltes 1997/). Als Konsequenz tritt das als Schaltzentrale zwischen den „traditionellen" Systemen fungierende PDM zunehmend in den Hintergrund. Die konkrete Kopplung zwischen den datenerzeugenden Spezialapplikationen und dem verwaltenden PDM-System geschieht zumeist über offene Schnittstellen wie OMG's CORBA, aber auch durch zunehmend an Bedeutung gewinnenden Internettechnologien.

- Kommunikationsproblematik
  Die extreme Arbeitsteiligkeit, gepaart mit der räumlichen Trennung der verschiedenen Prozeßeigner, kristallisiert sich als weiteres Hauptproblem einer durchgängigen Informationsversorgung entlang der Prozeßkette heraus.
  Die herrschenden Defizite sind einerseits eng verwoben mit den im vorhergehenden beschriebenen Heterogenitätsproblemen, genauer mit den aus den notwendigen Datenkonversionen erwachsenden Zeitverlusten. Andererseits resultieren sie auch aus den unklaren Abläufen (d. h. nicht explizierte Teil-Prozeßketten).
  Der letzteren Herausforderung wird durch die vollständige Modellierung der dynamischen Anteile (d. h. der automatisier- oder maschinenunterstützbaren Prozesse), ausgehend von der systemneutralen semantischen Modellierung der zugrundeliegenden Informationsstrukturen begegnet. In diesem Modell sind die Arbeitsflüsse und somit auch die notwendigen Kommunikationsstrukturen aufgezeigt.
  Andererseits werden für die bekannten und „gelebten„ Kommuniktionsstrukturen, deren Durchgängigkeit rein technisch behindert wird, dieselben Maßnahmen ergriffen wie zur Lösung der Heterogenitätsproblematik.

Der Projektverlauf ist in Abbildung 5 aufgezeigt. Gestützt durch Diplomarbeiten der Fachhochschule Augsburg - sie sind in der Abbildung zitiert - wurden verschiedene Abschnitte des Gesamtprojektes in der Abteilung *Prozeßkette Produktentwicklung* des Daimler-Benz Forschungszentrums Ulm bearbeitet und prototypisch implementiert.

Den Ausgangspunkt der Ist-Untersuchtungen bildeten hierbei die Analyse und modellhafte Darstellung der Prozeßkette, bestehend aus den Prozeßdatenstrukturen und zugehörigen dynamischen Abläufen. Die so gewonnen Daten dienen als Basis einer systemneutralen und redundanzfreien Modellierung in einem übergreifenden statischen Informationsmodell. Die sich anschließenden Durchgängigkeitsuntersuchungen dienten, im Rahmen der Gewinnung des Soll-Modells, der Detektion ineffizienter Abläufe (sowohl in der Mensch-Mensch- als auch der Maschine-Maschine-Kommunikation) mit dem Ziel einer prozeßübergreifenden und somit prozeßkettenspezifischen Informationslogistik.

Aus dem vollständigen Soll-Modell der Prozeßkette konnten die für eine PDM-Implementierung im dem System *Metaphase* notwendigen Daten abgeleitet werden.

Die Abbildung des systemneutralen Datenmodells auf das des PDM-Systems liefert die Produktstrukturrepräsentation für das spätere Engineeringsystem.

Im konkreten Projekt wurde der *Life-Cycle-Manager*, die Workflow-Komponente von Metaphase, zur Realisierung der Abläufe verwandt.

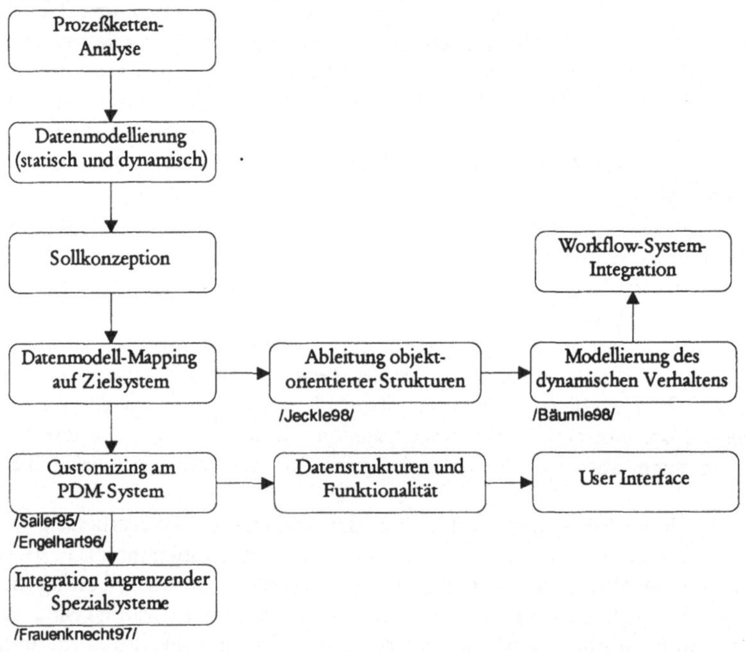

Abbildung 5: Projektverlauf einer Prozeßkettenoptimierung

Literatur

/Bäumle 1998/   R. Bäumle: Konzeption und prototypische Realisierung eines workflowunterstützten Changemanagements am Beispiel der Prozeßkette Gießwerkzeugentwicklung in der Automobilindustrie. Diplomarbeit am Fachbereich Informatik der Fachhochschule Augsburg, 1998.

/Booch, et al. 1997/   G. Booch, I. Jacobson, J. Rumbaugh, et al.: UML Documentation Set Version 1.1, Object Management Group, Farmingham (USA), 1997. http://www.omg.org/library/schedule/Technology_Adoptions.htm

/CIMdata 1997/   CIMdata Corp.: Product Data Management: The Definition. An Introduction to Concepts, Benefits and Technology. 4rd Edition, CIMdata Inc., Ann Arbor (USA), 1997.

/Engelhart 1996/   H. Engelhart: Konzeption und Realisierung von Funktionen zur Untersuchung der Baubarkeit mit Metaphase. Diplomarbeit am Fachbereich Informatik der Fachhochschule Augsburg, 1996.

/Feltes 1997/   M. Feltes: Engineering-Framework für die Luft- und Raumfahrtindustrie. in: Scheibl (Hrsg.) Software-Entwicklung – Methoden, Werkzeuge, Erfahrungen '97, Bd. 2, 883-912 Tagungsband zum 7. Kolloquium der Technischen Akademie Esslingen, 1997.

/Frauenknecht 1997/   H. Frauenknecht: Entwurf und Realisierung einer EDM-Architektur zur Integration von heterogenen Anwendungssystemen. Diplomarbeit am Fachbereich Informatik der Fachhochschule Augsburg, 1997.

/Hammer 1995/   M. Hammer, J. Champy: Business Reengineering. Campus Verlag, Frankfurt, 1995.

/Henz 1996/   Henz M.: Business Reengineering – und der Einsatz von Prozessmanagement-Software. in: CIM-Zentrum Arbeitsbericht, Nr. 7, März 1996, Muttenz.

/Jablonski 1997/   S. Jablonsi, M. Böhm, W. Schulze (Hrsg.): Workflow-Management – Entwicklung von Anwendungen und Systemen; Facetten einer neuen Technologie. Dpunkt Verlag, Heidelberg, 1997.

/Jeckle 1998/   M. Jeckle: Prozeßkettenmodellierung am Beispiel der Gießwerkzeugentwicklung, und prototypische Realisierung auf Basis des EDM/PDM-Systems Metaphase. Diplomarbeit am Fachbereich Informatik der Fachhochschule Augsburg, 1998.

/Kimmig 1998/   H. Kimmig: Engineering Objects als Basis für einen neuen EDM/PDM-Ansatz. in: EDM-Report 1998 (2) 62-65, Dressler-Verlag, Heidelberg, 1998.

/Oestereich 1998/   B. Oestereich: Objektorientierte Geschäftsprozeßmodellierung mit der UML. in: OBJEKTspektrum, 1998 (2), 48-52 SIGS Publications, Bergisch Gladbach, 1998.

/PDM Enablers 1998/   Digital Equipment Corp., Fujitsu Ltd., International Business Machine Corp., Matrix One Inc., Metaphase Technology Division of SDRC, Sherpa Corp.: PDM Enablers – Joint Proposal to the OMG in Response to OMG Manufacturing Domain Task Force RFT1 – Revised Submission OMG-Dokument: mfg/98-01-01. Object Management Group, Farmingham (USA), 1998.

/Sailer 1995/   J. Sailer: Prototypische Integration eines EDM-Systems am Beispiel der Prozeßkette Elektrik im Flugzeugbau. Diplomarbeit am Fachbereich Informatik der Fachhochschule Augsburg, 1995.

/Scheer 1992/   A.-W. Scheer: Architektur integrierter Informationssysteme – Grundlagen der Unternehmensmodellierung. 2. Aufl., Berlin, 1992.

/Sedgewick 1992/   R. Sedgewick: Algorithmen in C++. Addison-Wesley, Bonn, 1992.

IV Brokering-Anwendungen

Die Praxis des externen Information Brokering
mit Experten-Know-how
am Beispiel der r&p Datenbank für freiberufliche IT-Spezialisten
Stefan Rohr

Zusammenfassung

Der Autor zeigt anhand einer Expertendatenbank, welche die Fachprofile freiberuflicher IT-Spezialisten bezüglich ihrer Fach- und Erfahrungskenntnisse beinhaltet, ein besonders gut geeignetes Beispiel für Information Brokering auf, wobei er die praktische Anwendungen, die Hintergründe, Notwendigkeiten und die Marktfähigkeit eines solchen Systems beleuchtet.

Einleitung

Das renomierte „Gablers Wirtschaftslexikon" widmet dem „Information Brokering" ganze 23 Worte, zusammengefaßt in einem einzigen Satz, dieses zur Erläuterung des Berufsstandes des „Information Brokers". Und ich habe nicht etwa in einer Version aus längst vergangener Zeit nachgesehen, nein, es handelt sich um die 13. Ausgabe mit der Aktualität des Jahres 1995. Heute veranstalten wir ein Symposium zu diesem Thema, ganze 3 Jahre später. Ich denke, daß dieses als ein besonderes Zeichen der diesbezüglichen Entwicklung verstanden werden kann.

Wörtlich übersetzt heißt „Informationbrokering" schlichtweg, „mit Informationen makeln" oder freier „mit Informationen handeln". Informationen, die

- entweder nur durch eine zentrale Beschaffung und Aufbereitung zugänglich und somit nutzbar werden
- oder Informationen, über die sonst niemand verfügt, und die aus diesem Grunde einen hohen Handelswert darstellen.

Beide Varianten sind in der Wirtschaft schon viele Jahre bekannt und wirtschaftlich umgesetzt, dieses zum Teil über Jahrzehnte (z. B. Hoppenstedt, Schober Adreßmarketing, NOMINA oder Nielsen Werbeforschung).

Diese Unternehmen haben eines gemeinsam, sie verkaufen sehr erfolgreich zentral am Markt beschaffte, konzentrierte und schematisierte Informationen, z. B. Zielgruppenadressen, Unternehmens- oder Werbe-Informationen.

Auch gab es in der Vergangenheit den einen oder anderen Verlag, welcher seine Herrschaftsdaten (Archive) kostenträchtig Journalisten, ab und zu auch anderen Interessengruppen, zur Verfügung stellte. Daten und Informationen, die sonst in dieser Zusammenstellung niemand hatte.

Gerade Letzteres ist in der aktuellen Zeit mehr oder weniger gängiger Standard geworden. Eine Vielzahl an Fachmedien und Tageszeitungen haben allerdings längst den Markt verstanden und verkaufen zielorientierte Adreßdaten sowie Archiv-Informationen auf CD-ROMs.

Telekom, Kreditkarteninstitute, Versandhäuser, Autohändler, Galeristen oder Versicherungen zeigen schon seit längerer Zeit auf, wie Adreß- und Verbraucherinformationen aufbereitet und an den Mann gebracht werden. Zartes Information Brokering, jedoch durchaus Reinkultur. Und glauben Sie mir bitte, die in den vergangenen Jahren so modern gewordenen Club-, VIP- und Kundenkarten der Handelsketten, Flug- oder TV-Gesellschaften z. B., dienen bei weitem nicht allein der Kundenbindung. Das Geschäft mit Verbraucherdaten wächst und gedeiht enorm. So wird bereits gemunkelt, daß „American Express" heutzutage bereits mehr Profit per Information Brokering erwirtschaftet, als mit dem originären Kreditkarten-Business selbst.

Information Brokering am Beispiel einer Expertendatenbank

In meinem Vortrag möchte ich mitten aus der Praxis heraus berichten, da in unserem Unternehmen bereits seit vielen Jahren das „Handeln mit Informationen/Daten" betrieben wird. Ich denke, daß Ihnen hierdurch ein gutes Beispiel eines modernen Information Brokering vermittelt werden kann, praktische Anwendung, Hintergründe, Notwendigkeiten und Marktfähigkeit hierbei besonders gut darstellbar sind.

Dieses Beispiel ist unsere Expertendatenbank, welche die Fachprofile freiberuflicher IT-Spezialisten bezüglich ihrer Fach- und Erfahrungskenntnisse beinhaltet und die nach bestimmten Kriteriennachfragen durchsucht werden kann. Ziel ist es, suchenden DV-Dienstleistungesunternehmen eine bestimmte Gruppe fachlich benötigter und am Markt für den Projekteinsatz gesuchter IT-Experten zuzuführen.

Bereits 1986 haben wir begonnen, zentral am Markt DV-Freiberuflerprofile zu sammeln und in einer Datenbank für die gezielte Suche und die damit verbundene Identifikation bestimmter Wissensträger zu speichern und hieraus eine branchenweite Dienstleistung zu begründen.

Die Entstehung und Zielgruppe des Informationbrokering-Angebotes

Der Sinn und Grund hierfür ist einfach. Es gibt in Deutschland tausende DV-Firmen, welche größtenteils oder immer wiederkehrend freiberufliche IT-Experten für die Projektarbeit benötigen, diese jedoch nicht so schnell am Markt identifizieren können, wie sie für das anstehende Projektgeschäft benötigt werden.

Da auch meist die eigenen Quellen dieser Unternehmen zu dünn, zu schlecht gepflegt oder vielleicht auch einfach nicht vorhanden sind, gab es bereits vor mehr als zehn Jahren den Gedanken, derlei Informationen zentral zu beschaffen, aufzubereiten und an interessierte Firmen zu veräußern. Der Begriff „Information Brokering" schwirrte dabei allerdings noch nicht in unseren Köpfen herum, wir nannten es einfach und schlicht „Datenverkauf".

120

Die Zielgruppe hat für die Inanspruchnahme dieser Dienstleistung einen vitalen Grund. Nachdem ein potentieller Auftrag akquiriert wurde oder ein angelaufenes Projekt in seine zweite Phase geht, müssen die zugesagten Ressourcen herangeschafft werden, die

- zum einen fachlich geeignet,
- zum anderen auch verfügbar, also frei sind.

Ohne die schnelle Bereitstellung dieser Kapazitäten ist der Auftrag nicht abzuwickeln und fällt ggf. an den Wettbewerber, der schneller und kompetenter das Projektpersonal bereitstellen kann.

Ein enormer Druck also, der viele DV-Dienstleister und Softwarehäuser dazu zwingt, entweder den hohen Aufwand der selbstgestalteten Datensammlung und -haltung zu erbringen, natürlich auch die hierbei anfallenden Kosten permanent zu investieren, oder eben einen geeigneten Information Broker zu nutzen, der diese Daten bereitstellt und einen schnellen Ressourcenzugriff zusichert.

Die marktgerechte Ausgangs- und Bedarfssituation

Wie Sie somit bereits hören, ist der Definition des Angebotes eine praxisnahe und marktgerechte Anaylse vorangegangen, die sowohl

- den Bedarf,
- die Bedarfshintergründe (Motive)
- und die Zielgruppe (Bedarfsträger)

ergeben hat. Dieses ist nicht nur aus grundlegenden Marketingaspekten notwendig gewesen. Auch die Information ist ein Produkt und unterliegt somit der Verpflichtung, möglichst umfassend den Erwartungen und Bedürfnissen des Käufers zu entsprechen.

Unsere Analyse ergab folgende Hauptpunkte:

- Die Größe der Datenbank ist von hoher Bedeutung für die Akzeptanz des Angebotes, um z. B. selbst bei „exotischen" Nachfragen „Treffer" zu haben und zudem insgesamt ein attraktives Potential vorzuweisen.
- Es müssen aus einer enorm großen und unüberschaubaren Informationsmenge stets die fachlich gesuchten Experten herausgefiltert werden können.
- Die Aktualität der Daten muß ständig gewährleistet sein.
- Die individuellen Informationen müssen bewertbar bleiben, die Informationsmenge allerdings muß schlank und attraktiv sein.
- Die Daten müssen schnellstmöglich aufbereitet und bereitgestellt werden können.
- Der Informationslieferant darf in keinem Falle als Wettbewerber angesehen werden, er muß unbedingt neutral bleiben.

Das Motiv und die Effekte für den IT-Freiberufler

Die in unserer Datenbank eingetragenen IT-Freiberufler verfolgen mit der freien Speicherung ihrer Daten prioritär das Ziel, Projektangebote und Auftragsmöglichkeiten zu generieren und somit eine erhebliche Erweiterung ihrer Auftragsakquisition und betriebswirtschaftlichen Effizienz zu erreichen.

Der Freiberufler ist Einzelunternehmer, der in erster Linie damit Geld verdient, in möglichst aneinandergereihten Projekten vollausgelastet zu arbeiten. Er verfügt weder über eine eigene Marketingabteilung, noch über einen Vertrieb oder eine Organisation, die sich seiner Beschäftigungsauslastung annimmt.
Bis vor einiger Zeit bestanden die Akquisitionswege eine IT-Freiberuflers nahezu ausschließlich darin,

- Anzeigen zu schalten, nach dem Motto: „Freie Kapazität", oder „Suche Anschlußauftrag",
- mit der Zeit ein kleines Netzwerk aufzubauen, in dem seine Kenntnisse und Leistungen bekannt sind und Anwendung finden sollten,
- sich mit möglichst vielen Rahmenverträgen an IT-Dienstleistungshäuser zu binden und hierüber Auslastung zu erhoffen,
- für den Rest blieb allein nur noch die Mund-zu-Mund-Werbung oder das mehr oder weniger gezielte Mailing.

Deshalb war es dem IT-Freiberufler schnell klar, daß eine zentral geführte und stark frequentierte „Börse" für ihn ein dauerhaftes und durchaus effizientes Toll innerhalb seiner Akquisitionsbemühungen darstellt, da er hierüber, einmal gespeichert, fortan Angebote, Nachfragen und Beschäftigungsmöglichkeiten, die seine Projektauslastung erheblich fördern, erhält.

Effekte und Erfolge

Zusammengefaßt wurden also zwei Bedarfssituationen verschmolzen:

- der Bedarf der fallbezogenen und schnellen Identifikation und Ansprache geeigneter und verfügbarer IT-Freiberufler und
- der Bedarf des Freiberuflers, sich ständig im Markt um Nachfolgeprojekten zu bemühen.

Hieraus ergab sich ein Information-Brokering-Angebot, welches alle projektabwicklenden Unternehmen (in erster Linie die DV-Berater und -Dienstleister) in die Lage versetzt, zielgerichtet ein bestimmtes Know-how zu suchen und die identifizierten Experten auf die Möglichkeit der Zusammenarbeit anzusprechen.

Zur Erläuterung der Funktionalität das nachfolgende Beispiel:

- Ein DV-Dienstleistungshaus sucht freiberufliche Kapazitäten mit Kenntnissen in UNIX, C++, SQL und Anwendungserfahrungen aus der Warenwirtschaft.
- Mit dieser Fachspezifikation wird in der Datenbank gesucht.
- Das System identifiziert alle Experten, die diesem speziellen Anforderungsbild entsprechen.
- Das anfragende Unternehmen erhält ein Angebot zu Ankauf der Daten.
- Nach Kaufzusage erfolgt ein Download und/oder Outprint und der Kunde erhält die Informationen übergeben.

Das ganze Prozedere ist meist innerhalb von 24 Stunden abgewickelt, per E-Mail-Transfer sogar in Minuten und der Kunde kann nun unmittelbar seine Aktivitäten starten.

Zielgruppenorientierte Datensammlung

Uns als Information Broker obliegt natürlich die Verpflichtung, genau die Daten zu sammeln, die aktuell und vor allem auch künftig seitens des Marktes verlangt werden. Es reicht z. B. nicht, ein globales Stichwort wie „SAP" aufzunehmen. Hiermit ist eine marktgerechte Identifikation bestimmter Experten einfach nicht mehr machbar. Der Kunde sucht ganz präzise ganz spezielle Know-how-Träger, z. B. den „SAP-R/3-HR-Experten" oder den Spezialisten für das „R/3-Customizing im FI-Bereich".

Wenn derlei Informationen nicht aufgenommen und explizit gespeichert werden, geht das Angebot am Markt vorbei. Und hierin liegen auch die Grenzen der Machbarkeit. In der Regel verfügen die freiberuflichen IT-Experten über ein Wissensspektrum, welches hunderte von Schlagwörtern oder Fachbegriffen aufweist. Allein zum Thema Softwarekenntnisse beinhaltet unsere Datenbank fast 40.000 Einzelbegriffe oder Know-how-Komponenten. Da ist eine detaillierte Auffächerung von erworbenen Kenntnissen über das Stichwort hinaus wirtschaftlich einfach nicht mehr machbar.

Das Information Brokering ist demnach darauf ausgerichtet, dem Zielmarkt die Recherche vorzubereiten und zu erleichtern, dem Kunden eine Grundlage zu liefern, die er selbst kaum allein realisieren kann. Es geht also um die Identifikation, nicht um das fachlich exakt aufbereitete Detail.

Diese zielgruppenorientierte Datenhaltung ist eine Dienstleistung, die vor allem unter dem Aspekt konzipiert wurde, daß jede Projektbesetzung nicht nur von einer Wissenskombination abhängt, sondern viele andere Grundlagen voraussetzt, wie z. B. die Einigung über den richtigen Stundensatz, die Willigkeit des Experten, auch in Bitterfeld oder in Bremerhaven zu arbeiten oder nach Auftragsannahme wieder einmal programmieren statt analysieren zu müssen. Derlei Details und situationsabhängige Informationen werden im Rahmen unseres Information Brokering nicht gewährleistet, diese sind in der nachfolgenden Verwendung der Informationen durch den Käufer selbst zu generieren.

Informationsorientierte Datensammlung

Entsprechend werden die Daten auch gesammelt und gespeichert. Aus zum Teil 15 Seiten langen Profilen wird der Extrakt herausgefiltert, der von den Kunden grundlegend gewünscht und für die Identifizierung in der großen Masse benötigt wird.

So könnte z. B. ein IT-Experte ausschließlich ein einziges Know-how-Stichwort bei uns hinterlegen, sofern er denn ausschließlich in diesem Sektor tätig sein möchte. Gibt er beispielsweise „JAVA" ein, so wird er bei allen Suchläufen, die dieses Stichwort beinhalten, aufgeführt und ggf. an den Kunden weitergegeben.

Inwieweit allerdings die Befähigungen gehen, ob hier lediglich Basiswissen vorherrscht, oder der Experte hier ein tatsächlich profundes Wissen aufweist, kann in der Form unseres Information Brokering nicht mehr verifiziert werden.

Lediglich während der Aufnahme in die Datenbank ist der Verantwortliche für die Speicherung gehalten, offensichtlich oder sogar explizit erwähntes „Grundlagenwissen" generell nicht aufzunehmen. Steht der Begriff allerdings erst einmal im Profil, so ist eine Verifikation nur noch durch eine fallbezogene Nachfrage machbar, was eben dann auch der Datenkäufer durchführen muß.

Dieses soweit zum Beispiel eines externen Information Brokering in der Praxis. Zum Abschluß meines Vortrages möchte ich noch auf einige Grundgedanken und Erfahrungen zu sprechen kommen.

Konzentration des Information Brokers auf die charakterlichen Grundlagen der Tätigkeit

Das Information Brokering ist ein fest umschlossenes Leistungsspektrum, eingegrenzt durch die Leistungen

- Informationsgewinnung,
- Informationsaufbereitung,
- Informationsverkauf.

Diese Grenzen werden allerdings von vielen Brokern weit überschritten, z. T. bewußt, z. T. durch Unkenntnis.

Oft wurden meine Mitarbeiter z. B. befragt, warum wir denn die Daten lediglich verkaufen. Wir könnten bei der Masse an Experten doch ohne weiteres in die Kette der Projektbetreiber einsteigen, an Stundensätzen partizipieren oder gezielt ein freiberufliches Man-Power-Leasing betreiben.

Das Information Brokering aber endet schlichtweg bei der Weitergabe der jeweiligen Information. Darauf hat sich die Unternehmensorganisation einzustellen, hierauf basiert die Grundhaltung der Gewährleistung und hierauf stützt sich das gesamte Marketing.

Wer als Information Broker nicht seine Grenzen sehen möchte, die Nutzung der Daten im weiteren Verlauf von geschäftlichen Ketten und kausalen Zusammenhängen ebenfalls für sich nutzbar machen will, der verliert m. E. nach unmittelbar den Status des Informationbrokers.

In unserem Beispiel allerdings schließt das Information Brokering eine weitergehende Involvierung in nachfolgende Projektgeschäfte völlig aus. Wir wären sodann Wettbewerber. Und bei einem solchen werden wohl kaum wettbewerbsbevorteilende Informationen abgefordert. Die Konzentration auf das reine Information Brokering ist somit bindend vorgegeben und ist der Schlüssel für die Funktionalität und betriebswirtschaftliche Effizienz.

Das Information Brokering mußte „salonfähig" gemacht werden

Als unser Unternehmen im Jahre 1989 erstmals mit einer großen Beilagenaktion in der Computerwoche auf dieses spezielle Information-Brokering-Angebot aufmerksam machte, erhielten die Mitarbeiter nicht nur positive Anrufe.

Blitzschnell war auch das Landesarbeitsamt im Hause, begleitet von einem Kripo-Beamten, der uns hinterher auch den für alle Fälle mitgebrachten Durchsuchungsbefehl zeigte. Gab doch unser Angebot Anlaß zur Vermutung, daß hier die damals noch streng verbotene Arbeitsvermittlung betrieben wird, Datenaustausch auch ohne die Beachtung der datenschutzrechtlichen Richtlinien vollzogen wurde und es doch überhaupt suspekt war, das mit „Menschendaten" auf so eine trockene Art gehandelt wurde. Natürlich hatte alles seine Rechtmäßigkeit und die Beamten zogen nach zweieinhalbstündigem Gespräch beruhigt wieder von dannen.

Ich berichte dieses deshalb, da hieraus eine grundlegende Haltung und Skepsis entnommen werden kann, die m. E. nach in weiten Teilen noch bis in die aktuellen Tage reicht. Sicherlich sind gerade die in diesem speziellen Geschäftsbereich unseres Hauses gehaltenen und angebotenen Daten deshalb brisant, da es sich nicht um Leistungsdaten von Maschinen, sondern um Menschen handelt. Das mag für den einen oder anderen sicherlich noch ein wenig suspekt anmuten. Allerdings glaube ich, daß die „Salonfähigkeit" des Information Brokering nicht allein an den jeweiligen Informationsinhalten scheitert. Es ist die Neuartigkeit und vielleicht auch Nebulösität des Angebotes an sich, welches auf Skepsis und ggf. sogar auf Ablehnung stößt und hierdurch in die Ecke der windigen Angebote verfrachtet wird.

Wer sich z. B. ein neues Auto kaufen will, der hat gegenüber dem Hersteller und dem jeweiligen Fahrzeugtyp ein grundlegend vertrauensvolles Verhältnis. Dieses, obwohl oft eine Unmenge Geld investiert werden soll und der Laie die technische Qualität im Einzelnen nicht einmal annähernd bewerten kann. Sieht gut aus, hat viel PS, ist blau, Preis stimmt und ist z. B. ohnehin von VW. Das reicht sehr oft allein und führt zur Akzeptanz des Angebotes und der Verkaufsprozedur.

Beim Ankauf einer Information geschieht allerdings etwas völlig anderes.

- Zunächst steht der Preis an untergeordneter Stelle.
- Dem steht eine Grundskepsis, die teilweise enorm hoch sein kann, der Qualität und Güte der betrachteten Information gegenüber.
- Sind die Daten wirklich etwas wert?
- Kann ich diese so gebrauchen, wie ich es wünsche?
- Wie aktuell sind die Daten?
- Sind die Daten tatsächlich mit dem Einverständnis der Personen gespeichert?
- Geht alles mit rechten Dingen zu?
- u.s.w..

Zudem ist noch sehr oft zu vernehmen, daß das Information Brokering in den Nasen der potentiellen Datenkäufer den Stallgeruch des Unseriösen aufweist. Da verfügt ein Unternehmen über hochbrisante und dringlichst benötigte Informationen und stellt diese dem Kunden doch glatt nur gegen knallharte D-Mark zur Verfügung.

Die Information als Handelsware ist bei weitem noch nicht durchgängig akzeptiert. Wie so oft haben die „Schwarzen Schafe" der Branche den Ruf zunächst recht nachhaltig angekratzt. Meinen Mitarbeitern wird oft gesagt, daß man schließlich den Wert solcher Informationen kenne, man wisse, wie schlecht die Qualität und Aktualität tatsächlich sei. Schließlich hätte man schon viele derartige Erfahrungen beim Kauf von Adreßmaterial sammeln können.

In der überwiegenden Anzahl an Kunden und Nachfragern allerdings kann man verzeichnen, daß generell das Wesen des Information Brokering einfach noch nicht erfaßt worden ist, allein schon hieraus sich Skepsis und vorangestellte Ablehnung resultieren lassen, da alles Fremde und Neuartige ohnehin erst einmal negiert wird. Da ist seitens des Verkaufes und seitens des allgemeinen Marktauftrittes enorm viel zu missionieren, dieses durch Erläuterung, Verkaufsargumentation und Untermauerung der Leistungen durch bewußt sehr seriöse Elemente.

Und dieser Aspekt leitet in den nächsten Vortragspunkt über.

Information Brokering: Online-Suche versus Kunden-beratung

Wie jeder weis, bietet das Internet die bisher wohl bedeutendste Plattform für das Information Brokering, dieses nicht nur im Bereich der Datenrecherche, gleichfalls als Trägermedium für Angebote und Dienstleistungen.

Viele der Information Broker setzen deshalb auch auf die „Online-Karte" und bieten dem Interessenten direkten Zugriff auf die Informationsdatenbank, somit auf das Angebot an sich.

In vielen Bereichen mag das der einzig richtige Schritt sein, sein Angebot an den Markt zu bringen und sein Information Brokering zu betreiben. Wir haben allerdings festgestellt, daß es eine ganze Reihe von Gründen gibt, die Online-Variante zur Zeit noch nicht zu nutzen. Dabei sei vorangestellt, daß für diesen Entschluß nicht etwa Aspekte, wie Datensicherheit oder Programmierungsaufwand ausschlaggebend waren. In unserem speziellen Bereich der IT-Freiberufler-Datenbank stoßen wir auf ganz andere Probleme, die den Schritt zum Online-Angebot zur Zeit noch nicht zulassen:

- unzureichende Kenntnis in der Handhabung der Datenmenge,
- technische Begriffsvielfalt,
- daraus resultierende Nomenklaturprobleme,
- unzureichende Erfahrungen mit dem Search in derlei Datenpools und
- schnelle Unzufriedenheit bei falsch gestalteter Suche.

Immerhin befinden sich weit über 5.000 freiberufliche Expertenprofile in unserer Datenbank. Eine Datenmenge, die ausgedruckt einen Tabellierpapierstapel von Mannshöhe erzeugen würde. Sich hier durchzufinden ist nicht nur schwer, sondern hat zudem zur Grundlage, daß der Aufbau der Informationen und der Charakter der Begriffsbeschreibung ausreichend beherrscht wird.

In Zusammenhang mit dem zuvor beschriebenen Skepsispotential und der immer noch bei den meisten Kunden vorherrschenden Unkenntnis über das Information Brokering entsteht bei einem Online-gestützten Angebot eine Zone des Mis-Matching zwischen Bedarf und Angebot.

Wir sind deshalb davon überzeugt, daß es noch einige Zeit der wesentlich bessere Weg ist, dem Kunden den Zugang zur Datenmenge nicht zu ermöglichen und seine Anforderung „für ihn" zu bearbeiten. Zudem haben wir so die Chance, Beratung vorzunehmen, dem Kunden Hilfestellung zu geben, das Angebot richtig und für ihn effizient zu gestalten.

In dieser Beratung stellen wir auch immer wieder fest, daß es vielen völlig unklar ist, was Information Brokering im eigentlichen Sinne bedeutet. Die Möglichkeit des Ankaufes spezifisch benötigter Daten wird allenfalls auf Adreß-Material beschränkt, wertige Spezialinformationen ansonsten in Verzeichnissen und Branchenführer vermutet werden, dieses in erster Linie in gedruckter Form, höchstens noch auf einer CD-ROM.

Ein Online-Angebot kann diese Hemmschwelle und Unerfahrenheit leider nicht überwinden helfen, im Gegenteil. Je nach Zielgruppe und vor allem je nach Informationsart muß sich im Vorfeld sehr genau überlegt werden, ob die Kundenberatung und die Erläuterung von Sinn und Effizienz des Information Brokering nicht ausschließlich durch die direkte Beratung am Telefon erfolgen sollte.

Literatur

/Rohr, Streicher 1998/   Rohr, Streicher: IT-Freiberufler, Honorare, Kosten, Marktbedingungen, Verlag Konradin, Leinfelden. Echterdingen, 1998.

/Rohr 1996/   Rohr: Arbeitswelt Datenverarbeitung, Verlag Computerwoche, München, 1996.

/Rohr, Zander 1996/   Rohr, Zander: Gehälter und Trends in der Datenverarbeitung, Verlag Computerwoche, München, 1996.

/Streicher, Rohr 1994/   Streicher, Rohr: Marketing und Vertrieb in der DV, Verlag Computerwoche, München, 1994.

Brokering von Firmeninformationen mit bizzyB

Alexander Sigel, Anja Rockenberg und Roland Klemke

Zusammenfassung

"Brokering von Firmeninformationen mit bizzyB" führt in die Aufgabenstellung ein, eine integrierte Arbeitsumgebung zur gezielten Unterstützung menschlicher Information Broker in elektronischen Märkten im Anwendungsgebiet „Vermittlung einfacher Firmeninformation/business-to-business-Brokering" zu entwickeln. Der Beitrag stellt den im EU-Projekt COBRA entstandenen Prototypen bizzyB vor, der ein solches Brokering-System realisiert und diskutiert den gewählten pragmatischen Ansatz im Kontext anderer Brokering-Modelle. Er stellt die wesentlichen Mehrwerte von bizzyB vor und berichtet über Erfahrungen bei der Umsetzung, über erste Hinweise aus dem Feldtest und spekuliert über weitere Arbeiten.

Aufgabenstellung

Die hier behandelte Ausprägung des Information Brokering beschäftigt sich allgemein mit einem Unterstützungssystem für menschliche Informationsvermittler, damit diese wiederum leichter Kontakte zwischen geeigneten Firmen vermitteln können (business-to-business-Brokering).

Eine Firma beauftragt eine professionelle Vermittlerin damit, andere Firmen auszumachen, die eine bestimmte Parameterkombination erfüllen und über diese Detailinformationen in Listenform maschinenlesbar bereitzustellen. In einfachen Fällen sind Firmen gesucht, die in bestimmten Branchen tätig sind, bestimmte Produkte oder Dienstleistungen anbieten oder nachfragen und in einem bestimmten Gebiet liegen. Beispiele für solche Anfragen, hier mit der Bitte um Vermittlung von Kontaktinformationen (Adresse, Telefon, Fax, Ansprechpartner), sind in Tabelle 1 aufgeführt:

Produkt	Firmentyp	Region
cosmetic raw materials	producers	Milan
ice cream industry machinery & equipment (2nd hand)	exporters	Milan
spices & dehydrated fruits	importers	Italy
coir mats & carpets	retailers/wholesalers	Milan

Tabelle 1: Einige Beispiele für Anfragen nach Firmenkontaktinformationen

Stark vereinfacht dargestellt, analysiert die Brokerin den Bedarf, transformiert ihn in verschiedene Kategorien und Branchen-Codes, recherchiert in mehreren Datenbanken mit jeweils eigener Struktur, Abfragesprache und Schnittstelle und präsentiert die Ergebnisse dem Kunden einheitlich und übersichtlich aufbereitet. Durch die zunehmende Verfügbarkeit von E-Mail ist der Ablauf wesentlich interaktiver geworden. Die Brokerin stellt Rückfragen an den Kunden und schickt Beispielergebnisse oft noch vor der kostenpflichtigen Recherche. Der Kunde vergibt häufig verfeinerte Nachfolgeaufträge.

Inzwischen ergänzen die Broker die Abfrage strukturierter Datenbanken durch die Suche in WWW-Quellen. Dieses Medium bringt jedoch bekanntermaßen eine größere Komplexität mit sich. Aufgrund der Vielzahl der Fimen-, Branchen- und Gelbe-Seiten-Server unterschiedlichster Anbieter und Qualität können die Broker die manuelle Suche in den Quellen nicht mehr handhaben. Da etliche Anbieter sich bewußt voneinander abgrenzen, verschärft sich das Problem des einheitlichen Zugriffs, z. B. bei Anbieterspezifischen Branchenbezeichnungen oder verschiedenen Schemata und Formaten. Daher äußern Information Broker spätestens seit der Verfügbarkeit elektronischer Produktkataloge (EPCs) im WWW den Bedarf nach einem konfigurierbaren System, das ihnen beim Brokering v. a. Routinetätigkeiten erleichtert oder abnimmt, damit sie schwierigeren Fällen wieder mehr Zeit widmen können.

Im Rahmen des EU-Projektes COBRA[1] wurde als Teilaufgabe der Prototyp bizzyB[2] einer solchen integrierten Arbeitsumgebung für Broker entwickelt /Koenemann & Thomas 1998/. Das System ist in der Konfiguration für die oben skizzierte Domäne Firmenkontaktvermittlung am weitesten ausgereift.

bizzyB und Brokering in elektronischen Märkten

In diesem Abschnitt diskutieren wir den für bizzyB gewählten pragmatischen Ansatz im Kontext anderer Brokering-Modelle und Lösungsmöglichkeiten.

Der Prototyp bizzyB basiert v. a. auf einem allgemeinen Architekturmodell des Brokering mit Geschäftsprozeßmodellierung und Projektionen /Strens, Martin, Dobson & Plagemann 1998/. Die Autoren untergliedern die Teilfunktionen des Brokering grob in drei Phasen der Markttransaktion: Rendezvous, Transaction und Post-Transaction. bizzyB konzentriert sich in der gegenwärtigen Implementierung auf die erste Phase des Brokering (Rendezvous - die Informationsphase). Die Integration eines Transaktionssystems für nachgelagerte Phasen ist angedacht.

/Schmid & Lindemann 1997/ unterscheiden die Informationsphase, die Vereinbarungsphase und die Abwicklungsphase. bizzyB erstellt in der Informationsphase mittels elektronischer Kataloge und Verzeichnisse eine Marktübersicht und identifiziert potentielle Marktpartner und Angebote bzw. Nachfragen, so daß die Beteiligten außerhalb des Systems in Kontakt treten und ein Gebot abgeben können.

Im Sinne des Referenzmodelles elektronischer Märkte (EM-RM) (/Schmid & Lindemann 1997/, /Schmid & Zimmermann 1997/) besteht der Mehrwert von bizzyB in der Beschreibung von Produktkatalogen durch Metainformation (bewerteter Quellenkatalog) sowie in der Abbildung und Überbrückung verschiedener Vokabulare, entsprechend der Interpretation dezentraler Broker (Kategoriedienst).

Es gibt einige Bezüge zwischen bizzyB und dem Konzept der Mediierung von EPCs (MEPC) von /Handschuh, Schmid & Stanoevska-Slabeva 1997/. bizzyB realisiert beispielsweise die Anforderung der transparenten anbieterübergreifenden Suche und stellt v. a. Übersetzungs- und Integrationsdienste bereit. Für den Kategoriedienst verwendet bizzyB jedoch nicht den Q-Kalkül, eine formale Sprache zur Beschreibung und Klassifikation von Objektmengen, sondern erlaubt Brokern, Kategorien anzumelden und Relationen zwischen Kategorien ohne formale Semantik zu definieren.

Es gibt Hinweise darauf, daß sich die koordinierende Rolle von Mediatoren in elektronischen Märkten zwar verändert, aber nicht insgesamt vermindert (/Bailey & Bakos 1997/, /Sarkar, Butler & Steinfield 1995/). Als bleibende Rollen von Brokern nennen /Bailey & Bakos 1997/ die Aggregation, Vertrauen und Schutz, die Erleichterung und das Zusammenfinden. bizzyB konzentriert sich auf die Mittlerfunktionen Erleichterung („facilitation") und das Zusammenfinden („matching"). Die Arbeitsumgebung und der einheitliche Zugang zur automatisierten Suche in den dezentralen Quellen trägt zur Erleichterung bei. Die übersichtliche Präsentation von Tabellen mit Marktattributen sowie die möglichst treffende Beschreibung von Angeboten und Nachfragen mit Kategorien helfen beim Zusammenfinden. /Sarkar, Butler & Steinfield 1995/ bezeichnen die neue Generation von Intermediären als „Cybermediaries" und zählen eine Reihe von Funktionen auf, von denen für bizzyB, insbesondere die Suche in kommerziellen und speziellen Verzeichnissen mittels Agenten sowie die Evaluation von Web-Angeboten durch Broker hervorzuheben sind.

bizzyB bildet die Schemata der einzelnen Quellen auf ein gemeinsames Objektmodell ab und extrahiert Ergebnisse entsprechend. Aus praktischen Gründen ist die Konfiguration der Abbildung und Extraktion jedoch jeweils programmiert und nicht anhand von maschinenlesbaren Metadaten-Spezifikationen unter Verwendung von KQML und KIF automatisch generiert (vgl. /Singh 1998/). Hierin liegt ein Flaschenhals der bizzyB-Architektur. Insbesondere ist das System anfällig gegen Änderungen der Schnittstellen und/oder Schemata bei Quellen.

Wesentliche Mehrwerte von bizzyB

Die Leistung des Systems in der Informationsphase läßt sich den Bereichen Übersetzung, Integration, Erleichterung und Zusammenfinden zuordnen. Es wird u. a. eine WWW-basierte Umgebung für kooperatives Arbeiten, die Umsetzung eines rollenorientierten Konzeptes, ein bewerteter Quellenkatalog, ein Kategorieservice, eine quellenübergreifende Suche mittels Web-Robots sowie eine übersichtliche Präsentation der Ergebnisse in Tabellenform bereitgestellt (vgl. Tabelle 2).

bizzyB-Funktion	Beschreibung
1. Integrierte Umgebung für kooperatives Arbeiten	Die Arbeitsumgebung erlaubt die Verwaltung von Brokern sowie in Arbeitsmappen die Zuordnung von Kunden, Fällen, Profilen und Anfrageergebnissen. Ein Broker kann ein Dokument, z. B. eine Anfrage, eine Mitteilung, ein Ergebnis (Dossier), in den Arbeitsbereich eines Kollegen oder in den öffentlichen Bereich einstellen. Broker werden auf Neuigkeiten in ihrem Arbeitsbereich aufmerksam gemacht. Asynchrones Arbeiten ist möglich durch automatische Ausführung von Profilen.
2. Rollenorientiertes Konzept	Regelt Zugriffsrechte auf Bereiche des Systems. Derzeit unterstützt: Broker, QuellenAdmin (für Quellenkatalog), KategorieAdmin (für Kategorieservice), SystemAdmin.
3. Bewerteter Quellenkatalog (Valuation Cards)	Erlaubt, Quellen und ihre Attribute zu beschreiben und zu bewerten. Diese Angaben können auch für andere Broker freigegeben werden.
4. Kategorieservice (WebCatNet)	Erlaubt die Definition von Kategorien und Relationen über Kategorien und macht sie für Profile nutzbar. Definitionen verschiedener Benutzer dürfen sich unterscheiden, und ggf. können Definitionen anderer Benutzer importiert werden.
5. Quellenübergreifende Suche mittels Web-Robots	Stellt eine integrierte Schnittstelle zu den verteilten und heterogenen Quellen bereit, fragt diese automatisiert ab und führt die Ergebnisse in ein einheitliches Format zusammen.
6. Übersichtliche Präsentation in Tabellenform	Daten in Attribut-Wert-Form werden flexibel mit *in*Focus/DataZoom angezeigt, z. B. Broker mit ihrer Spezialisierung, der Quellenkatalog oder Dossiers. Dies erleichtert Auswahl, Vergleich und Überprüfung.

Tabelle 2: Wie Kernfunktionen von bizzyB das Brokering unterstützen

Die Komponenten Quellenkatalog und Kategorieservice haben zum Ziel, Broker im Sinne des Knowledge Management darin zu unterstützen, implizites Wissen über Quellen und Kategorien und ihre Beziehungen über einen längeren Zeitraum strukturiert festzuhalten, gemeinsam anzureichern und an andere Nutzer weiterzugeben.

Der Quellenkatalog hilft u. a. bei folgenden Problemen:

- Wie beschreibe ich eine Quelle geeignet?
- Welche Quellen sind für ein gegebenes Informationsbedürfnis am ehesten geeignet? Wie finde ich Quellen wieder? Wie kann ich diese bequem auswählen, wenn ich Anforderungen an einige Attribute kenne?
- Welche Eigenschaften haben diese Quellen, und wie werden sie von anderen Brokern eingeschätzt? Wie unterscheiden sich zwei Quellen?
- Wie kann ich auf ausgewählte Quellen zugreifen (Schnittstellen, Ergebnisformate, praktische Hinweise, etc.)?

Der Kategorieservice hilft u. a. bei den Anforderungen:

- Mit welchen Kategorien/Codes kann ich das Informationsbedürfnis am treffendsten darstellen/ausdrücken, wenn ich ein längerfristiges Informationsprofil erstelle?
- Wie verhalten sich Kategorien/Codes verschiedener Anbieter zueinander?
- Wie kann ich eigene Kategorien/Codes verwalten und auf andere beziehen?

Die Funktionsweise des Systems sei im folgenden kurz am Beispiel „Spices & Dehydrated Fruits" aus Tabelle 1 illustriert. Wir verweisen auf die Möglichkeit, das System mit einer Demonstrationskennung online auszuprobieren.

Für den Kunden „Fortuna Foods" ist ein Kunden-Formular angelegt, das die Kontaktinformation enthält. Es wird für den Kunden ein neuer Fall eröffnet, nämlich die Suche nach Importeuren von Gewürzen und getrockneten Früchten in Italien. Der Fall wird mit mindestens einem Suchprofil versehen. Dessen Spezifikation wird im weiteren zusammengestellt mit Hilfe des Quellenkatalogs sowie des Kategorienservice. Aus dem Quellenkatalog werden zwei geeignete Quellen ausgewählt (Pagine Gialle und Italian Business). Die Suche im Kategorienservice führt z. B. auf:

- Pagine Gialle: Condiments and Spices,
- ATECO/NACE: 51.37: Wholesale of coffee, tea, cocoa and spices und
- SIC: 20340000: Dehydrated fruits, vegetables, soups.

Nun kann die Profilspezifikation (vgl. Abbildung 1) ausgeführt werden.

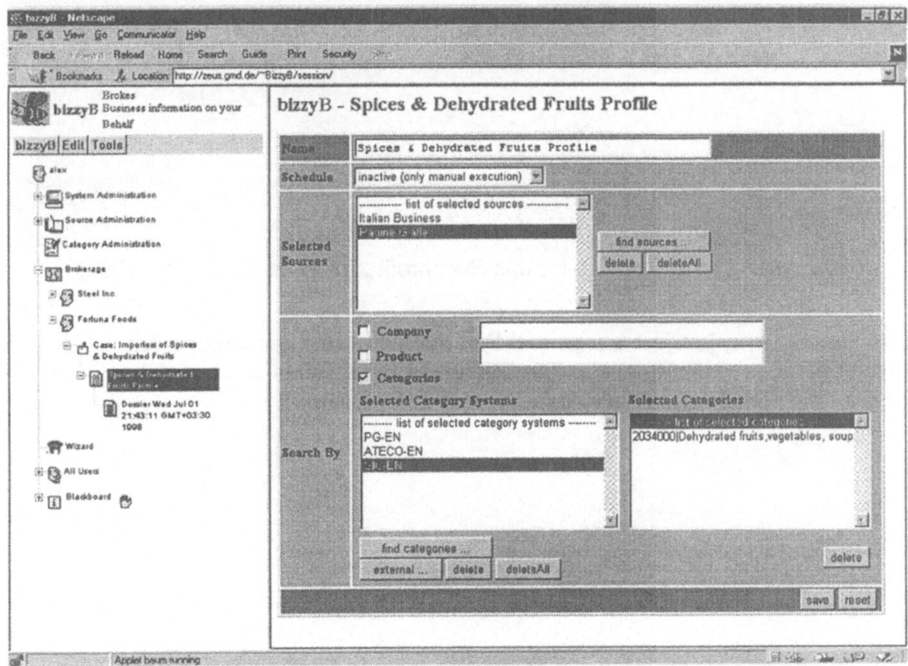

Abbildung 1: Spezifikation des Suchprofils für „Spices & Dehydrated Fruits"

Es werden mehrere Firmen gefunden und mit weiteren Informationen in komprimierter tabellarischer Form angezeigt (vgl. Abbildung 2). Für Mailand allein sind dies u. a. die Firmen Safitalia srl, Fratelli Pagani, El Safran und Erregi Ingedients srl. Die Darstellung kann expandiert werden. Sie erlaubt die interaktive Selektion und Bearbeitung. Eine Konvertierung nach HTML und Word ist möglich. Da die Quellen die Einschränkung auf Importeure nicht erlauben, sind die Ergebnisse einzeln zu prüfen, soweit möglich.

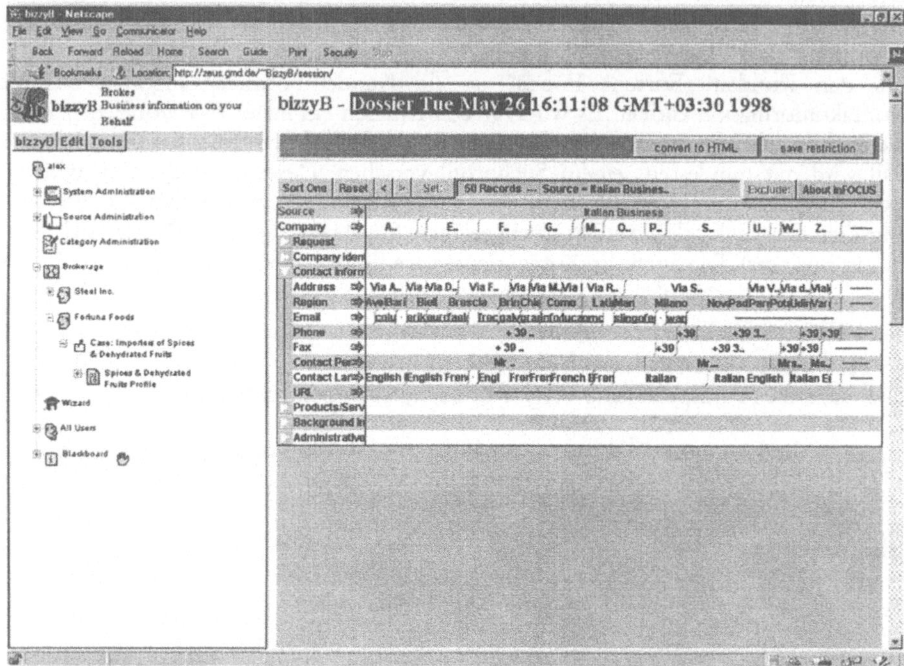

Abbildung 2: Ergebnisse für das Suchprofil „Spices & Dehydrated Fruits"

Das System ist in Java, Javascript und Perl implementiert und läuft derzeit auf SunOS sowie teilweise unter Windows. Die Teilkomponente WebCatNet wurde mittels MS Access, IIS, Active Server Pages und VisualBasic realisiert.

Erfahrungen und Ausblick

Zu Projektbeginn wurde vorrangig der Ansatz verfolgt, der Herausforderung des Brokering mit neuen Basistechnologien (v. a. Informationsagenten, vgl. z. B. /Haverkamp & Gauch 1998/) zu begegnen, wobei Profilbildung, Metasuche, Informationsaufbereitung und -synthese sowie Ergebnispräsentation im Vordergrund standen. Durch die enge Zusammenarbeit mit den Problemeignern über einen längeren Zeitraum und unter dem Einfluß der im Projekt ebenfalls entwickelten abstrakten Brokering-Architektur haben wir jedoch erkannt, daß für den Erfolg im praktischen Einsatz eher ausschlaggebend sind:

- Die Vereinfachung und Integration von Arbeitsabläufen sowie
- die Bereitstellung einer Serviceumgebung, die es Brokern erleichtert, Wissen und Erfahrungen explizit festzuhalten und wiederzuverwenden (insbesondere durch die Hilfsmittel Arbeitsmappe, Quellenkatalog und Kategorieservice).

So ist mit bizzyB kein automatisches Brokering-System entstanden, sondern eine verbesserte Arbeitsumgebung für Broker. Die wesentliche Brokering-Leistung erbringen nach wie vor die Broker, deren Bedeutung in elektronischen Märkten (/Bailey & Bakos 1997/, /Sarkar, Butler & Steinfield 1995/) auch unserer Ansicht nach eher zunimmt.

Der Prototyp läuft seit kurzem beim Projektpartner, der Handelskammer Mailand, im Testbetrieb, wobei Broker reale Anfragen, die per Fax eingehen, im System abbilden und Ergebnisse aus mehreren Online-Datenbanken erhalten. Wiewohl die Evaluierung bis dato noch nicht abgeschlossen ist, wird das System als für eingeschränkte Aufgaben nützlich angesehen. Sicherlich sind jedoch die initialen Quellenkataloge und Kategoriensysteme zu verbessern und deutlich mehr Quellen in das System einzubinden. Da die Anfragen extrem unstrukturiert und vage sind, ist die Unterstützung bei der Profilformulierung mit Kategorien noch nicht ausreichend.

Neben der offensichtlichen Fortschreibung und Stabilisierung des Prototypen schließen Ideen für weitere Arbeiten ein:

- Die komfortable Suche in den bizzyB-Objekten, v. a. nach ähnlichen Fällen,
- die Anwendung von bizzyB auf sich selbst, d. h. als Datenquelle,
- Brokering mittels Ähnlichkeitsanalyse von Profilen und
- den Austausch von Daten zwischen verschiedenen Installationen.

Anmerkungen

[1] innerhalb der ACTS-Domäne. Das Akronym steht für Common Open Brokerage Architecture. Kurzinformationen zum Projekt unter http://zeus.gmd.de/cobra/.

[2] bizzyB (Business-to-business Information Brokering with Categories) und inFocus/Datazoom sind geschützte Marken der GMD.

Literatur

/Bailey & Bakos 1997/   Bailey, Joseph P. & Bakos, Yannis (1997): An Exploratory Study of the Emerging Role of Electronic Intermediaries, *in:* International Journal of Electronic Commerce 1(3), S. 7 - 20. http://www.gsm.uci.edu/~bakos/roles-of-elec-interm.pdf.

/Handschuh, Schmid & Stanoevska-Slabeva 1997/   Handschuh, Siegfried; Schmid, Beat F. & Stanoevska-Slabeva, Katarina (1997): The Concept of a Mediating Electronic Product Catalog, *in:* International Journal of Electronic Markets, 09/97, S. 32 – 35. unterhalb von: http://www.businessmedia.org/netacademy/publi cations.nsf/(...)/v7n3_handschuh.pdf.

/Haverkamp & Gauch 1998/   Haverkamp, Donna S. & Gauch, Susan (1998): Intelligent Information Agents: Review and Challenges for Distributed Information Sources, *in:* Journal of the American Society for Information Science, 49(4), S. 304 - 311.

/Koenemann & Thomas 1998/   Koenemann, Jürgen & Thomas, ChristophG. (1998): Agent-Supported Information Brokering, *in:* KI-Zeitung 9/98 *(im Erscheinen)*.

/Sarkar, Butler & Steinfield 1995/   Sarkar, Mitra Barun; Butler, Brian & Steinfield, Charles (1995): Intermediaries and Cybermediaries: A Continuing Role for Mediating Players in the Electronic Marketplace, *in:* JCMC - Journal of Computer-Mediated Communication, 1(3). http://www.sda.uni-bocconi.it/fm/mktg/ newmedia/jcmcrole.htm, http://shum.huju.ac.il/jcmc/jcmc.html.

/Schmid & Lindemann 1997/   Schmid, Beat F. & Lindemann, Markus A. (1997): Elemente eines Referenzmodells Elektronischer Märkte, *in:* IM HSG/CCEM/Arbeitsbericht No. 44 (Tutorium WI '97 Berlin), 02/97. Universität St. Gallen, Institut für Wirtschaftsinformatik. unterhalb von: http://www.businessmedia.org/netacademy/publi cations.nsf/ (...)/emref.pdf.

/Schmid & Zimmermann 1997/   Schmid, Beat F. & Zimmermann, Hans-Dieter (1997): Eine Architektur elektronischer Märkte auf der Basis eines generischen Konzeptes für elektronische Produktkataloge , *in:* IM Information Management & Consulting, Nr. 4, 1997, 01/97. unterhalb von: http://www.businessmedia.org/netacademy/publications.nsf/(...)/Commerce.pdf.

/Singh 1998/   Singh, Narinder (1998): Unifying Heterogeneous Information Models, *in:* Communications of the ACM, May 1998/Vol.41 No. 5, S. 37 - 44.

/Strens, Martin, Dobson & Plagemann 1998/   Strens, Ros M.; Martin, Mike; Dobson, John E. & Plagemann, S. (1998): „Business and Market Models of Brokerage in Network-Based Commerce", *in:* Proc. 5th Int. Conference on Intelligence in Services and Networks „Technology for Ubiquitous Telecom Services" (IS & N'98), May 25 - 28 1998, Antwerp, Belgium. Lecture Notes in Computer Science Series (LNCS), Springer Verlag, 1998 *(im Erscheinen)*.

Information Brokering in der Umweltverwaltung

Ronny Weinkauf, Ivan Seder

Zusammenfassung

Der vorliegende Beitrag untersucht die Potentiale des Information Brokering in der Umweltverwaltung. Ausgehend von einer Analyse der Ausgangssituation, den Defiziten und den Anforderungen wird ein Lösungskonzept für ein umfassendes Management von Umweltinformationen in der Kommunalverwaltung mit dem Schwerpunkt Information Brokering erarbeitet. Anschließend wird die Umsetzung in Prototypen am Beispiel einer konkreten Produktfamilie erläutert. Die abschließende Diskussion erster Ergebnisse unterstreicht die Bedeutung des Information Brokering im Diskursbereich.

Motivation

Auf der Ebene der Gebietskörperschaften ist ein Zielkonflikt zwischen der kostenseitigen Standortattraktivität für Investoren und der Umweltqualität des Standortes zu verzeichnen. Einerseits benötigen Genehmigungsverfahren in der deutschen öffentlichen Verwaltung im Vergleich zu unseren europäischen Nachbarländern erheblich mehr Zeit. Andererseits fordert die Umweltpolitik eine stärkere Einbeziehung von Umweltinformationen in Planungs-, Entscheidungs- und Genehmigungsverfahren. Schnellere Genehmigungsverfahren, höhere Qualität von Entscheidungen und besserer Informationszugang der Beteiligten können den Zielkonflikt entschärfen. Ein wesentlicher Erfolgsfaktor liegt im Management von Umweltinformationen, einem Bereich, dem das Information Brokering neue Konzepte und Technologien bietet. Der vorliegende Beitrag untersucht deshalb, wie die Potentiale des Information Brokering zur Verbesserung des Zugangs zu komplexen Informationsbeständen und dadurch zur Erhöhung der Qualität von Entscheidungen genutzt werden können.

Vorgehen

Die Analyse der Ausgangssituation basiert auf Untersuchungen im Dezernat Bau/Planung/Umwelt einer Kreisverwaltung. Zur Ergänzung werden Veröffentlichungen und Erfahrungsberichte anderer Kommunalverwaltungen verwendet. Die erarbeiteten Defizite bilden die Grundlage für die Ableitung von Anforderungen an das Information Brokering in der Umweltverwaltung. Anschließend wird ein Lösungskonzept erläutert, welches den gestellten Anforderungen gerecht wird und eine Basis für die Erstellung von Prototypen bietet. Aus der Implementierung und den Tests der Prototypen in einer Kreisverwaltung können bereits erste Erfahrungen und Ergebnisse präsentiert werden.

Ausgangssituation

Für das Management von Umweltinformationen liegt in der untersuchten Kreisverwaltung kein Konzept vor. Die Erfassung der Umweltinformationen erfolgt dezentral in den Fachämtern und ist nicht auf den Informationsbedarf abgestimmt. Die verfügbaren Informationen stammen sowohl aus internen als auch aus externen Quellen. Interne Informationsquellen sind z. B. Antragsunterlagen bzw. Bescheide. Gutachten und Auftragsmessungen hingegen können externen Quellen zugeordnet werden. Die Informationen liegen überwiegend in Papierform vor. In einigen Bereichen ermöglichen Softwarelösungen eine elektronische Erfassung. Die Beschaffung der Erfassungssoftware wurde nicht koordiniert. Dementsprechend ist ein Informationsaustausch nur in einigen Fällen unter Verwendung von Standarddatenformaten möglich. Die vorhandenen Softwareanwendungen sind unzureichend auf die konkreten Verwaltungsaufgaben abgestimmt und erfahren deshalb eine geringe Nutzerakzeptanz. Häufig sind mit Genehmigungsaufgaben auch Kontrollaufgaben verbunden. Eine Erfassungssoftware für die Genehmigungen wird akzeptiert, wenn auch die damit verbundenen Kontrollaufgaben unterstützt werden.

Die Systemlandschaft der Kreisverwaltung ist heterogen. Die Arbeitsplätze der Mitarbeiter sind durch ein physisches Netzwerk verbunden. Bisher wurden aber keine Anforderungen an einen fachlichen Informationsverbund definiert und umgesetzt. Es ist insofern nicht hinlänglich bekannt, an welchen Arbeitsplätzen Umweltinformationen anfallen bzw. benötigt werden.

Die Informationsversorgung ist selbst in den Fachämtern mit anfallenden Umweltinformationen mangelhaft. Eine umfassende Recherche über Informationen, die in Akten, technischen Insellösungen oder analogen Karten vorliegen, ist nicht möglich. Ämtern mit Bedarf an ressortübergreifenden Umweltinformationen, z. B. für Planungen, Beratungen oder Genehmigungen, stehen keine aktuellen Umweltinformationen zur Verfügung. Darunter leidet die Qualität der Entscheidungen bei Nichtbeteiligung der Fachämter oder die Bearbeitungszeit bei einer entsprechenden Beteiligung.

Defizite

Aus der Analyse der Ausgangssituation können unter dem Gesichtspunkt des Information Brokering wesentliche Defizite abgeleitet werden.

Ein Defizit der Informationsbeschaffung liegt in der überwiegend analogen Sachdatenerfassung. Hinzu kommen Softwarelösungen zur Datenerfassung, die Arbeitsabläufe nur unzureichend unterstützen und für den Bearbeiter einen zusätzlichen Aufwand darstellen. Die Folge sind Akzeptanzprobleme. Bei der Erfassung von Umweltinformation werden die Anforderungen einer potentiellen Nachnutzung nicht berücksichtigt. Umweltinformationen besitzen vorwiegend einen Raumbezug. Dieser Raumbezug wird nicht oder bei vorliegendem analogen Kartenmaterial ohne einheitliche Raumbezugsbasis erfaßt. Multimediale Umweltinformationen werden bisher nicht elektronisch verarbeitet.

Der Informationsfluß ist unzulänglich organisiert. Es fehlt ein ämterübergreifendes Konzept. Auf Seiten der Informationsbeschaffung sind die proprietären Systeme ohne einheitliche Datenbasis besonders kritisch. Andererseits ist der Informationsbedarf, als eine Grundlage für die Abstimmung zwischen Informationsversorgung und Informationserfassung, nicht hinreichend bekannt.

Umweltinformationen stehen nicht für ressortübergreifende Auswertungen zur Verfügung. Ferner ist eine Recherche über den Raumbezug ausgeschlossen, da dieser nicht erfaßt wurde oder keine gemeinsame Raumbezugsbasis hat. Zur umfassenden Versorgung mit Umweltinformationen gehört auch eine Visualisierung in thematischen Karten. Hinzu kommt ein Bedarf an Bewertungswissen. Die Bearbeiter benötigen neben ressortübergreifenden Umweltinformationen auch das Bewertungswissen der Fachämter hinsichtlich konkreter Sachverhalte. Außerdem sollten multimediale Umweltdokumente zugänglich sein.

Zusammenhängende Informationsinhalte sind den Entscheidern nur unzureichend oder ggf. über eine Beteiligung der Fachämter zugänglich, obwohl sie für eine zügige Vorgangsbearbeitung von größter Bedeutung sind.

Forderungen

Die Datenerfassung muß in den Arbeitsablauf integriert und auf eine potentielle Nachnutzung abgestimmt werden. Dabei ist der Raumbezug der Umweltdaten auf der Grundlage einer einheitlichen Raumbezugsbasis zu erfassen /Städtetag 1988/. Die raumbezogenen Umweltinformationen sollten möglichst am Ort der Erfassung in thematischen Karten visualisiert werden. Die Erfassung muß auf eine bessere Unterstützung der Verwaltungsaufgaben ausgerichtet sein. Dabei sind bei Bedarf auch Erfassungen von Umweltinformationen in Form multimedialer Dokumente notwendig.

Zur Verbesserung des Informationsflusses sollte ein ämterübergreifendes Konzept erarbeitet und umgesetzt werden. Der zu organisierende Informationsverbund ist als Bindeglied zwischen Informationsbeschaffung und Informationsbedarf zu verstehen und muß sowohl den fachlichen Anforderungen als auch den technischen Rahmenbedingungen genügen.

Da ressortübergreifende Umweltinformationen nicht nur die Umweltämter benötigen, muß eine richtige Informationsversorgung in allen Bereichen der Verwaltung mit Bedarf an Umweltinformationen gewährleistet werden. Eine wesentliche Forderung stellen Recherchemöglichkeiten im Informationsbestand über den Fach-, Raum- und Zeitbezug dar. Die recherchierten Daten müssen in thematischen Karten visualisierbar sein. Sollen außerhalb der Fachämter Umweltinformationen in Entscheidungen einfließen, so müssen Defizite am entsprechenden Bewertungswissen hinsichtlich eines konkreten Sachverhalts erkannt und abgebaut werden. Deshalb sollte neben ressortübergreifenden Umweltinformationen auch das Bewertungswissen bereitgestellt werden. Außerdem wird ein Zugang zu Umweltinformationen in multimedialen Dokumenten gefordert.

Lösungskonzept

Das Lösungsmodell soll den erarbeiteten Forderungen gerecht werden und als Grundlage für die Entwicklung von Prototypen fungieren. Zur Bewältigung der Komplexität wird ein modularer Ansatz gewählt. Abbildung 1 zeigt die wesentlichen Module mit ihren Beziehungen. Im folgenden werden die Module näher dargestellt.

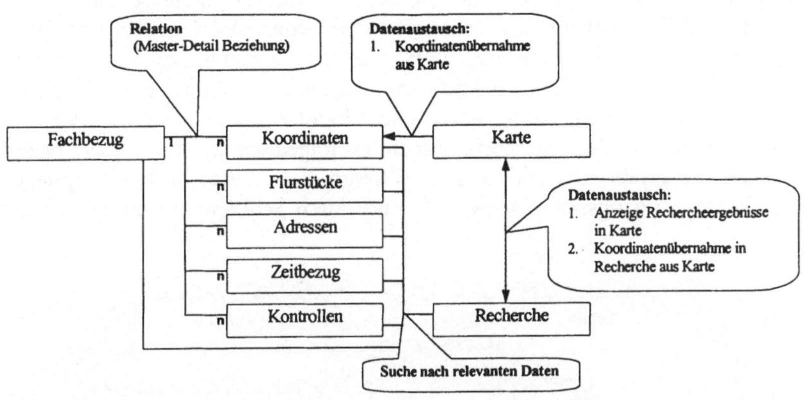

Abbildung 1: Module und Beziehungen der Informationsbeschaffung und Informationsversorgung

Die Informationsbeschaffung erfolgt abgestimmt auf die Verwaltungsaufgaben. Dazu wird das Modul Fachbezug aufgaben- bzw. nutzerspezifisch angepaßt. Den erfaßten Fachbezug kann der Bearbeiter für weitere Verwaltungsaufgaben nutzen, z. B. zur Führung einer Kontrollhistorie zu jedem Fachbezug im Modul Kontrollen. Den Sachdaten des Fachbezugs können außerdem Raumbezüge zugeordnet werden. Dafür stehen die Module Flurstücksbezug, Koordinatenbezug und Adreßbezug zur Verfügung. Der Flurstücksbezug basiert auf der Struktur des Automatisierten Liegenschaftsbuches (ALB). Deshalb sind zu jedem erfaßten Flurstück die Informationen des ALB, wie Eigentümer oder Nutzungsart, abrufbar. Im Modul Koordinatenbezug werden neben den Koordinaten auch Informationen über das verwendete Koordinatensystem und die Raumbezugsebene verwaltet. Zur Eingabe der Koordinaten sind Übernahmefunktionen aus dem Modul Thematische Karte vorhanden. Sobald ein Fachbezug mit seinen Koordinaten erfaßt ist, kann er sofort im Modul Thematische Karte visualisiert werden. Das Modul Adreßbezug dient dem Aufbau eines einheitlichen, recherchierbaren Adreßstamms im Sinne der kleinräumigen, kommunalen Gebietsgliederung. Da zusätzlich zum Raumbezug bei vielen Umweltdaten auch eine Beschreibung des Zeitbezugs sinnvoll ist, kann man diesen im Modul Zeitbezug eintragen.

Innerhalb des Informationsverbundes finden die Interdependenzen zwischen Informationsbeschaffung und Informationsversorgung Berücksichtigung. Die Reihenfolge der Einführung entsprechender Lösungen zur Informationserfassung ist vom Informationsbedarf abhängig. Anwendungen zur Erfassung von Umweltinformationen mit möglicher ressortübergreifender Nachnutzung haben Priorität. Zur Steuerung der Informationslogistik stehen die Module Administrator Sachdaten, Administrator GIS und Administrator Intranet bereit (vgl. Abbildung 2). Im Modul Administrator Sachdaten wird unter anderem ein Verzeichnis recherchierbarer Umweltdaten gepflegt. Das Verzeichnis stellt eine Voraussetzung für die richtige Informationsversorgung dar. Neben semantischen Informationen werden auch strukturelle, d. h. für den Zugriff erforderliche, Informationen verwaltet /Denzer 1995/. Ähnlich ist auch das Modul Administrator GIS aufgebaut. Im Verzeichnis der geographischen Informationen sind die Zugänge zu Basisinformationen, z. B. Hintergrundkarten im Rasterdatenformat, Fachinformationen, z. B. Themenlayer im Vektordatenformat, und zu generierten Layern, z. B. Punktquellen, beschrieben. Das Modul Administrator Intranet dient zur Pflege des Intranet für Umweltinformationen, im folgenden als Umweltnetz bezeichnet. Hier werden die erfaßten, multimedialen Dokumente in das Web eingepflegt, d. h. durch Links mit Zugangsseiten verknüpft und durch Schlagworte für Suchfunktionen aufbereitet.

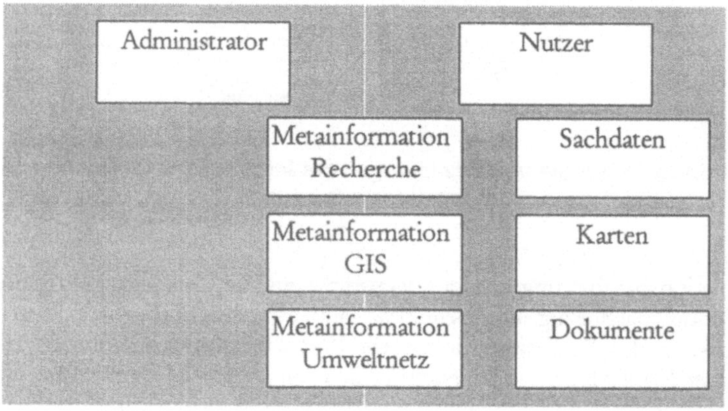

Abbildung 2: Administration des Informationsverbundes

Zur richtigen Informationsversorgung ist ein Zugriff auf ressortübergreifende Umweltinformationen im Modul Recherche möglich. Die Eingabe der Recherchekriterien wird gezielt unterstützt. Für die Recherche über Flurstücke sind z. B. die Gemarkungen hinterlegt. Außerdem kann aus dem Modul Thematische Karte ein Suchrechteck übernommen werden. Zur Recherche über die Adreß- und Zeitbezüge werden ggf. weitere Suchkriterien eingegeben. Nach der Recherche wird das Rechercheergebnis sofort im Modul Thematische Karte visualisiert. Dadurch ist nicht nur eine einfache Navigation durch die Recherchetreffer möglich, denn das Modul Thematische Karte setzt das Rechercheergebnis bei Bedarf mit vorhandenen Karten in Beziehung.
Die recherchierten Umweltinformationen allein genügen nicht immer den Anforderungen einer richtigen Informationsversorgung, wenn das entsprechende Bewertungswissen fehlt. Deshalb werden Expertensysteme eingesetzt, um eine Bewertung des Rechercheergebnisses hinsichtlich konkreter Sachverhalte vorzunehmen. Eine Recherche mit Bewertung setzt zusätzliche Eingaben voraus. So muß z. B. das für die Recherche relevante Vorhaben mit Typ und Lage erfaßt werden. Nach der Recherche ist eine Prüfung notwendig, ob zusätzliche (geographische) Informationen für die

Bewertung erforderlich sind. Gegebenenfalls werden die benötigten Angaben errechnet und den Ergebnisdatenobjekten hinzugefügt. Anschließend wird automatisch zur Bewertung des Rechercheergebnisses ein wissensbasiertes System gestartet. Das System liest den Vorhabenstyp und die im Rechercheergebnis enthaltenen Umweltdatenobjekte aus. Das Bewertungsergebnis wird anschließend der Ergebnismenge beigefügt. Wie in der bisherigen UIS-Recherche können die Recherchetreffer im Modul Thematische Karte visualisiert werden, nur werden jetzt zusätzlich die Bewertungsergebnisse durch Einfärben der Treffersymbole (Color-Coding) in der Thematischen Karte angezeigt /Seder 1998/.

Das Modul Hypertext ermöglicht einen einfachen Zugang zum Intranet der Umweltverwaltung. Darin können zusätzlich multimediale Dokumente gelesen bzw. recherchiert werden. Im Intranet ist sowohl die Verwaltungsstruktur als auch die Struktur der Umweltmedien abgebildet. Die verwendete Hypertext Markup Language erlaubt die Navigation durch die Beziehungen zwischen den Strukturen.

Prototypen

Das vorgestellte Lösungskonzept bietet den Rahmen für die Entwicklung von OPTI-UIS, einer Produktfamilie der Softwarehaus Ruppach GmbH. OPTI-UIS sichert die Erfassung, Logistik und richtige Bereitstellung von Umweltinformationen in der Kommunalverwaltung. Dazu werden etablierte Technologien integriert: Datenbanken, Geographische Informationssysteme, Internet/Intranet, Client/Server Architekturen und komponentenbasierte Softwareentwicklung. Für die Erfassung von umweltmedien- bzw. ressortübergreifenden Umweltinformationen stehen auf dieser Basis z. B. die Produkte OPTI-BAUMKATASTER, OPTI-BIMSCHG-ANLAGEN und OPTI-BAUANGEWÄSSERN zur Verfügung. Außerdem können externe Datenquellen, z. B. aus Gutachten, in das OPTI-UIS eingebunden werden.

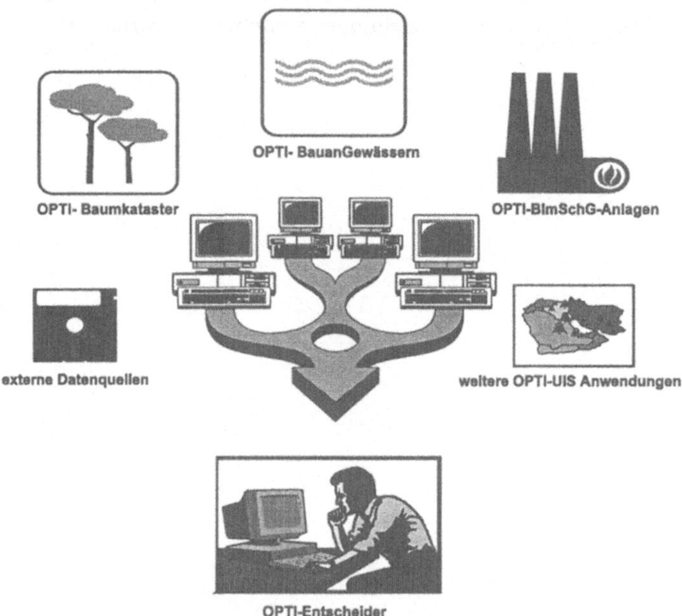

Abbildung 3: Informationsfluß im **OPTI**-UIS

Das Produkt OPTI-ENTSCHEIDER dient der übersichtlichen Bereitstellung komplexer Umweltinformationen für Mitarbeiter und hilft bei der Erarbeitung von Stellung- nahmen, bei Auskünften, Beratungen, Planungen und Entscheidungen.
Abbildung 3 zeigt den Informationsfluß im OPTI-UIS. In der Mitte ist der Informationsverbund angedeutet.
Am Beispiel OPTI-BAUMKATASTER wird im folgenden die Realisierung einer dezentralen Datenerfassung gezeigt. Die Anwendung beruht auf einem Framework mit fachspezifischen Komponenten /Scheer 1997/. Dadurch gleicht der Aufbau von OPTI-BAUMKATASTER sowohl den anderen Anwendungen zur Informationserfassung als auch den Anwendungen zur Informationsbereitstellung. Außerdem sind dadurch bei Bedarf die Anwendungen erweiterbar, d. h. in der Anwendung OPTI-BAUMKATASTER

können Komponenten zur ressortübergreifenden Recherche, zur Reporterstellung und zum Zugang zum Intranet eingefügt werden.

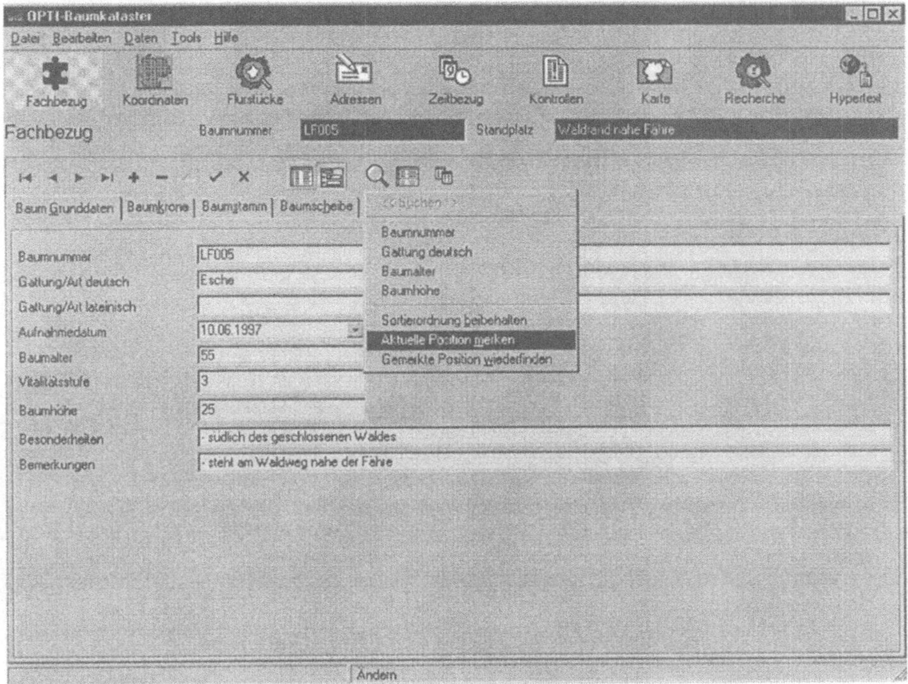

Abbildung 4: Bildschirmmaske des Moduls Fachbezug

OPTI-BAUMKATASTER verwaltet alle Bäume mit genauen Angaben zur Gattung, allgemeinem Zustand, Standort usw.. Durch das Erfassen der Koordinaten und der dazugehörigen Flurstücke erhalten die Bäume ihren genauen Standort im System. Bei Bedarf werden auch Adressen abgelegt und ggf. bestimmte zeitliche Kriterien, wie z. B. Pflegearbeiten, eingetragen. Die Protokollierung von Kontrollen ermöglicht Aussagen über den Zustand eines Baumes.

Die Abbildung 4 zeigt eine Bildschirmmaske im Modul Fachbezug. Der Inhalt des Fachbezugs wurde auf die bisherige Erfassung der Bäume in einem analogen Kataster abgestimmt und bietet dadurch die Möglichkeit des Einsatzes von Mitarbeitern mit geringen Fachkenntnissen zur Erstdatenerfassung. Jeder Baum wird zunächst registriert und mit beschreibenden Informationen versehen. Damit liegen die Informationen statt analog nun digital vor. Die neue Qualität der Datenverarbeitung wird durch die Erhebung weiterer Informationen erreicht.

Zunächst werden für jeden Fachbezug, in unserem Beispiel ein Baum, die zugehörigen Flurstücke erfaßt. Dazu sind die Gemarkungen des Automatisierten Liegenschaftsbuches hinterlegt. In unserem Fall steht der Baum auf einem Flurstück. Nur in Grenzfällen sind mehrere Flurstücke betroffen. Jedes Flurstück wird durch die Gemarkung, Flurnummer, Flurstückszähler und Flurstücksnenner erfaßt (vgl. Abbildung 5).

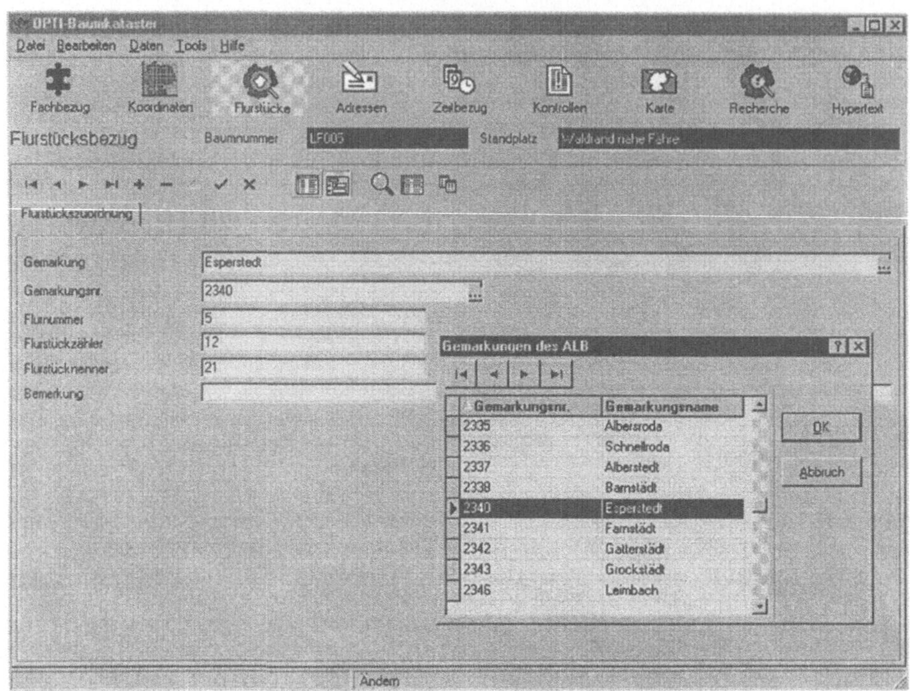

Abbildung 5: Erfassung des Flurstücksbezugs

Die Standorte der Bäume sind über Adreßangaben näher gekennzeichnet. Deshalb können jedem Fachbezug (Baum) zusätzlich Adreßbezüge zugeordnet werden. Die Pflege der Adressen erfolgt über einen einheitlichen Adreßstamm. Außerdem sind für Auswertungen Angaben über den Zeitbezug sinnvoll. Im Modul Zeitbezug kann man z. B. das Datum der letzten Vor-Ort-Erhebung oder Gültigkeitszeiträume für jeden Fachbezug abspeichern. Ebenfalls nützlich ist das Führen einer Kontrollhistorie. Dafür wird das Modul Kontrollen genutzt.

Die bisher beschriebenen Flurstücks-, Adreß- und Zeitbezüge finden bereits bisher z. T. implizit in Anträgen, Bescheiden und Bearbeitungsunterlagen Beachtung. Darüber hinaus wird die Bedeutung des geographischen Raumbezugs in der Verwaltung zwar erkannt, aber bisher nicht hinreichend berücksichtigt /KGSt 1994/. Im Modul Koordinatenbezug können zu jedem Fachbezug geographische Informationen erfaßt und kommentiert werden. Der Schwachpunkt bei der Erfassung liegt im fehlenden oder uneinheitlichen Kartenmaterial. Deshalb ist es sinnvoll, das Modul Thematische Karte bereits in die Anwendungen zur Datenerfassung zu integrieren. Wie in der Abbildung 6 deutlich wird, kann der Bearbeiter den Koordinatenbezug direkt aus der Karte abnehmen und im Modul Koordinatenbezug ablegen.

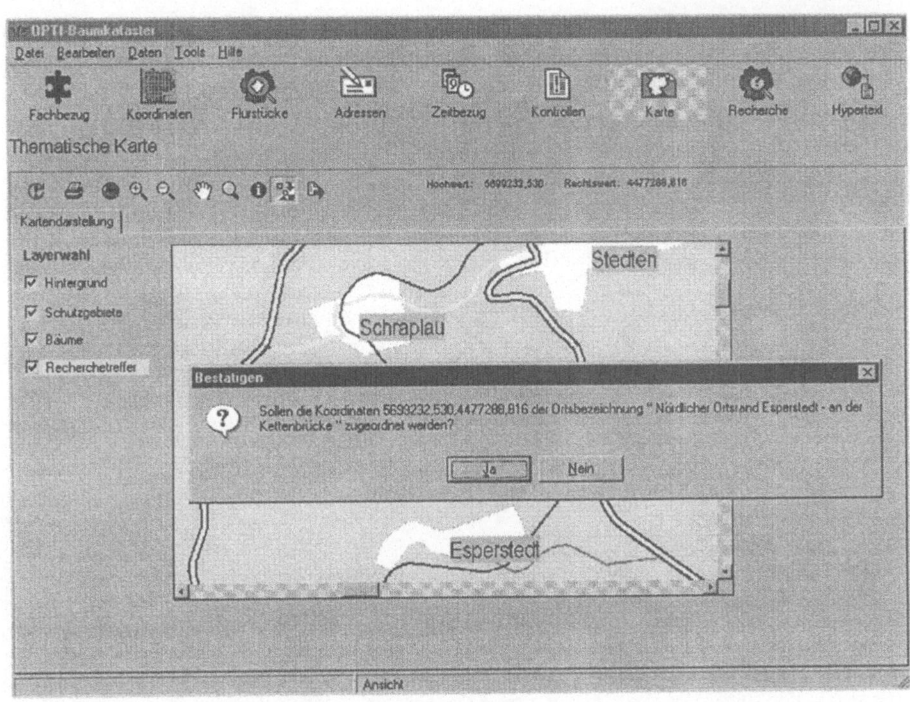

Abbildung 6: Ablesen des Koordinatenbezugs aus der Thematischen Karte

Danach wird automatisch aus dem Koordinatenbezug und dem Fachbezug ein geographisches Objekt generiert und in der Karte dargestellt. Die Navigation in der thematischen Karte erleichtert gleichzeitig die Erfassungstätigkeit.

Der Informationsfluß im **OPTI-UIS** wird durch ein Netzwerk mit Datenbanken, Geographischen Informationssystemen und Webservern realisiert. Für die Verwaltung der Sachdaten kommen relationale Datenbankmanagementsysteme zum Einsatz. Geographische Informationen werden auf einem GIS-Server vorgehalten. Der Webserver dient zur Speicherung und Bereitstellung multimedialer Dokumente.

Das OPTI-UIS basiert auf Metainformationen, welche zur Steuerung der einzelnen Anwendungen eingesetzt werden. Über die Metainformationen ist ein Abgleich zwischen der dezentralen Erfassung und der ressortübergreifenden Informationsbereitstellung möglich.

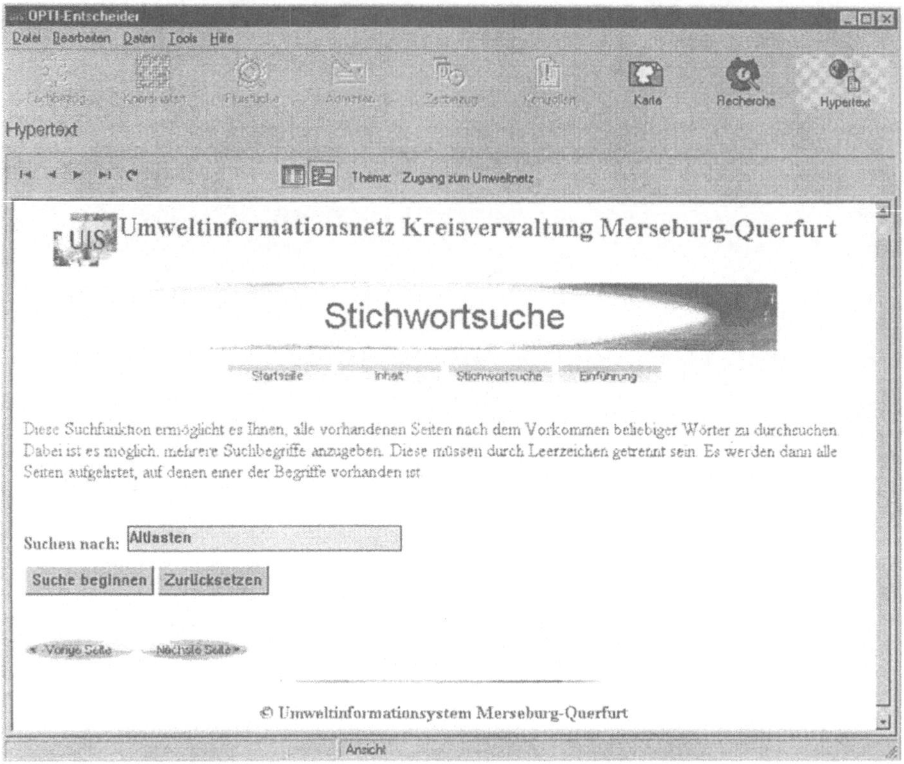

Abbildung 7: Stichwortsuche im Umweltnetz

Mit der Anwendung **OPTI-ENTSCHEIDER** kann ein Bearbeiter zur Unterstützung seiner Aufgaben Auswertungen über der gesamten Bestand an Umweltinformationen vornehmen. Besonders wichtig ist das Modul Thematische Karte, denn es ermöglicht die Eingabe von Suchkoordinaten, die Darstellung des Rechercheergebnisses und die Verschneidung mit Raster- und Vektordaten, d. h. mit weiteren Karten aus dem Geographischen Informationssystem. Eng mit diesem Modul ist das Modul Recherche verknüpft. Die Suchkoordinaten werden ggf. durch Suchflurstücke ergänzt. Anschließend findet die Auswahl der zu recherchierenden ressortübergreifenden Umweltinformationen statt. Nach der Durchführung der Recherche ist das Ergebnis sofort visualisierbar. Zur Ergänzung und Ausgabe des Ergebnisses können die komfortablen Listen- und Druckfunktionen des Moduls Recherche verwendet werden. Eine weitere Möglichkeit zum Zugang zu Umweltinformationen bietet das Modul Hypertext. Der Bearbeiter meldet sich mit seiner **OPTI**-UIS-Anwendung direkt im Intranet an. Zur Navigation im Umweltnetz (Intranet) dienen neben Verzeichnissen der Umweltinformationen und Verwaltungsbereiche auch Suchfunktionen (Abbildung 7).

Ergebnisse

Ausgehend vom Zielkonflikt zwischen beschleunigten Genehmigungsverfahren und den Forderungen der Umweltpolitik wurde ein Lösungskonzept für das Information Brokering in der Umweltverwaltung entwickelt. Als Grundlage diente die Analyse der Ausgangssituation mit genannten Defiziten und die davon abgeleiteten Forderungen an ein auf die Unterstützung von Entscheidungen ausgerichtetes Management von Umweltinformationen.

Information Brokering ist für das Management von Umweltinformationen in der Kommunalverwaltung von zentraler Bedeutung. Für diese Aufgabe wurde ein modulares Lösungskonzept entwickelt, welches die gestellten Anforderungen im Wesentlichen erfüllt. Es umfaßt Module zur Informationserfassung, Informationsbereitstellung und zur Administration des Informationsverbundes. Auf der Grundlage des Lösungskonzeptes erfolgte der Entwurf und die Implementierung des Zielsystems. Es verbindet Technologien wie Frameworks, GIS und Intranet. Der Einsatz in der Kreisverwaltung bestätigte die Erwartungen durch hohe Nutzerakzeptanz.

Information Brokering in der Umweltverwaltung kann die Qualität von Entscheidungen erhöhen. Dem Bearbeiter sollte zusätzlich das konkrete Bewertungswissen zugänglich sein. Die Absicherung einer umfassenden Informationsversorgung eröffnet neue Möglichkeiten der Aufgabenverteilung innerhalb des Geschäftsprozeßmanagements. Damit kann das Information Brokering einen wichtigen Beitrag für die Beschleunigung von Verwaltungsvorgängen leisten /Weinkauf 1998/.

Literatur

/Denzer 1995/ Denzer, Ralf: Anforderungen an Metainformationssysteme für den Umweltbereich. In: Güttler, R., Geiger, W. (Hrsg.): Integration von Umweltdaten. Metropolis-Verlag 1995, ISBN 3-89518-032-7, S. 77 ff..

/Städtetag 1988/ Deutscher Städtetag (Hrsg.): Maßstabsorientierte Einheitliche Raumbezugsbasis für Kommunale Informations-Systeme (MERKIS). DST-Beiträge zur Stadtentwicklung und zum Umweltschutz, Reihe E Heft 15, Köln 1988.

/KGSt 1994/ KGSt-Bericht 12/1994: Raumbezogene Informationsverwaltung in Kommunalverwaltungen. Köln 1995.

/Scheer 1998/ Scheer, A.-W.: ARIS - Vom Geschäftsprozeß zum Anwendungssystem. 3. Auflage, Springer Verlag 1998, S. 109 ff..

/Seder 1998/ Seder, I.; Weinkauf, R.: Entscheiden und Bewerten in der Umweltverwaltung. In: Umweltsymposium 1998. Metropolis Verlag Marburg 1998.

/Weinkauf 1998/ Weinkauf, R.; Picht, J.: Vorgangsbearbeitung mit Umweltbezug in der Kommunalverwaltung. In: Umweltsymposium 1998. Metropolis Verlag Marburg 1998.

V Dokumentenmanagement

Das Spektrum des Dokumentenmanagements – Die strategische Integration

Volker Grunewald

Zusammenfassung

Information Brokering - das Handeln mit bzw. das Vermitteln von Informationen mit den attributegerichteten Zielsetzungen Aktualität, Richtigkeit, Transparenz und Konsistenz, aber auch die Symbiose von Ganzheitlichkeit und gleichzeitiger gezielter Bedarfsorientierung, verbunden mit den Ansprüchen an maximalen Schutz und ebensolcher Sicherheit sowie den Basisanforderungen „on demand", „just in time" und „get and go" hinsichtlich der Verfügbarkeit und Aufbereitung ist im durch Globalisierung geprägten Zeitalter der Informationsflut und der nahezu grenzenlosen Zugangs-, Beschaffungs- und Verteilungsmöglichkeiten bzw. -notwendigkeiten ein ebenso folgerichtiges wie auch aus betriebswirtschaftlicher, kaufmännischer Sicht immer stärker an Bedeutung gewinnendes Lösungsspektrum der Datenverarbeitung.

Hiermit bietet sich natürlich nur in Ausnahmefällen eine *Spielwiese* für Informatikabteilungen; vielmehr sind in Unternehmen und Verwaltungen arbeitserleichternde und damit produktivitätsfördernde Zielsetzungen im Rahmen häufig ganzheitlicher Strategien im konkurrierenden Geschäft zu realisieren, und dies erfordert eine Reihe von integrativen, sich ergänzenden und ineinandergreifenden organisatorischen und technischen Objekten, Methoden und Maßnahmen.

Der Vortrag soll aufzeigen, wie und unter welchen Voraussetzungen das Spektrum des modernen Dokumentenmanagements, welches den gesamten „Information Life Cycle" unterstützt, also neben den klassischen Aufgaben der Speicherung und Verwaltung von Dokumenten durchaus die Aspekte der Informationsentstehung und -gewinnung, die formatierte Bereitstellung und -verteilung auch über die aktuellen Medien (beispielsweise Internet/Intranet) mit einschließt, hierfür in Kooperation mit beispielsweise Workflow-Mechanismen (Information Flow, Business Process Management) und Datenauswertungswerkzeugen bis hin zu Entscheidungsgeneratoren unverzichtbare Dienste leisten kann bzw. muß und welche Rolle der konsequenten Integration dabei zukommt.

Der Fokus des Vortrages bzgl. des Einsatzbereichs liegt dabei auf der Unterstützung betriebswirtschaftlicher Prozesse und beschäftigt sich in der Konsequenz auch damit, daß fachliche, betriebsorganisatorische und insbesondere rechtliche Aspekte eine Wertschöpfung des Zusammenspiels technologischer Innovationen und betriebswirtschaftlicher Veränderungen verhindern können.

Information Brokering und Dokumentenmanagement - der Zusammenhang

Die Anforderungen des Information Brokering

Information Brokering bezeichnet eine folgerichtige und einerseits durch technische Innovationen sowie andererseits gestützt durch Bestrebungen, die insbesondere Vereinheitlichungen in den Bereichen der Daten- und Datenaustausch- sowie Speicherformate zum Ziel haben, möglich gewordene Konsolidierung bisheriger Lösungen spezieller Problemstellungen (Bsp.: „Managementinformationssysteme") oder auch vorhandene Lösungsansätze für ein bereits breiteres Aufgabenspektrum („Dokumenten-Management", „Data Warehouse", „Decision Support Solutions", „Information Flow Control" etc.).

Information Brokering hat bezogen auf Informationsarten und technische Formate eindeutig einen ganzheitlichen Anspruch und meint tatsächlich alle zu einem Zeitpunkt und zu einer bestimmten Fachlichkeit relevanten Informationen. Hierbei darf es keine Rolle spielen, daß Daten i. d. R. unterschiedlichen Ursprungs sind, zumeist spezifische Formate aufweisen, kontextbezogen gespeichert und verwaltet oder über verschiedene Medien kommuniziert werden.

In diesem Sinne erfordert Information Brokering die synergetische Kombination der meisten der bisher verfügbaren bzw. marktrelevanten (Teil-)Lösungen und letztlich aufgabenorientiert deren konsequente individuelle Integration, wodurch im Gegensatz zum bislang erhobenen Führungsanspruch der jeweiligen Komponente nun klar der eigentliche, nämlich der Dienstleistungscharakter, in den Vordergrund gestellt wird.

Eine wichtige Rolle spielt in diesem Zusammenhang, daß sich zwischenzeitlich auch der Begriff *Dokumentenmanagement* etablierte, da hier u. a. die Basisfunktionen „Formatneutrales Speichern" und „Kontextübergreifende Verwaltung" sowie „Intuitive Bereitstellung" unter Einbeziehung der aktuellen Kommunikationswerkzeuge integrationsorientiert zur Verfügung gestellt werden.

Die relevanten Dienste des Dokumentenmanagements

Erwachsen ist das Dokumentenmanagement aus ehemals rein auf die Substitution nicht elektronischer Archive ausgerichteten Lösungen, den zumeist aufgrund des Speicherbedarfs und des Sicherheitsanspruchs auf laseroptischen Medien basierenden Archivsystemen. Bereits diese Lösungen wiesen einen gewissen Grad an integrierten Automatismen, beispielsweise im Bereich der Klassifizierung und Indizierung der zu archivierenden Dokumente durch Barcode- und Texterkennung (I/OCR), auf. Weitergehende Anforderungen allerdings haben das unter diesem Begriff zusammengefaßte Leistungsspektrum inzwischen erheblich erweitert.

Die gezielte und vollständige Erfassung von speicherrelevanten Daten bzw. deren Übernahme aus anderen Applikationen wurde mit eigentlich dem Lösungsspektrum *Workflowmanagement* zuzurechnenden Mechanismen steuerbar ausgelegt wie auch beispielsweise die gezielte Verteilung und Bereitstellung im Geschäftsprozeßkontext. Letzteres wird heute zunehmend in Kombination mit Funktionen weiterer DV-Lösungen, u. a. denen der klassischen Bürokommunikation, realisiert.

Letztlich kann heute mit ganzheitlichen Dokumentenmanagementlösungen das vollständige Be- und Verarbeitungsspektrum von Dokumenten über deren gesamten Lebenszyklus, also Erstellung/Erfassung, Klassifizierung und Zuordnung nach fachlichen und betriebsorganisatorischen Gesichtspunkten, Zwischenspeicherung, Bereitstellung und Anlieferung zur Bearbeitung, Archivierung/Verwaltung und beliebige Bereithaltung und Anlieferung zu Auskunftszwecken, unter Zuhilfenahme und konsequenter Integration weiterer Servicesysteme und Tools, wie beispielsweise Workflowwerkzeuge, Officeanwendungen, Mail- und Groupwaresysteme, Internet- bzw. insbesondere Browsertechnologien, unterschiedlichste Treibersoftware und Netzwerkapplikationen sowie Backup- und Recoveryverfahren und nicht zuletzt Verschlüsselungstechniken gesteuert und sicher abgedeckt werden.

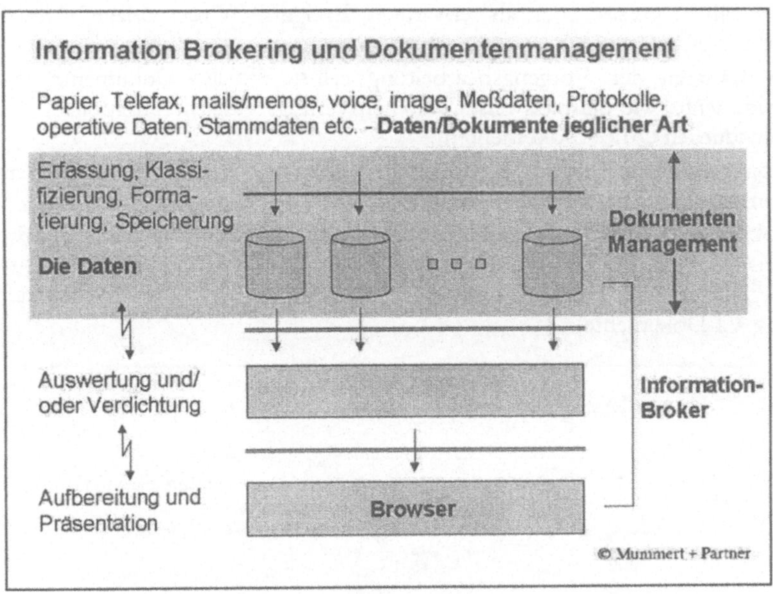

Abbildung 1: Information Brokering und DM-Dienste

Information Brokering erwartet schlicht das Vorhandensein und die unbedingte, sofortige Verfügbarkeit sämtlicher relevanter Daten, die für den jeweiligen fachlichen Zusammenhang benötigt werden. Daher ist aus Sicht des Information Brokering sicherlich die Bereithaltung von Daten, unter Berücksichtigung des ganzheitlichen und formatneutralen Anspruchs, mit allen dazu notwendigen Funktionalitäten und technischen Aspekten als wichtigster Dienst anzusehen.

In den nachfolgenden Abschnitten soll verstärkt auf die Aspekte des Dokumentenmanagements und deren betriebswirtschaftliche Relevanz eingegangen werden. Abschließend wird anhand eines Fallbeispiels dargestellt, daß, selbst wenn man in der Vorbereitung alles richtig gemacht hat, ein Projekt scheitern kann.

Dokumentenhandling - aus Sicht des Anwenders immer im Kontext der Vorgangsbearbeitung

Die fachliche/organisatorische Sicht

Dokumente können nicht nur im kommerziellen Umfeld nur selten losgelöst, also für sich genommen betrachtet werden; i. d. R. sind sie als Informationsträger eingebunden in einen, mehrere oder sogar alle Entscheidungs- und Geschäftsprozess(e) eines Unternehmens.

Was sind Dokumente im Geschäftsprozeßkontext?

- Eingangspost (Papier, Fax, E-Mail/Internet, Telefongespräch) als Auslöser eines Geschäftsprozesses oder als erwartetes Ereignis (Wiedervorlage, Anstoß eines Teilprozesses).
- Im Rahmen der Vorgangsbearbeitung selbst erstellte Dokumente (Business-Dokumente, wie beispielsweise Darlehensvertrag, Versicherungspolice, bis hin zu individuellen Office-Dokumenten).
- Papiergebundene oder elektronische Memos, Telefonnotizen, Laufzettel, Kompetenz-/ Entscheidungsvorlagen ....
- Dokumente, die auf elektronisch verfügbaren/verwalteten Informationen (beispielsweise Stamm-/Vertragsdaten) basieren und im Sinne von "Nettodaten" vorgehalten und kunden- bzw. vorgangsbezogen verwendet/formatiert werden (sog. CI-Dokumente).

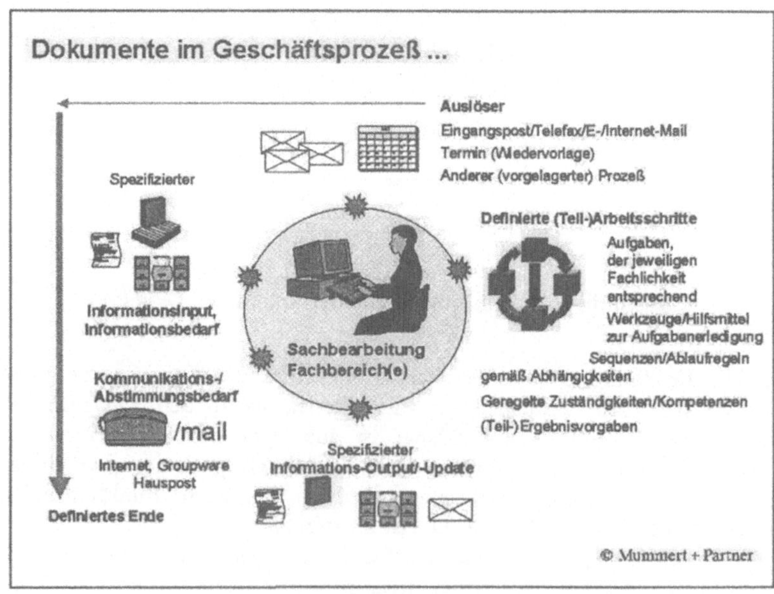

Abbildung 2: Dokumente im Geschäftsprozeß

Dokumente haben eine sich aus dem jeweiligen Geschäftsprozeß definierende Kausalität und implizieren bzw. erfordern (erzwingen) Aktivitäten.

Die Speicherung und Verwaltung von Dokumenten ist damit nicht Selbstzweck, sondern wichtiger Teil, elementares Objekt einer jeden Vorgangsverwaltung zum Zwecke der Geschäftsprozeßunterstützung.

Dokumente erfordern organisatorische Regelungen und die Umsetzung technischer Implikationen zur Erstellung, Behandlung und Verarbeitung einerseits und zur Aufbewahrung und Verwaltung andererseits.

Die funktionale/technische Sicht

Die Operationen auf Daten bzw. im behandelten Zusammenhang auf Dokumente sind im wesentlichen

- auf den jeweiligen Geschäftsprozeß bezogene Erstellung (Korrespondenz/ Ausgangs-post, CI-/NCI-Dokumente),
- Erfassung und Zuordnung/Verteilung der Eingangspost,
- Klassifizierung und Indizierung als obligatorische Verwaltungsinstrumente für eine effiziente Verfügbarkeit,
- geordnete, langfristig sichere, formatgerechte/-neutrale Speicherung (die Ordnung ist dabei im Wesentlichen abhängig von fachlichen Anforderungen und vorhandenen Zugriffsstrukturen sowie Informationskriterien der führenden betriebswirtschaftlichen Anwendungen – Ausnahme: MIS bzw. Datenanalyse und -auswertungssysteme),

   <Hierbei wichtig: Rechtsgrundlagen und Dokumentencharakter>

- Informationsextraktionen (I/OCR, Verwendung als Entscheidungskriterien, generell Weiterverarbeitung in anderen Servicesystemen und Fachapplikationen),
- integriertes Retrieval (adhoc- bzw. gesteuerte, integrierte Zugriffe auf Archiv/Datenbestände) gemäß der kontext-/verwendungsbezogenen Zugriffssystematik und
- Verteilung (beispielsweise gemäß Erfordernissen der Betriebsorganisation - verteilte Sachbearbeitung oder generell im Sinne des postalischen Versendens – Papier, Fax, E-/Internet-Mail)

und letztlich die geordnete Einstellung in die vorgangs- und/oder bestandsorientierte Dokumentenverwaltung und –aufbewahrung (Archiv) gemäß Lebenszyklus.

Hinsichtlich der Speicherformate ist insbesondere von Bedeutung, daß Dokumente häufig gesetzlichen Aufbewahrungsregelungen unterliegen und ein einmal gespeichertes Dokument u. U. auch in dreißig Jahren noch reproduzierbar sein muß. Hinzu kommen die Aspekte des Dokumentenaustausches, aber auch Anforderungen aus verarbeitenden Applikationen, die sich beispielsweise nicht auf die Präsentation eines Dokuments beschränken, sondern vergleichende oder auch Rechenoperationen durchführen müssen.

Eine Dokumentenverwaltung (sprich das "Dokumentenmanagement") weiß zu jeder Zeit und für jeden fachlich/sachlichen Zusammenhang u. a.,

- welche Dokumente existieren sowie wo und in welcher Form sie sich dort befinden,

– welche Dokumente in welchem Zusammenhang und in welcher Form benötigt werden,

– welche Abhängigkeiten zwischen Dokumenten und bei optimaler Integration darüber hinaus zu welchen Vorgängen existieren und

– wer diese Dokumente recherchieren darf oder auch sollte bzw. sogar muß.

Das Dokumentenmanagement kann natürlich auch aktive Komponente im DV- bzw. Anwendungsverbund sein, ist aber i. d. R. und auch sinnvollerweise zumeist passives, nachgefragtes Servicesystem - „Ask on demand".
Eine optimale Integration ist dann gegeben, wenn die Vorgangskontrolle bzw. –verwaltung sich einer Workflow- bzw. zumindest einer Information-Flow-Funktionalität bedient.

Ausrichtung auf die strategischen Vorhaben – Die Einordnung technologischer Veränderungen

Der Einsatz technologischer Innovationen ergibt für sich genommen in den meisten Fällen keine meßbare Wertschöpfung. Erst mit der konzeptionellen Ausrichtung auf die strategischen Vorhaben und einer konsequenten Integration können mit neuer Technologie auch damit verbundene Ziele tatsächlich erreicht werden. Ziele im betriebswirtschaftlichen Kontext sind dabei zumeist Produktivitätssteigerung bzw. Effizienzgewinne verbunden mit Kostensenkungen. In diesem Zusammenhang sind alle betrieblichen Parameter von Bedeutung. Die nachfolgende Grafik zeigt die hier gemeinten Zusammenhänge und Teilzielsetzungen am Beispiel „Gesamtziel: Wettbewerbsorientierung".

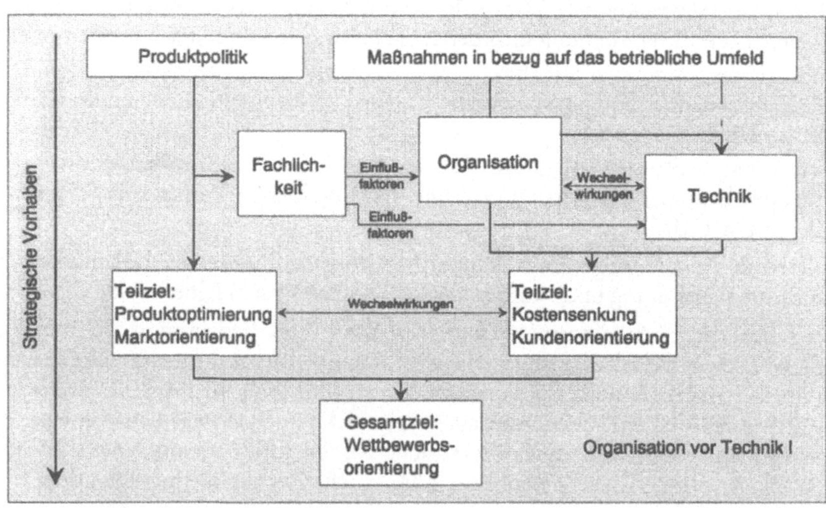

Abbildung 3: Neueinstellung betrieblicher Parameter - exemplarisch

Erfolgsorientierung bei der Neueinstellung der betrieblichen Parameter setzt im Hinblick auf Planung, Konzeption und Umsetzung von Maßnahmen, die sich verändernd auf `das betriebliche Umfeld auswirken, die Beachtung der Maxime „Organisation vor Technik" voraus. Heute bereits etablierte Begriffe, wie *Geschäftsprozeßoptimierung* oder *Businessprocess-Reengineering*, bezeichnen, primär auf der Neueinstellung des Organisationsparameters basierende, Maßnahmen mit der Zielsetzung, die Produktivität der Geschäftsprozeßabwicklung zu steigern und damit bei verstärkter Markt- und Kundenorientierung effizienter und kostengünstiger zu werden.

Als Ergebnisvorgabe wird hinsichtlich der Art der Aufgabenerledigung zumeist (und auch folgerichtig) die *ganzheitliche* oder auch *fallabschließende Bearbeitung* definiert. Ein implizierter Effekt ergibt sich dabei zwangsläufig durch veränderte Arbeitsplatzbeschreibungen und Anforderungen an die Mitarbeiterqualifikation.

Rein mit organisatorischen Veränderungen läßt sich die Ergebnisvorgabe allerdings nur unvollkommen realisieren, zumal Einflußfaktoren auf den Technikparameter wirksam werden und in Form von Anpassungen der Sachmittel und deren Bereitstellung Berücksichtigung finden müssen.

Sachmittel sind zeitgemäß in hohem Umfang DV-Systeme, deren Auslegung hinsichtlich Hard- und Software zumeist den bisherigen Gegebenheiten genau angepaßt ist, die neuen, veränderten Anforderungen jedoch nicht hinreichend unterstützen kann.

Diese veränderten Anforderungen an den Sachmitteleinsatz und die damit erforderlichen Anpassungen der DV-Infrastruktur ergeben sich aus der neuen Definition des Sachbearbeiterarbeitsplatzes.

– Für eine fallabschließende Bearbeitung müssen alle Sachmittel und benötigten Informationen sowie Kommunikationsmöglichkeiten unmittelbar, konkurrenzlos und jederzeit vor Ort, also dezentral, verfügbar sein.

– Der Sachbearbeiter muß individuell auf Kundenbedürfnisse und/oder die speziellen Gegebenheiten der Kundenbeziehung reagieren und handeln können, beispielsweise, indem er eine nicht standardisierte Korrespondenz erstellt.

Dokumentenmanagement aus fachlicher und aus Sicht der Informatik immer im Kontext der Integration

Das ganzheitliche Unternehmensarchiv

Aktuelle Dokumente liegen während der laufenden Bearbeitung zumeist noch in Papierform, also nicht global, archivierte Dokumente ebenfalls in Papierform, mehrheitlich jedoch auf Mikrofilm, vor. Hiermit sind grundsätzlich Medienbrüche verbunden, die sich für den Sachbearbeiter derart auswirken, daß keine direkte und konkurrenzlose/verteilte Verfügbarkeit gegeben ist und Wartezeiten in Kauf genommen werden müssen. Für die Vorgangsbearbeitung bedeutet dies Unterbrechungen und Liege- sowie wiederholte Rüstzeiten.

Die Lösung kann nur in der durchgängigen, elektronischen Bereitstellung aller im Rahmen der Vorgangsbearbeitung entstehenden und ggf. zusätzlich benötigten Dokumente bzw. deren qualifizierenden Informationen liegen. Genau hier ergibt sich die Notwendigkeit, die vorhandene DV-Infrastruktur zu verändern, denn eine elektronische Speicherung, beispielsweise einer eingehenden Korrespondenz (i. d. R.

Image) und die Verarbeitbarkeit am Arbeitsplatz des Sachbearbeiters, ist mit einem Host-Terminal kaum zu verwirklichen. Diese durchgängige, elektronische Bereitstellung sämtlicher im Kontext der Geschäftsprozeßabwicklung benötigten Informationen ist Aufgabe der Archivkomponente, der Kernfunktionalität im Dokumentenmanagement.

Die Archivkomponente ist einerseits den zumeist heterogenen DV- und Anwendungsumgebungen sowie andererseits den unterschiedlichen, zumeist komplexen fachlichen und organisatorischen Anforderungen Rechnung tragend, eine globale, integrative Systemkomponente im Sinne eines (Auftrags-)Dienstes mit Klammerwirkung über Architekturen, Technologien und Formate hinweg und weist (möglichst Standard-)Schnittstellen zu allen funktionalen und ggf. steuernden Partnern im Systemverbund auf.

Als globales, ganzheitliches Unternehmensarchiv konsolidiert es sämtliche im Unternehmen relevante Speicheranforderungen und bildet einen einheitlichen, umfassenden Dienst für sowohl betriebswirtschaftliche, wissenschaftliche als auch Individualanwendungsbereiche.

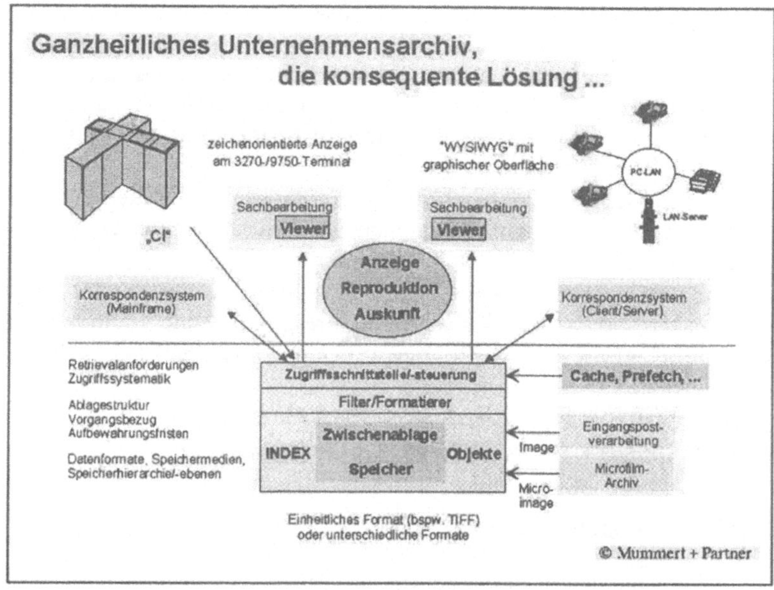

Abbildung 4: Ganzheitliches Unternehmensarchiv

Konsequenz und Qualität der Integration sind mitbestimmende Erfolgsfaktoren

Ob es sich zunächst „nur" um das Enabling beispielsweise der elektronischen Verfügbarkeit von Dokumenten handelt, bereits um die Einbindung globaler Dokumenten- und Kommunikationsservices in ihrer gesamten Ausprägungsform oder gar um den Einsatz eines Workflow-Managment-Tools → ohne möglichst sämtliche relevanten fachlichen, organisatorischen und technischen Integrationsaspekte zu berücksichtigen, läßt sich beispielsweise das Ziel der Geschäftsprozeßoptimierung hin zur fallabschließenden Bearbeitung leicht verfehlen.

Integration ist somit ein Erfolgsfaktor und als solcher bereits bei Einführung eines einzelnen Servicesystems im vorhandenen, zunächst nur marginal, da spezifisch veränderten betrieblichen Umfeld eminent wichtig.

Mit der Anzahl der gewollten Veränderungen in der Geschäftsprozeßabwicklung steigt die Summe der zu berücksichtigenden technischen, fachlichen und organisatorischen Wechselwirkungen und Einflußfaktoren und damit die Bedeutung des reibungslosen Zusammenspiels der einzelnen Services innerhalb des Anwendungsumfeldes.

Die Einführung eines Dokumentenmanagementsystems

Die Aufgaben im Kontext des Dokumentenmanagements

Generell umfaßt der Aufgabenkatalog für die Einführung eines Dokumentenmanagementsystems, für sich betrachtet oder als Integrationskomponente im Information Brokering, ausgerichtet an den relevanten Geschäftsprozessen und basierend auf einem durchgängigen, dynamischen Vorgehensmodell, übrigens wie bei anderen DV-Vorhaben auch:

- Erhebung und Validierung von Anforderungen in Abgleich mit der erhobenen Ist-Situation und den existierenden bzw. zukünftig zu berücksichtigenden Rahmenbedingungen,

- Erarbeitung einer Soll- bzw. Einsatzkonzeption,

- Evaluation geeigneter Produkte, systemnaher Software und der Integrationserfordernisse sowie

- Umsetzung im Sinne eines integrationsorientierten Vorgehens unter Beachtung und Behandlung aller, also insbesondere auch der organisatorischen und fachlichen Aspekte.

Neben der theoretischen Betrachtung, ist das Thema im Kontext konkreter Aufgabenstellungen zu behandeln. Ein Beispiel hierfür ist nachfolgend mit der Konzeption und (dem Versuch) der Einführung eines möglichst ganzheitlichen Dokumentenmanagements in einem Kreditinstitut gegeben. Um es gleich vorweg zu nehmen: Das Vorhaben wurde zunächst nicht realisiert, die Umsetzung wurde ohne konkreten Termin verschoben. Die Gründe lagen in nicht erfüllten Integrationsbedingungen, insbesondere jedoch in bis heute nicht ausräumbaren Bedenken von Revision und Rechtsabteilung des Unternehmens.

Fallbeispiel: Ein Projekt im Finanzdienstleistungsbereich

Die Zielsetzung in diesem Projektbeispiel war die Implementierung einer elektronischen Akte zur papierlosen Abwicklung der relevanten Geschäftsprozesse im Bereich der dezentral organisierten, in Geschäftsstellen und Niederlassungen weitestgehend autonom abgewickelten, Immobilienfinanzierung.

Die Vorgehensweise orientierte sich am Geschäftsprozeß sowie am Integrationsansatz und umfaßte die nachfolgend genannten Einzelschritte bis unmittelbar vor Start der eigentlichen Realisierung (Umsetzung):

– Situationsanalyse und darauf basierend die Erstellung des Bedarfsprofiles mit zunächst primär funktionalen, am jeweiligen Geschäftsprozeß ausgerichteten Schwerpunkten. Hierzu mußten die relevanten Geschäftsprozesse zumindest hinsichtlich der Informationsarten und -flüsse analysiert und unternehmensweit abgeglichen werden.

– Ableitung der Einsatzkonzeption, wobei funktionale Anforderungen mit organisatorischen, fachlichen und technischen Rahmenbedingungen bzw. Anforderungen konsolidiert und betriebsorganisatorische sowie technische Anpassungserforderlichkeiten definiert wurden.
Im Rahmen der Einsatzkonzeption wurden auch die Rechts- und Revisionsaspekte eingebunden und in diesem Zusammenhang vorhandene Unsicherheiten bzw. Bedenken behandelt.

– Produktevaluation mit technischem und fachlichem Pflichtenheft, Ausschreibung, Produkteauswahl.

– Wirtschaftlichkeitsbetrachtung.

– Umsetzungsplanung unter Beteiligung des/der Lieferanten/Integratoren der einzubindenden Systeme.

– (Geplanter) Integrationsprozeß mit den Schritten
  • technisches Prototyping,
  • fachliche Pilotierung in zunächst einer Niederlassung und anschließende
  • stufenweises Roll-Out - flächendeckende Produktion/Einführung.

Nach fertiggestellter Umsetzungsplanung wurde das Projekt gestoppt und zunächst ohne Wiederaufnahmetermin verschoben. Das Projekt ruht noch heute, obwohl die angestrebte elektronische Akte die Geschäftsprozesse nicht unerheblich hätte unterstützen können.

Zwei hauptsächliche Ursachen (sekundär: Integrationsprobleme durch verzögertes Roll-Out der BK-Software im Unternehmen sowie nicht abgeschlossener Anwendungsportierung auf eine neue DV-Plattform):

– Die Revision und die Rechtsabteilung konnte sich nicht bereit erklären, elektronische Unterschriften zuzulassen.
Die Ausgangskorrespondenz hätte nicht direkt aus der erstellenden Anwendung heraus archiviert werden können, sondern es wäre notwendig geworden, nach Druck und erfolgter Originalunterschrift per Scannen zu archivieren.

– Digitalisierte Eingangspost hat keinen rechtlich abgesicherten Dokumentencharakter.

Der Anteil der im Original aufzubewahrenden Dokumente der Eingangspost wäre derart hoch gewesen, daß hier nicht zu rechtfertigende Kosten durch eine Doppelablage entstanden wären.
Resultierend hat die Nutzenbilanz entscheidend gelitten und die Wirtschaftlichkeit konnte so nicht nachgewiesen werden.
Bis zur erstellten Umsetzungsplanung wurde versucht, die Bedenken auszuräumen; es konnten bis heute jedoch weder eine klare Rechtslage noch auch nur ein einziger anwendbarer Präzedenzfall im Bankenumfeld ermittelt werden.

Einsatz von Datenbank- und Web-Technologie für das Dokumentenmanagement eines Versicherungsunternehmens

Volkher Kassner, Andreas Bernhard, Regine Zülch, Ulf Schreier

Zusammenfassung

Es wird ein Projekt vorgestellt, das objekt-relationale Datenbank- und Web-Technologie für das Dokumentenmanagement einsetzt. Es wird dargestellt, welche Merkmale, Vor- und Nachteile diese Lösung gegenüber anderen hat. Ein weiterer Schwerpunkt ist die Beschreibung eines Prototypen, der oben genannte Technologien einsetzt. Herangezogen wird dazu ein Beispiel: Die Bereitstellung von Dokumenten über Geschäftsprozesse in einem Versicherungsunternehmen.

Einführung

Die Datenverarbeitung in Versicherungsunternehmen hat, wie in vielen anderen Unternehmensbranchen auch, eine hohe Einsatzreife erreicht, soweit die zugrunde liegenden Daten eine gute Strukturierung aufweisen. Solche Daten, wie sie im Rechnungswesen, Auftrags-/Vertragswesen, Produktverwaltung, Kundenverwaltung, etc. vorliegen, können sehr gut mit Hilfe von Programmen verarbeitet werden, die relationale Datenbanktechnologie einsetzen. Sehr viel schlechter sieht die Lage aus, wenn unstrukturierte oder wenig strukturierte Daten gespeichert und verarbeitet werden sollen. Solche Daten werden in den meisten Unternehmen nach wie vor auf Papier gedruckt und in Aktenordnern verwaltet, oder aber in Form von Text- und Grafikdateien gespeichert.

Diese klassische Art der Speicherung von Dokumenten hat aber einige Schwachpunkte:
1. Es fehlen Bezüge zu den strukturierten Daten und umgekehrt. Dadurch können z. B. Briefwechsel nicht den entsprechenden Kunden zugeordnet werden (außer die Dokumente werden explizit von einem Sachbearbeiter gelesen).
2. Die Speicherung der Dokumente erfolgt nicht an zentraler Stelle. Briefe an Kunden z. B. befinden sich schlimmstenfalls nur als Kopie in einem Aktenordner oder auf dem PC des Sachbearbeiters. Haben verschiedene Sachbearbeiter Kontakt zu denselben Kunden, so können sich Briefe an weit verstreuten Stellen befinden.
3. Änderungen an Dokumenten und zugehörige Informationen geschehen ohne Transaktionskontrolle, d. h., die Konsistenz der Informationen ist nicht gewährleistet, weder für die Dokumente an sich noch für die Bezüge zwischen Dokumenten und strukturierte Daten.

Im Rahmen einer Fallstudie für die Helvetia Patria Versicherungen wurde untersucht, wie unstrukturierte Informationen eines Versicherungsunternehmen in einer Datenbank zusammen mit strukturierten Informationen gespeichert und obige Probleme gelöst werden können. Als Anwendungsbereich wurde die Dokumentation für die Bearbeitung von Geschäftsvorfällen[1] (den sogenannten GeVos) aus mehreren Bereichen ausgewählt. Sie besteht aus zahlreichen Basisdokumenten, vielen versicherungstechnischen Definitionen, Bezügen zu konkreten EDV-Systemen und zahlreichen, häufig zu aktualisierenden Rundschreiben und Weisungen. Im Abschnitt 2 erfolgt eine ausführliche Beschreibung der Anforderungen. Das Problem der verteilten Kundenkorrespondenz auf dem Host wird in einem weiteren Projekt untersucht.

Zur Lösung der angesprochenen Probleme bieten sich verschiedene Architekturen an, die von einfachen datei-basierten Lösungen über Datenbank-Lösungen bis hin zu verteilten Broker-Systemen reichen. Eine Diskussion der möglichen Varianten mit ihren Vor- und Nachteilen in bezug auf unsere Fallstudie erfolgt im Abschnitt 3.

Eine praktische Erprobung der Konzepte erfolgte durch einen Prototypen namens DIVA (Dokumentenmanagementsystem in Versicherungsanwendungen). Das System ist als eine Intranet-Anwendung aufgebaut, um relationale Datenstrukturen und Multi-Media-Dokumente auf verschiedenen System-Plattformen unternehmensweit zur Verfügung zu stellen. Eine Beschreibung von DIVA ist im Abschnitt 4 zu finden.

Problembeschreibung

Zur Zeit liegt die Ablaufbeschreibung der Geschäftsvorfälle (GeVos) den Sachbearbeitern der Versicherung noch in Papierform vor. Die Beschreibung definiert, wie sich ein Geschäftsprozeß durch das System bewegt, an welchen Stellen Abhängigkeiten bestehen und mit welchen Prozessen er korreliert oder parallel verläuft. Entsprechend des Ablaufes der Anwendung auf dem System ist eine dokumentierte Abfolge von Masken als Benutzerhilfe angelegt. Diese Struktur soll sich über den Aufbau der Intranet-Seiten erstrecken. Das bedeutet, daß die Dokumente den Benutzern in der Struktur des Geschäftsvorfalles präsentiert werden.

Hinter den einzelnen Bearbeitungsschritten befinden sich weitere detaillierte Dokumente. Diese enthalten Bildschirmkopien mit einer Beschreibung der einzelnen Eingabefelder. Es handelt sich dabei nicht um Parameterlisten, sondern um Erläuterungen zu den möglichen Feldinhalten. Zu jedem einzelnen GeVo kann es eine Weisung seitens der Geschäftsleitung geben. Diese Weisungen werden zur Zeit noch als Papier-Mitteilungen übermittelt (durch die Mitteilungen entstehen verschiedene Versionen der Dokumentation, die schwierig zu verwalten sind).

Momentan befinden sich die Informationen in einem Zustand, der es nicht erlaubt, die Änderungen an der aktuellen GeVo-Version allen betroffenen Personen zugänglich zu machen. Für jeden GeVo besteht ein Ordner, der das Handbuch, Rundschreiben und Weisungen enthält. Durch das angesprochene Verteilungsproblem ist nicht sichergestellt, daß alle Mitarbeiter über alle wichtigen Informationen verfügen. Die Änderungen an den bestehenden Dokumenten erweisen sich ebenfalls als sehr schwierig, da einige neue Entwicklungen separat realisiert und dokumentiert wurden.

Hauptwunsch der Anwender ist eine umfassende Hilfestellung im Intranet, mit einer Beschreibung der Abläufe innerhalb der GeVos. Diese soll nicht nur die Arbeitsweise des Systems erklären, sondern ebenfalls eine verständliche, einfache Anleitung der Anwendung darstellen. Die Vermittlung von dazu benötigtem Hintergrundwissen soll ebenfalls in das Hilfesystem einfließen. Fachtermina aus der Versicherungsbranche werden durch Querverweise auf andere Dokumentenobjekte erläutert.

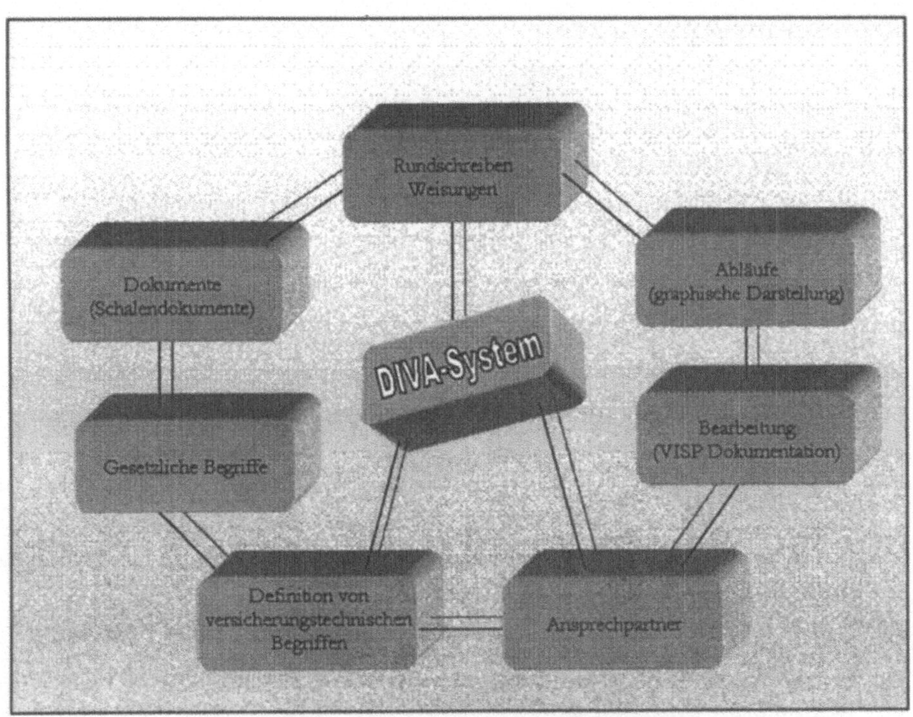

Abbildung 1: Das Anwendungssystem DIVA

Folgende Dokumenttypen soll DIVA verwalten können (siehe Abbildung 1):

- Schalendokumente: beschreiben Systemdokumente, wie Policen, Abrechnungen, Bescheinigungen, Auszüge und vorgedruckte Kundendokumente. Die Dokumente sind vorgefertigt und werden nur noch mit den benötigten Angaben (Adresse, Anrede etc.) versehen.
- Rundschreiben / Weisungen: Sie sollen sich an einem zentralen und allen zugänglichen Platz befinden, auf den alle zugreifen können. Die Zustellung an die Empfänger über den Papierweg soll entfallen.
- Abläufe: grafische Darstellung des Ablaufes zur besseren Darstellung der GeVos. Ziel ist es, zusammen mit dem Hilfesystem (Bearbeitung s. u.) ein durchgehendes, einfaches Modell der GeVos der Helvetia Patria Versicherungen darzustellen.
- Bearbeitung: Jeder der Schritte (Etappen) eines GeVos wird im Detail beschrieben. Die Bearbeitung einer Aktivität soll erläutert und die Systembeschreibung abgerufen werden können. Dazu wird ein Screenshot der Bearbeitungsmaske geliefert. System und Dokumentation sollen sich dem Anwender in gleicher Weise präsentieren, so daß beide Systeme eine Einheit bilden.
- Definitionen: Eine kurze Beschreibung und Erläuterung der Funktion für den GeVo. Diese Zusammenfassung soll einen schnellen Überblick des GeVos ermöglichen.
- Versicherungstechnische Begriffe: Generelle Begriffe über das Versicherungswesen sowie deren Erläuterung und allgemein übliche Auslegung.

Architektur-Alternativen

Um die Anforderungen umzusetzen, bieten sich verschiedene Alternativen für die Systemarchitektur an. Prinzipiell wird sich der Aufbau eines web-fähigen Systems zur Verwaltung von Dokumenten eines Unternehmens an die Grob-Architektur halten, die in Abbildung 2 zu sehen ist:

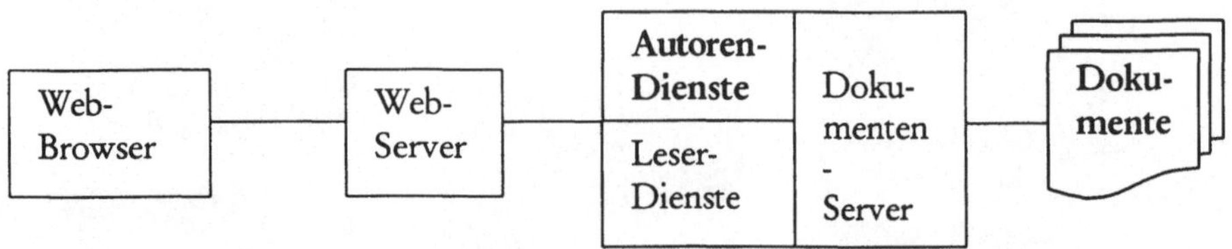

Abbildung 2: Grob-Architektur eines web-fähigen Dokumentenmanagementsystems

Die Dokumente werden über einen Browser von einem Web-Server angefordert, der entsprechende Dienste des Dokumentenmanagementsystems aufruft. Dieses wird sich aus drei wesentlichen Komponenten zusammensetzen:
1. Dienste für jene Mitarbeiter eines Unternehmens, die Dokumente lesen wollen (dies sind in erster Linie Such- und Browsing-Funktionen);
2. Dienste für die Autoren der Dokumente, um neue oder geänderte Dokumente in die Sammlung einzubringen;
3. Einen Dokumentenserver, der Dokumente holt bzw. speichert.

Die Dienste können über den Web-Server und seine CGI-, Server-API- oder ähnliche Schnittstellen aufgerufen werden.

Als Basis für den Dokumentenserver kommen unterschiedliche Systeme in Betracht, die zu unterschiedlichen Anwendungsarchitekturen führen. Eine Unterscheidung der Varianten ist zum einen nach Art der Speicherung möglich:
1. Verwendung eines Index-Server, welcher die gespeicherten Dokumente nach vorkommenden Begriffen indexiert (die Dokumente als solche sind normale Dateien);
2. Einsatz eines Groupware-Server (z. B. Lotus Notes);
3. Aufbau einer Multi-Media-Datenbank, die objekt-orientierte und/oder relationale Technologie benutzt.

Zum anderen ist es möglich, nach Art der Verteilung zu unterscheiden:
1. zentrale Speicherung aller Dokumente an einer Stelle;
2. verteilte Speicherung der Dokumente an verschiedenen Orten (wodurch ein Broker als ein übergeordneter Vermittler notwendig wird).

Die beiden Unterscheidungskriterien sind orthogonal zueinander, d. h., es sind sechs Architektur-Alternativen möglich.

Im weiteren Verlauf dieses Abschnitts werden diese Alternativen genauer mit ihren Merkmalen, Vor- und Nachteilen vorgestellt.

Index-Server

Index-Server ermöglichen eine Volltextsuche in Text-Dateien. Für alle Wörter, die in den Dokumenten vorkommen, werden Index-Listen erstellt, welche die Suche erheblich beschleunigen. Aufbauend auf dieser Struktur können die in Information-Retrieval-Systemen üblichen booleschen Suchanfragen durchgeführt werden.

Ein Dokumentenmanagementsystem könnte einen solchen Index-Server für Suchdienste nutzen und weitere Dienste (besonders für Autoren) anbieten. Die Dokumente bleiben bei diesem Ansatz normale Dateien und werden im Web-Verzeichnis abgelegt.

Bestehen nur schlichte Anforderungen an Leser- und Autorendienste, bietet sich ein Systemaufbau mit einem Index-Server an, da dieser einfach zu handhaben ist. Die Nachteile dieser Lösung werden nach der Vorstellung der Alternativen deutlich.

Groupware-Server

Groupware-Server (ein typischer Vertreter ist Lotus Notes/Domino) sind entstanden, um Arbeitsgruppen zu unterstützen, die an mehreren Orten tätig sind. Ein wichtiges Kommunikationsmittel für solche Gruppen sind „Schwarze Bretter", an denen „Zettel" mit wichtigen Mitteilungen „angeschlagen" werden können. Realisiert sind die „Schwarzen Bretter" als Dokumentendatenbank. Groupware-Server bieten sich daher als Basis für das Management von Versicherungsdokumenten an.

Lotus Notes kann verschiedene Typen von „Zetteln" verwalten. Jeder Typ besteht aus der Definition einer Reihe von Feldern (deren Werte Zahlen, Texte, aber auch Dateiinhalte unterschiedlichster Multi-Media-Art sein können) und Maskenelementen (Eingabefelder, Listboxen, Schaltflächen, usw.).

Für die verschiedenen Zetteltypen können verschiedene Ansichten mit hierarchischen Ordnungen definiert werden. Mit Hilfe von zugehörigen Browsern kann durch diese Hierarchien navigiert werden. Dadurch ist z. B. eine Kapitelgliederung von Textdokumenten möglich und eine entsprechende Suche. Neben der hierarchischen Suche ermöglichen die Groupware-Server eine Volltextsuche.

Lotus Notes/Domino ist eng mit einem Web-Server gekoppelt und besitzt eine Programmierumgebung, um die Maskenelemente auch mit Anwendungslogik zu verbinden. Autoren- und Leserdienste zu erstellen ist deshalb sehr viel einfacher als bei der Verwendung eines Index-Server.

Groupware-Server bieten darüber hinaus Kommunikationsfunktionen wie E-Mail, automatische Notifikation, Newsgroup, gemeinsame Kalender u. ä. an. Diese lassen sich sehr leicht in eine Anwendung integrieren. Ein Dokumentenmanagementsystem läßt sich also sehr leicht in diese Richtung erweitern. Leserdienste sind mit den gegebenen Möglichkeiten sehr leicht zu erstellen. Einfache Autorendienste können mit Hilfe der bereitgestellten Programmierumgebung schnell entwickelt werden.

Multi-Media-Datenbank-Server

Eine weitere Alternative für die Server-Technologie sind Multi-Media-Datenbank-Server, die mit Hilfe von objekt-orientierten oder objekt-relationalen Datenmodellen möglich sind. Wesentliches Merkmal ist, daß die Datenmodelle um benutzer-definierte Datentypen erweiterbar sind. Dadurch ist es möglich, beliebige Dokumente als Attributwerte zu speichern und über benutzer-definierte Funktionen von der

Datenbank abzurufen. Der Datenzugriff geschieht über ein objekt-orientiertes SQL. Dies ermöglicht Anfragen, die Inhaltssuche mit strukturierter Suche kombiniert. Dokumente können mit deskriptiven Angaben ergänzt werden, die als Standard-Attribute gespeichert werden. Ferner können Dokumente mit betriebswirtschaftlichen Daten verknüpft werden, z. B. kann nach Briefen an Versicherungsteilnehmer gesucht werden, die bestimmte Vertragsdatenkriterien erfüllen.

Ein Dokumentmanagentsystem kann in dieser Umgebung als eine ganz normale Datenbank-Anwendung mit voller SQL- und Transaktionsunterstützung entwickelt, Benutzeroberflächen und Anwendungslogik mit Hilfe von Programmiersprachen wie Pascal, C++ u. ä. erstellt werden.

Verteilte vs. zentrale Speicherung

Eine weitere Unterscheidung bezieht sich auf den Ort der Speicherung. Sind alle Dokumente einem Server untergeordnet, oder soll ein verteiltes System mit mehreren Dokumentenservern aufgebaut werden? Im Falle einer Verteilung ist den Dokumenten-servern ein Vermittler (ein Broker) voranzuschalten, um Leser(Such-)dienste zu ermöglichen. Bei einer Suchanfrage hat der Broker die Aufgabe, gespeicherte Dokumente zu suchen und entsprechende Teil-Anfragen an die jeweiligen Dokumentenserver weiterzuleiten. Aufgabe des Brokers ist es, eine homogene Schnittstelle zu bieten. Die Dokumentenserver können von unterschiedlicher Art sein. Eine solche Funktionalität wird zum Beispiel von Metasuchmaschinen und experimentellen Bibliothekssystemen (z. B. /TSIMMIS 1995/) geboten. Die Autorendienste bleiben den einzelnen Dokumentenservern zugeordnet.

Ein System mit zentraler Speicherung geht den umgekehrten Weg: Die heterogenen Dokumente werden in einer Datenbank konzentriert, nur die Erstellung der Dokumente geschieht dezentral.

Fazit

Auf Grund der Anforderungen der Helvetia Patria Versicherungen fiel die Entscheidung für einen zentralen Multi-Media-Datenbank-Server mit objekt-relationaler Technologie. Als System wurde DB2 UDBv5 von IBM ausgewählt, da dieses Datenbanksystem sich in der strategischen Ausrichtung der internen Plattformstruktur befindet und entsprechende Support-Verträge mit IBM bestehen. Die sog. Extender dieses Systems bieten sehr gute Möglichkeiten, Multi-Media-Daten vielfältiger Art als Attributwerte in einer Datenbank zu speichern. Der Text-Extender bietet z. B. eine Volltextsuche über Index-Listen an.

Der akzeptierte Nachteil gegenüber der Lösung eines Groupware-Server ist die weniger ausgereifte Systematik der Handhabung von Rundschreiben und Weisungen. Hier liegen klar die Stärken der Groupware-Server gegenüber dem von uns bevorzugten System. Die Bürofunktionalität der Groupware, wie gemeinsam genutzte Kalender und automatische Notifikation, ist nicht ausschlaggebend, da parallel zu der Intranet-Anwendung weiterhin die Memo-Funktionen des bestehenden Host-Systems für die Bürokommunikation eingesetzt werden. Die Kommunikations-Komponente wird also von einem bestehenden Produkt bereits abgedeckt.

Am Markt erhältliche Dokumentenmanagementsysteme kamen nicht in Betracht, da sie sich auf das Scannen, Archivieren und Verwalten von Papierdokumenten (Briefe von Kunden, Rechnungen von Lieferanten usw.) konzentrieren.

Im Vordergrund der Anforderungen von DIVA steht dagegen die Bereitstellung von Online-Dokumentationen im Intranet, mit der Möglichkeit, Informationen zum Text in Form von zusätzlichen Attributen zu speichern und sogar Querbezüge zu anderen Tabellen aus anderen Anwendungen herzustellen. Die Suchmöglichkeiten mit Hilfe von SQL werden dadurch wesentlich erweitert, bis hin zur Verknüpfung mit Informationen in anderen Tabellen. Die durch die zusätzlichen Attribute erforderlichen Transaktionsdienste werden ebenfalls von den objekt-relationalen Systemen bereitgestellt.

Da noch keine Dokumentendatenbanken existieren, sondern ein Vielzahl von Dokumenten dezentral erstellt werden, ist es möglich, eine Datenbank zu schaffen und dort alle Dokumente zentral zu speichern.

Architektur von DIVA

Das entwickelte Lösungskonzept baut auf vier Anwendungen (s. Abbildung 3) auf. Diese Anwendungen sind

- die Intranet Benutzerschnittstelle, bestehend aus Dokumenten-Browser und einer Search-Engine sowie den Administrationswerkzeugen (Power-Tools), die der Daten- und Dokumentpflege dienen. Für letztere ist es wichtig, über OLE eine direkte Schnittstelle zu Word als Textsystem zu besitzen.

- Hinzu kommt der Text-Extender, der als Relational Extender ein Bestandteil der IBM DB2v5 ist, und im Zusammenhang der Anwendungen, einen bedeutenden Teil der Funktionalitäten der Search-Engine ermöglicht. Die Anbindung der Datenbank geschieht aus Gründen der Performance über die Live-Connection-Technologie, eine Technologie, die eine dauerhafte Verbindung des Web-Zugriffs-Modules auf die Datenbank ermöglicht.

- Die Schnittstelle für die Datenbankzugriffe des Dokumentenbrowser stellt JDBC dar, die des Powertool ist ODBC. Die Abbildung 3 zeigt ferner, welche Programmiersprachen für welche Anwendungskomponenten verwendet werden.

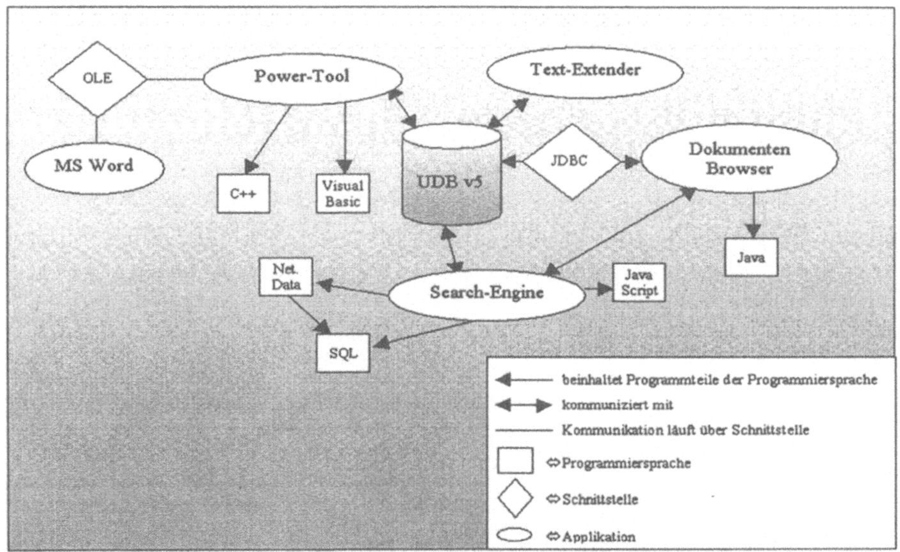

Abbildung 3: Komponenten des Anwendungssystems DIVA

Dokumenten-Browser

Der in Java selbstentwickelte Dokumenten-Browser übernimmt die gesamte Steuerungslogik des Systems und hat somit eine zentrale Aufgabe innerhalb der Anwendung. Er ist als ein Java-Server-Programm (Servlet) realisiert, d. h., das Programm wird nicht wie ein Applet in den Web-Browser geladen, sondern vom Web-System auf dem Server aufgerufen. Der Output des Programms wird vom Web-Server an den Web-Browser weitergeleitet.

Die Oberfläche ist sehr an die Funktionsweise des Dateimanagers unter Windows angelehnt. Dadurch soll erreicht werden, daß der Benutzer sich schnellstmöglichst an die Funktionsweise gewöhnen kann. Die Struktur bildet den Ablauf eines Geschäftsvorfalls bzw. die aufeinanderfolgenden Schritte ab. Durch die Unterverzeichnisse wird ein Schritt in die einzelnen Teilschritte eingeteilt, die auf dieselbe Art und Weise zergliedert sind. Dieser Vorgang kann solange wiederholt werden, bis der komplette Geschäftsvorfall abgebildet ist. In jedem Teilbereich können Dokumente abgelegt werden. Diese Dokumente sind die Erläuterungen der einzelnen Schritte. Die Originaldokumente sind zum einen als Word-Dokumente, zum anderen als Host-Dokumente im ASCII-Format vorhanden.

Der Dokumenten-Browser liest aus einer Strukturdatei die Konstruktionsanweisung für den Dokumentenbaum aus. Um ein möglichst schnelles Arbeiten mit dem Servlet zu bewerkstelligen, wird bei seiner Initialisierung nicht die komplette Struktur analysiert, sondern lediglich die Struktur auf erster Ebene. Bei einem Klick auf einen Eintrag in Ebene zwei wird diese Struktur aus der Datei ausgelesen und zu der im Hauptspeicher aktiven hinzugefügt. So entsteht nach und nach eine Struktur im Hauptspeicher, die dem Arbeitsgebiet des Anwenders entspricht. Der Klick auf eine bereits geöffnete Struktur liefert sofort ein optisches Ergebnis. Bei einer noch nicht verarbeiteten Ebene kann es, bedingt durch die notwendige Analyse der Baumstruktur, zu einer Verzögerung kommen. Diese sollte, da immer nur eine überschaubare Anzahl an Einträgen bearbeitet werden muß, in einem erträglichen Rahmen liegen.

Die aufbereiteten Einträge der Dokumenten-Struktur stehen in der richtigen Reihenfolge des GeVo-Ablaufes. Das bedeutet, daß sie nicht alphabetisch sortiert dargestellt werden. Diese Darstellung ist abhängig von dem Inhalt der Strukturdatei. Das Servlet erhält diese Datei als Eingabeparameter bei seiner Initialisierung.

Der Dokumenten-Browser, dargestellt in Abbildung 4, kommuniziert mit dem Servlet über ein Timestamp. Dieses Systemdatum dient der Identifizierung der letzten Änderung des Dokumentensystems und der aus ihr konstruierten Metatabelle, der Strukturtabelle. Der aufrufende Client erhält eine Kopie der Strukturtabelle und kennt zusätzlich noch die Aktualisierungszeiträume der Anwendung. Die so geladene Strukturtabelle wird solange benutzt, wie der Timestamp der Client-Strukturtabelle gleich dem Timestamp der Anwendungs-Server-Strukturtabelle ist. Hat sich der Timestamp auf dem Anwendungs-Server geändert, muß sich ebenfalls die Strukturtabelle geändert haben. In diesem Fall lädt der Dokumenten-Browser die neue Strukturtabelle und verwendet sie für seine nächsten Zugriffe. Er muß sich hierzu neu initialisieren, um die veraltete Struktur aus dem Hauptspeicher zu löschen.

Verfügt die Datenbank über einen „Überlauf" der Dokumentenwarteschlange, bei dem die zur Indizierung anstehenden Dokumente durch den Text-Extender verarbeitet werden, fragt das Servlet, in zufälligen Intervallen, bei seinem Anwendungs-Server nach, ob die Daten noch aktuell sind. Besteht Änderungsbedarf, wird diese Neuinitialisierung durchgeführt.

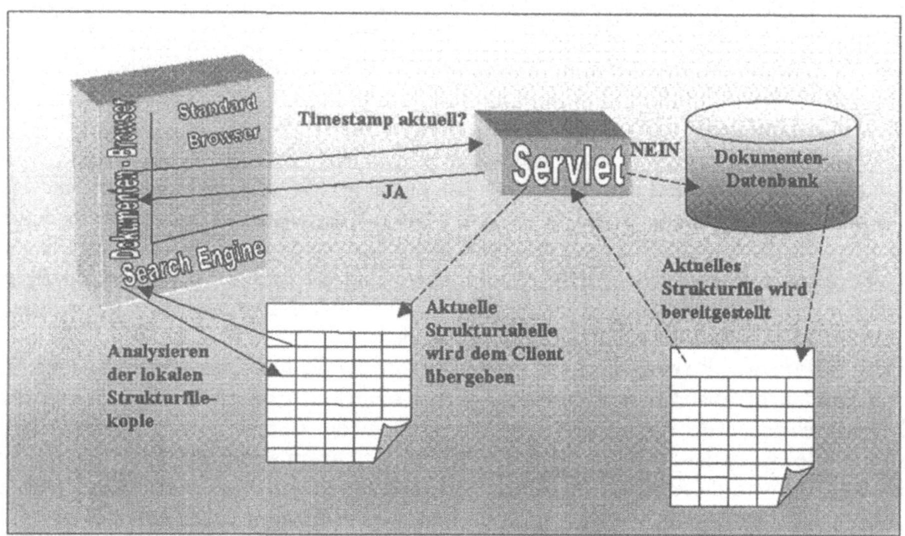

Abbildung 4: Prinzip des Dokumenten-Browsers

Das Servlet, das diese Anforderungen bearbeitet, verfügt über eine weitere Funktion, die aber dem normalen Anwender nicht zur Verfügung gestellt wird. Diese Funktion erzwingt einen Aktualisierungslauf der Dokumenten-Datenbank. Es werden alle nicht indizierten Dokumente verarbeitet, und die Strukturtabelle wird erzeugt. Diese Funktion wird nur aus den Power-Tools (siehe Kapitel 4.2) verfügbar sein, da sie durchaus in der Lage ist, den Datenbank-Server in längere Verarbeitungsprozesse für die Indexerstellung zu verwickeln. In diesem Fall sinkt die Durchsatzrate der Datenbank drastisch.

Administrationsdienste

Die sog. Power-Tools sind Verwaltungswerkzeuge für die administrativen Anwender des Systems. Sie werden als eigene Anwendung, losgelöst von den Anwendungen des Dokumenten-Browsers, entwickelt. Diese Anwendung enthält einen integrierten Dateimanager, der dieselben Funktionen bietet wie der Dokumenten-Browser innerhalb des Browsers. Sein Zugriff auf die Datenbanken erfolgt über ODBC. Es ist weiterhin sinnvoll, wenn dieses Werkzeug eine Schnittstelle zu Word (über OLE) bietet, so daß eine Bearbeitung einer Worddatei direkt aus der Datenbank erfolgen kann, ohne daß der Anwender die fragliche Datei erst selbst auf dem System speichern muß. Weiterhin ist es wünschenswert, daß das Werkzeug eine Konvertierung von Word zu HTML automatisch vornehmen kann. Dies gilt insbesondere für Dokumente, die anhand der Dokumentenvorlage zur Erstellung von Dokumenten und Weisungen erstellt wurden und von Word problemlos in HTML konvertiert werden können. Der Benutzer editiert das Dokument gemäß der vorliegenden Richtlinien zur Erstellung eines Dokumentes mit der entsprechenden Dokumentenvorlage. Das fertiggestellte Dokument wird dem Endbenutzer per E-Mail zur Prüfung, Entscheidung und Einspeicherung in die Datenbank zugesandt.

Entspricht das neue Dokument den gesetzten Richtlinien, ordnet der administrative Anwender das Dokument in den Gesamtzusammenhang der Dokumente ein. Dazu bietet das Benutzerwerkzeug eine grafische Zuordnung, bei welcher der entsprechende Zugriffsmechanismus für das Dokument generiert wird.

Das Tool stößt die Konvertierung des Dokumentes automatisch an. Wenn der administrative Benutzer von der Fähigkeit eines Benutzers überzeugt ist, daß dieser seine Dokumente entsprechend in der Dokumenten-Datenbank publizieren kann, so kann er die vom Benutzer erzeugten Dokumente direkt freigeben. Der Endanwender erhält die Möglichkeit, mit dem Benutzerwerkzeug seine Dokumente in Eigenverantwortung zu verändern.

Für diese Benutzeranforderung werden in einer Übergangsphase die Dokumente sowohl im Word-Dateiformat in einer Quelldateien-Datenbank als auch in HTML auf der Dokumenten-Datenbank abgelegt. Die Dokumenten-Datenbank stößt nach Überschreiten einer gewissen Menge von noch nicht indizierten Dokumenten einen Indexlauf des Text-Extenders an. Dieser wird ebenso zu jeder vollen Stunde für neu hinzugekommene Dokumente gestartet. Da diese Indexerstellungen der Datenbank die Ressourcen des Datenbank-Servers stark belasten, dürfen diese Warteschlangen nicht zu groß werden.

Diese Benutzerwerkzeuge werden den Anforderungen der Anwender angepaßt und entsprechend erweitert. Denkbar sind neben der Benutzerverwaltung in kleinen Gruppenbereichen ein statistisches Auswertungs-Werkzeug (durch das unbenutzte Dokumente zu erkennen sind), eine Versionsmanagementerweiterung (um miteinander verwandte Dokumente erkennen und verwalten zu können) oder die Ausweitung der Funktionen für Multimedia-Dokumente.

Search-Engine

Die Search-Engine ist neben dem Dokumenten-Browser eine weitere zentrale Komponente des Systems. Die Suchmöglichkeiten müssen eine große Funktionalität aufweisen, um den Anforderungen der Benutzer genügen zu können. Dabei muß es möglich sein, dynamische Teilbereiche anzugeben, um die Suche zu verkürzen. Die Search-Engine teilt sich somit in zwei Teilbereiche auf: Allgemeine Suche im System und Suche in den einzelnen Unterbereichen, die hierarchisch aufgebaut sein können.

Dem Benutzer wird zudem die Möglichkeit gegeben, sich im Dokumenten-Browser das richtige Verzeichnis zu suchen. Der Benutzer hat die Möglichkeit, überall die Search-Engine aufzurufen. Dabei wird von der Search-Engine ein Aufruf an den Dokumenten-Browser abgesetzt. Dieser übergibt den Datenbankschlüssel und den Verzeichnisnamen. Die Search-Engine bzw. das Net.Data-Makro empfängt diese Parameter und speichert sie in Variablen.

Wird über die Search-Engine ein Begriff gefunden und zur Erklärung aufgerufen, startet wieder eine Funktion aus der Komponente Dokumenten-Browser. In diesem Funktionsaufruf wird der Strukturtabellenschlüssel und der Name des Verzeichnisses übergeben. Anhand dieser Daten aktualisiert der Dokumenten-Browser seine graphische Struktur und stellt den Pfad zu dem gewählten Dokument her. Dadurch kann der Benutzer den Dokumenten-Browser als zentrales Steuerelement verwenden. Die Search-Engine ist unterteilt in einen Standard- und in einen Expertenmodus.

Ein gefundenes Ergebnis wird mit einer Referenz auf das Dokument in der Datenbank tabellarisch kurz dargestellt. Der knappe Überblick wird aus den dokumentbeschreibenden Zusatzinformationen gewonnen.

Ein Spezialfall ist die inhaltsabhängige Suche. Die Textdokumente, die über den Text-Extender indiziert worden sind, bzw. die durch den Text-Extender erstellten Indextabellen müssen nun nach dem Wort durchsucht werden. Die Begriffe, die bei der Suche gefunden werden, stellt die Search-Engine als Hyperlinks dar. Dadurch wird eine Funktionsweise erreicht, die der Benutzer schon von vorhandenen Suchmaschinen im Intranet oder von Suchmaschinen im Internet her kennt. Zusätzlich zu den Hyperlinks wird das Feld für die Notizen zu dem Dokument angezeigt, um so eine einfachere Identifizierung zu erhalten.

Abschließende Bemerkungen

Der Prototyp befindet sich zur Zeit in einer ersten Erprobungsphase, um Feedback von den Anwendern zu erhalten. Es ist geplant, diese Erfahrungen zu berücksichtigen und das System im Laufe dieses Jahres weiterzuentwickeln. Für die Zukunft ist geplant, die Möglichkeiten der relationalen Extender für Multi-Media-Daten stärker auszunutzen. So ist eine bestehende Vision für das System die Abwicklung von Online-Schulungen mittels CBT und Videos.

Anmerkungen

[1] Als Geschäftsvorfall wird ein Ablauf innerhalb einer Applikation bezeichnet. Der Sachbearbeiter verarbeitet in einer von der Anwendung gesteuerten Abfolge von Masken seine Daten. Es handelt sich um eine Transaktionsabfolge.

Literatur

/Tsimmis 1995/ H. Garcia-Molina, J. Hammer, K. Ireland, Y. Papakonstantinou, J. Ullman, J. Widom: Integrating and Accessing Heterogeneous Information Sources in TSIMMIS. In *Proceedings of the AAAI Symposium on Information Gathering*, pp. 61-64, Stanford, März 1995.

VI Informationssysteme

Das Internet ist ein weltweiter super Markt!

Internet Business - marktreif mit GFT
dem führenden Internet Consulting Partner

GFT Informationssysteme, 78112 St. Georgen, Tel.: 0 77 24-94 11-0, **www.gft.de**

City-online — Digitale Informationsverarbeitung für zukunftsorientierte Kommunen

Emmanuel Haufe

Zusammenfassung

Zu den heutigen Pflichten einer Kommune gehört die Bereitstellung von informationstechnischer Infrastruktur. Das Framework *City-online* stellt Dienste und Plattformen bereit, mit denen Informationen gesammelt und systematisch für verschiedene Parteien einer Kommune wie Verwaltung, Industrie, Privatpersonen etc. zur Verfügung gestellt werden können. Seine Entstehung verdankt es dem Projekt *St. Georgen online* (http://www.st-georgen.de), dessen Integration interaktiver Dienste die Abbildung kommunaler Stukturen fördert und gleichzeitig die Selbstorganisation verschiedenster Interessengruppen unterstützt.

Einleitung

Information Brokering ist die sinnvolle Anwendung von Technologien zur Informationsauswertung sowie gezielten Suche, Auswahl und Information für den Nutzer.

Ein Szenario

Otto Normal steht heute etwas früher auf, um diverse Gänge zu erledigen. Er muß seinen neuen Personalausweis abholen und Bankgeschäfte erledigen. Herr Normal ist umwelt- und kostenbewußt und benutzt deshalb den öffentlichen Personennahverkehr; auch heute, da alle Pflichten so dicht gedrängt liegen, vertraut er auf die Trambahn. Nach einer halben Stunde an der Haltestelle wird er langsam nervös. Der Vorsprung in den Tag schmilzt dahin und Herr Normal geht unruhig auf und ab. Schienenersatzverkehr! Nach einer Dreiviertelstunde darf Herr Normal in einem überfüllten Bus um Aufnahme bitten und verläßt das Gefährt nach etlicher Zeit mit wärmsten Erinnerungen an den Atem seines Nachbarn in seinem Nacken in Richtung Rathaus. Der Vorsprung ist dahin. Die roten „Bitte warten"-Lämpchen und die stieren Blicke seiner Leidensgenossen im Korridor zeigen ihm, daß der nächste Schritt in Richtung Arbeit geht.

Unterwegs, welcher Komfort, gibt ihm ein Geldautomat mit breitem Lächeln ein paar Scheine, sein Kollege für Kontoauszüge jedoch ist an Papiermangel erkrankt.

So beginnt Herr Normal seinen Arbeitstag mit einem unguten Gefühl der Vergeblichkeit seiner Mühen im Kreise seiner Kollegen. Abends, als er nach Hause kommt, kündigt ihm sein Anrufbeantworter die Ankunft eines langjährigen guten Freundes an. „Da muß ich dringend noch etwas Gutes besorgen", spricht er zu sich selbst, packt noch schnell die Sportsachen ein und stürmt los. In der Tat, der Weinhändler wartet heute mit einem besonders attraktiven Angebot im Bereich der schweren Roten auf, Herr Normal bedient sich mit 3 Flaschen und zieht, nun schon leicht gebremst, zur Squashinsel. Jedoch: Kein Partner in Sicht, und nach einer halben Stunde bei einem kleinen Bier dreht Herr Normal ab, mühsam sich erinnernd, was im Fernsehprogramm ihn wohl heute um seinen Sport gebracht haben mag.

Ist es nicht grauenhaft, wie Herr Normal seine Zeit vertut und wie ähnlich er uns ist? Und dabei haben wir noch gar nicht darüber nachgedacht, was Herr Normal statt seiner

Mißerfolge alles hätte tun können! Vielleicht hätte er Spaß an seinem Garten gehabt, sich seine Reisedias angeschaut ....
Erholen wir uns von diesem schrecklichen Alltag und suchen wir Alternativen. Einige habe ich Ihnen mitgebracht und möchte Sie Ihnen im folgenden darstellen:
Das Dach über der Vielfalt der Lösungen sind Digitale Städte, zu denen sich allgemeine Überlegungen anstellen lassen.
Nach einem Gang durch das Für und Wider möchte ich das Konzept erläutern, das in Sankt Georgen im Schwarzwald entwickelt wurde und dabei Bezug auf die realisierte Lösung *St. Georgen online* nehmen.
Schließlich möchte ich Sie bitten, den Faden aufzunehmen, Konzepte und Anforderungen selbst weiter zu entwickeln und nach Möglichkeit mit mir in Kontakt zu bleiben.

Digitale Städte

Bei der Konzeption digitaler, oder wie wir es nennen, virtueller Städte, stellen sich verschiedene Fragen, von denen zwei als zentral herausgestellt werden sollen /Berger 1997/:

1. Wie offen soll die virtuelle Stadt sein? Bildlich gesprochen heißt das: Wieviele Stadttore soll sie haben, wieviele Ausfallstraßen?
2. Wer soll dabei sein? Will man Benutzergruppen mit verschiedenen Rechten definieren?

Zur ersten Frage

Die „Philosophie" des Internets ist prinzipielle Offenheit. Wir alle wissen, daß der Erfolg einer Website, sei es als Shopping- oder Informationssite, entscheidend vom Traffic abhängt, wenn nicht gar mit diesem identisch ist. Entsprechend sieht man sich aufgefordert, nach dem Motto zu handeln: „Alle Wege führen auf meine Site". Die elektronische Laufkundschaft wird sicherlich niemand (gänzlich) ausgrenzen wollen.
Auf der anderen Seite verliert eine völlig offene Plattform ihre Identität und Erkennbarkeit. Wieder im Bild der traditionellen Stadt gesprochen, führt das Weglassen der Stadtmauer und die Zersiedelung des Umlands schließlich dazu, daß über Stadt und Land oder Stadt und Nachbarstadt nicht mehr entschieden werden kann. Wie soll dann Gemeinschaft und Identifikation geschehen? Und wie soll man sich in dieser Planlosigkeit auskennen, sich anders fortbewegen als mit dem Vor- und Zurückbutton des Browsers oder Bookmarks, die bei Frames oft genug versagen?

Zur zweiten Frage

Ähnlich wie bei der Frage der „geographischen Offenheit", ist das Internet auch sozial im wesentlichen offen. Auch hier gilt, daß die Ausgrenzung von Traffic den Webauftritt insgesamt in Frage stellt. Die Idee des Web als allgemeinem Tummelplatz ist doch zu schön, um Einschnitte wünschenswert erscheinen zu lassen.
Aber das Web ist, glücklicherweise, interaktiv, und damit ergibt sich die Möglichkeit, vieles von dem, was Städte heute ihren Bürgern und nicht jedwedem Zeitgenossen bieten, auf dieses Medium abzubilden. Und weiterhin kennt vielleicht dieser oder jener von uns die elektronische Umweltverschmutzung vieler Chat-Räume, die Eingangsfilter lohnend macht. Die Beschränkung der Offenheit muß, wenn überhaupt, mit Vorsicht

geschehen. Ihre Realisierung setzt eine mehr oder weniger zentrale Entscheidungsstelle voraus, die auch für die ganze elektronische Stadt verantwortlich zeichnet. Damit sieht man sich in der Situation, daß die Kernkompetenzen des Anbieters gewichtet werden, andere Belange aber unberücksichtigt bleiben.

Wie diese beiden Fragen für *City-online* beantwortet wurden, ist Inhalt des nächsten Abschnitts.

City-online. *Konzept und Realisierung*

City-online ist ein Framework. Seine Entstehung verdankt es dem Gemeinschaftsprojekt der Stadt St. Georgen im Schwarzwald, der Fachhochschule Furtwangen, Fachbereich Medieninformatik /Berger 1997/ und dem Software- und Beratungshaus GFT Informationssysteme GmbH & Co. KG. Dieses Projekt bestand in der Entwicklung von *St. Georgen online*, dem virtuellen Spiegelbild der wesentlich industriellen Stadt.

City-online nun ist die softwaretechnisch wiederverwendbare und anpaßbare Lösung. Um jedoch die Möglichkeiten besser zu sehen, wird es sinnvoll sein, direkt Teile von *St. Georgen online* zu betrachten. Bezüglich der beiden diskutierten Fragen wurden bei *City-online* folgende Entscheidungen gefällt:

Eine kommunale Plattform mit dem Potential zur Identifikation verlangt eine erkennbare Umgrenzung. Deshalb wurde beschlossen, einen einheitlichen Rahmen um die einzelnen Anbieter zu legen, möglichst ohne ihre Individualität zu beschränken.

Mit dem Ziel, auch kommunale Dienste anzubieten, ergab sich die Einrichtung verschiedener Benutzergruppen. Es wurde die Unterscheidung in zwei Gruppen, Bürger und „ Auswärtige", festgelegt. Bürger kann werden, wer in St. Georgen lebt oder seinen Arbeitsplatz dort hat. Betrachten wir die Umsetzung und Details.

Navigation

Die Antworten auf die Fragen nach „geographischer" und sozialer Offenheit bedingen die Trennung von Funktionen und Inhalten der virtuellen Stadt. Die Funktionen sollten unabhängig von den einzelnen Einwohnern und ihren Webauftritten allgemein verfügbar sein.

Für die Navigation durch das System wurden deshalb zwei Wege entwickelt. Wie der Screenshot in Abbildung 1 zeigt, führen zwei Navigationsleisten zu Themen von allgemeinem Interesse, die auch vom Betreiber gepflegt werden.

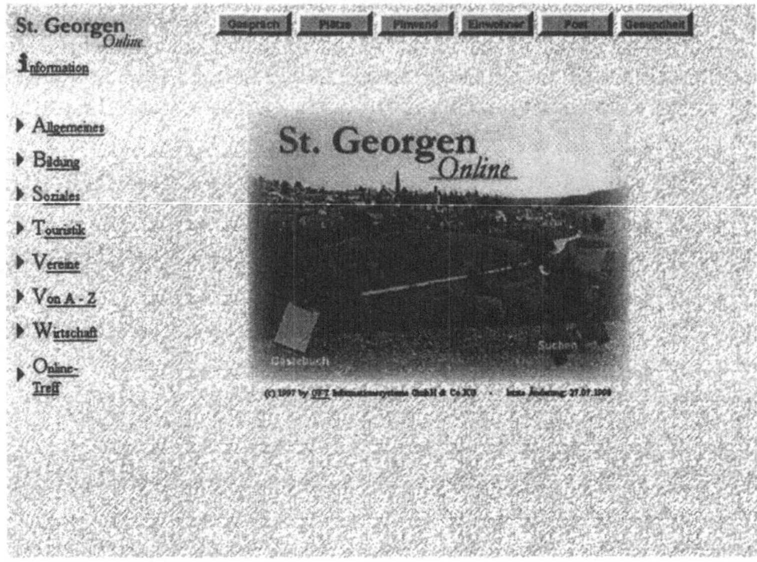

Abbildung 1: Beispiel für Navigation St. Georgen online

Die Senkrechte führt auf inhaltlich gleichartige Links oder Gruppen von Links, die sternförmig um ihren thematischen Schwerpunkt angeordnet sind. Abbildung 2 zeigt ein Beispiel.

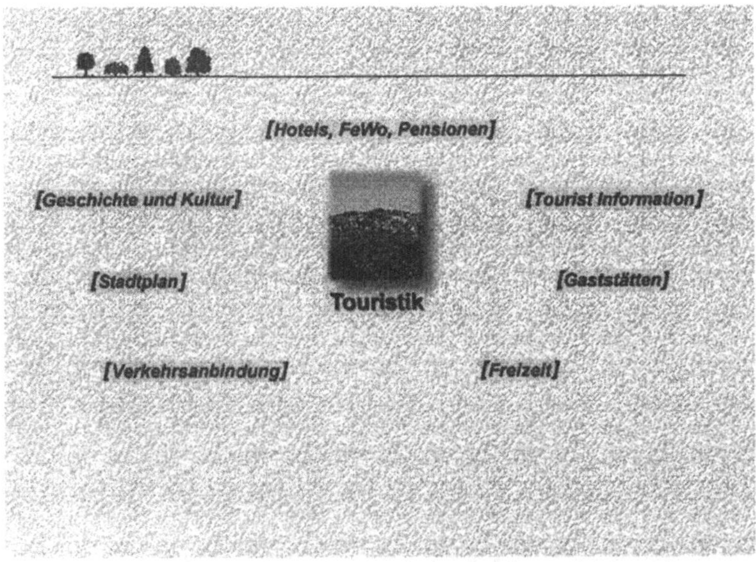

Abbildung 2: Sternförmige Anordnung der Themen

Ein zweiter wesentlicher Baustein in *City-online* ist die Einrichtung von Foren oder Plätzen. Sie dienen der inhaltlichen Verzweigung, ohne daß eine Hierarchisierung durchgeführt würde, wie sie etwa Baumstrukturen hervorbringen. Abbildung 3 zeigt die Auswahl in *St. Georgen online*.

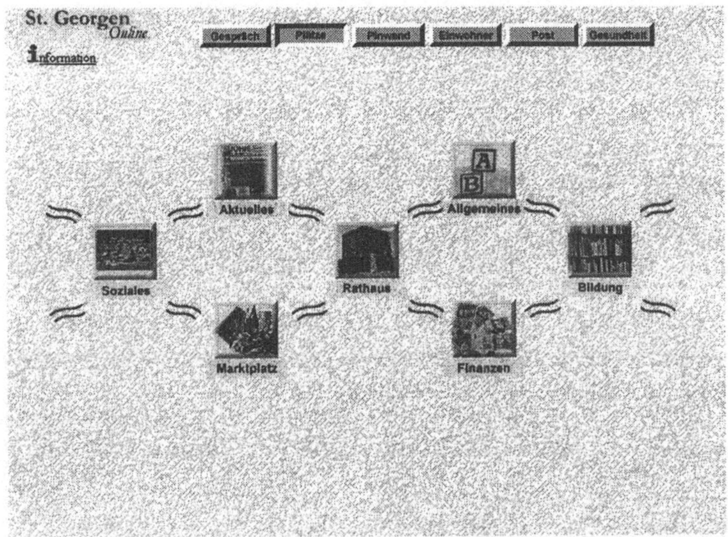

Abbildung 3: Inhaltsgliederung in Foren

An jedem Platz können Menschen ihre Häuser bauen, und so finden sich an den entsprechenden Orten eCommerce-Realisierungen, Mitfahrzentrale und andere Häuser (Abbildung 4).

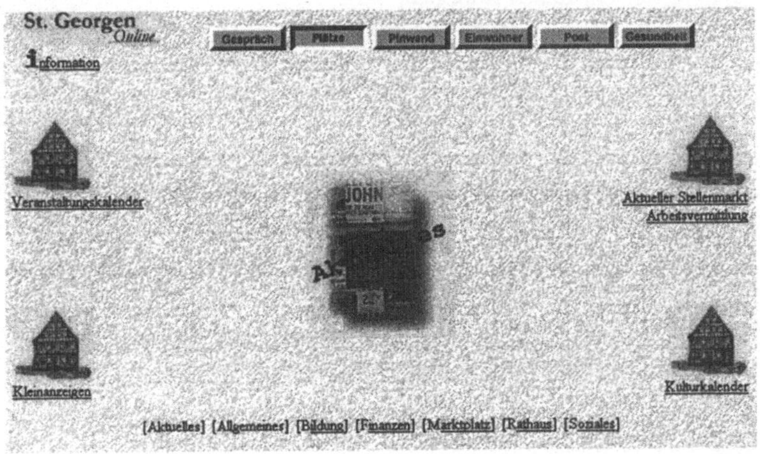

Abbildung 4: Interaktive Dienste für die registrierten Bürger

Sites von Einrichtungen und Einwohnern der virtuellen Stadt müssen jedoch ebenfalls zum Gesamtcharakter der Stadt beitragen. Deshalb tragen in der Regel die Pages, die von Foren aus direkt erreicht werden, einen auffälligen Link auf die Einstiegsseite der elektronischen Stadt. Einem Style Guide sind im Internet immer Grenzen gesetzt, das Konzept von *City-online* stellt deshalb auch nur auf die Rücknavigierbarkeit durch einen Link ab und verpflichtet nicht zur Einengung auf vorgegebene Frames. Die Praxis hat jedoch gezeigt, daß diese gewählte Forderung schon eine deutliche Geschlossenheit erzeugt.

Dienste

City-online als virtuelle Stadt stellt in seinen Diensten Infrastruktur bereit, die teils allen Webusern, teils nur den registrierten Bürgern zur Verfügung stehen. In ihnen liegen die interaktiven Bereiche von *City-online*.

Allgemein zugänglich ist die Datenbank mit den E-Mail-Adressen aller registrierten Bürger. Ebenso ist die Einsicht in alle folgenden Dienste (Chat ausgenommen) völlig unbeschränkt.

Lediglich die interaktiven Möglichkeiten werden auf die Net Community der Bürger begrenzt. Im folgenden werden die Dienste aufgezählt:

- Chatforen, die teils permanent existieren, teils nur zu bestimmten Themen freigeschaltet werden,
- Mitfahrzentrale,
- Kleinanzeigen,
- Pinnwand, das „Schwarze Brett" der elektronischen Stadt,
- Auflistung der medizinischen Dienste der Stadt,
- Veranstaltungskalender,
- Stellenanzeigen,
- Betreuungsdienst,
- Kleinanzeigen mit verschiedenen Rubriken,
- Page mit Links auf die Homepages der Einwohner der virtuellen Stadt,
- Gästebuch,
- Suchfunktion (allgemein zugänglich).

Die Dienste werden im wesentlichen vom Anbieter der virtuellen Stadt bereitgestellt, im Fall von *St. Georgen online* war es bisher GFT Informationssysteme, mittlerweile hat die Stadt St. Georgen in Kapazitäten bereitgestellt, die Pflege und Wartung garantieren. Die softwaretechnische Weiterentwicklung liegt allerdings weiterhin bei GFT.

Thematische Gliederung

Navigation und Dienste sind eine strukturelle Gliederung, die ihre Sinnfälligkeit erst bei der thematischen Ausgestaltung zeigt. Sie stellt auch den Bezug zum Information Brokering dar, denn hier werden Zielgruppen, ihre Interessen und die Quellen für die relevanten Informationen deutlich.

Die Personen, an die sich *City-online* wendet, sind

- Privatpersonen,
- Geschäfte, Industrie und Dienstleister sowie
- Verwaltung.

Während *City-online* Privatpersonen eine Plattform für Kommunikation mit Mitbürgern und der Web-Öffentlichkeit sowie Information zu lokalen Angeboten bietet, erhalten Geschäfte, Industrie und Dienstleister Möglichkeiten der Kundenbindung. Der Standort wird zusätzlich einer breiteren und entfernteren Öffentlichkeit bekannt, so daß eine Stadt mit *City-online* für qualifiziertes Personal attraktiver wird. Die Verwaltung schließlich kann ihren Dienstleistungsaufgaben leichter nachkommen, ihre Aufgaben zeitlich besser verteilen und bei der Vermeidung von Behördengängen Servicequalität bieten.

Zu der Einteilung nach Personen vervollständigt die Sicht auf die verschiedenen Nutzgebiete die thematische Perspektive .

1. Bildung
- Schulen:

Im Rahmen von *St. Georgen online* wurden die Schulen an das Netzwerk angebunden. E-Mail-Dienste Lehrer/Schüler stellen eine weitere, freiwillige Form der Lehrer-Schüler - Kommunikation dar. Hausaufgabenbetreuung ist hier ebenso möglich wie eine „Wissensdatenbank", in der die Schüler nachschlagen können.

- Bibliothek

Bibliotheken verfügen zumeist über eine proprietäre Datenhaltung. Deshalb bietet *City-online* keinen Standard für deren Anbindung. Bei *St. Georgen online* wird in einem ersten Schritt dem Bürger Zugang zum Online-Bestand der Stadtbibliothek bekommen. Hier wird er die Möglichkeit haben, sich zu informieren, Anregungen zu Neubestellungen, Fragen und Wünsche zu äußern. In der nächsten Ausbaustufe wird er sehen können, ob die ihn interessierende Literatur vorhanden oder ausgeliehen ist, und diese dann auch schnell und unkompliziert bei Bedarf online reservieren können.

- Volkshochschule

Die Bürger haben jederzeit die Möglichkeit, sich das Kursangebot online anzuschauen und bei Bedarf online zu buchen. Über die vorgeschaltete Authentifizierung ist ein Mißbrauch ausgeschlossen. Die Kursgebühren werden überwiesen oder bei Antritt des Kurses bar bezahlt.

2.   Administration

Bürgerservice steht beim Onlineanschluß des Rathauses an erster Stelle. Mit dem Motto „Die Daten sollen zum Bürger laufen und nicht die Bürger zur Verwaltung" wird eine neue Qualität zukunftsorientierter Verwaltungsdienstleistungen durch die Stadtverwaltung angeboten.

- Über vorgegebene Suchbegriffe und eine implementierte Suchmaschine wird der Bürger die Möglichkeit haben, sich umfassend über die Ämter und die ihn interessierenden Zuständigkeiten zu informieren, die Informationen zu seinen Problemen und Fragen zu recherchieren und letztendlich den genauen Ansprechpartner auszumachen und bei Bedarf auch online zu kontaktieren. Informationen zu Anträgen und die Online-Bereitstellung von Formularen werden integriert. Durch Implementierung der digitalen Signatur sollen in einer weiteren Ausbaustufe der noch vorhandene Medienbruch beseitigt und dadurch auch Rationalisierungsvorgänge direkt bei der kommunalen Verwaltung eingeleitet werden.
- Elektronische Abwicklung nicht präsenzpflichtiger kommunaler Dienste (z. B. Beantragung Angelschein, Anforderung „Grüne Tonne").
- Informationen über Ämter (z. B. Telefonverzeichnis).
- Termine von Festveranstaltungen.
- Ansprechpartner der verschiedenen Abteilungen des Rathauses.
- Protokolle von Gemeinderatssitzungen (sofern öffentlich).
- Sitzungstermine der kommunalen Gremien.
- Elektronisches Amtsblatt.
- Pressemitteilungen des Bürgermeisters.

Dies sind einige Beispiele von Anwendungen aus einer Vielzahl von möglichen Diensten, die schnell zur Einführung kommen können. Jeder registrierte Bürger wird auf diese Dienstleistungen zugreifen können.

3.   Tourismus Informationssystem
- Info-Terminals:
An zentralen Orten in der Stadt können „Infoterminals" aufgestellt werden, die interessierte Gäste und Bürger auf Einkaufsmöglichkeiten, Veranstaltungen sowie Unterbringungsmöglichkeiten hinweisen. Der Gast kann sich entweder selbst oder beim Verkehrsamt direkt vor Ort über Preise, Ausstattung und Verfügbarkeit von Übernachtungsmöglichkeiten informieren. Eine direkte Buchung beim Vermieter erfolgt ebenso unproblematisch wie eine ständige Aktualisierung des Angebots.
- Internet
Die Gäste können sich über Internet von zu Hause aus über aktuelle Angebote und Veranstaltungen informieren. Eine direkte Buchung entweder vom Gast selbst oder über ein angeschlossenes Reisebüro von Hotels und Ferienwohnungen wird ermöglicht. Die Anbieter von Übernachtungsmöglichkeiten (Pensionen, Hotels, Ferienwohnungs- und Privatzimmervermieter) stellen die Vorzüge ihres „Hauses" auch direkt, z. B. mit Bild, dar.

- Verkehrsamt

Das Verkehrsamt kann tagesaktuell Informationen an die Infoterminals und zu jedem Bürger bringen. Darüber hinaus ist eine optimale Information der Gäste möglich.

4. Wirtschaft und Handel

- Banken

Mit Online Banking wird jedem Bewohner, der ein entsprechendes Bankkonto beim mitwirkenden Institut einrichtet, die Möglichkeit eröffnet, direkt vom Home-PC die persönlichen Bankgeschäfte zu erledigen. Finanz- und Börseninformationen werden aktuell zur Verfügung gestellt, Immobilienangebote können online eingesehen werden. Durch Finanzierungsbeispiele können mögliche Modelle einer Finanzierung zu Hause durchgespielt werden.

- Einzelhandel

Auf dem virtuellen Marktplatz haben alle in St. Georgen ansässigen Einzelhändler und Dienstleister die Möglichkeit, sich selbst und ihr Angebot zu präsentieren. Neben reiner Information in Text und Bild finden sich hier zahlreiche Unternehmen wieder, die die vollständige Funktionalität des Online-Shoppings anbieten (Warenkorb, Bestellmöglichkeit). Diese bieten den Bürgern einen echten Mehrwert, da sie die bestellten Waren auch umgehend persönlich ausliefern (z. B. Weinhandlung Vinitalia). Diese Dienste sind zunächst nur registrierten Bürgern von St. Georgen zugänglich.

- Industrie

Über „Links" wird ein Zugriff auf die Homepages der örtlichen Industriebetriebe ermöglicht, diesen wird dadurch die Möglichkeit der Selbstdarstellung geboten. Stellenangebote können ebenso veröffentlicht werden wie Produkte aus dem Warenangebot.

- Gastronomie/Hotel

Die Gastronomie kann wie der Einzelhandel über die lokale Werbeplattform aktuelle Angebote veröffentlichen. Tischreservierungen online geben Gast und Gastronom neue Möglichkeiten zur besseren Planung.

- Handwerk

Das Handwerk kann über die „Werbeplattform" das Dienstleistungsangebot jedes interessierten Betriebes darstellen. Weiterhin ist es auch möglich, allgemeine Hinweise für Heimwerker bereitzustellen und so die Bürger durch positive Informationen auf die angebotenen Dienstleistungen und Möglichkeiten des Handwerks hinzuweisen.

5. Soziales

- Vereine

Jeder Verein, der in *St. Georgen Online* registriert ist, kann über eine individuelle Homepage über seine Ziele und Angebote informieren. Durch die Verwendung eines separaten PIN-Codes können Mitgliederinformationen ausgetauscht werden und so dem Zugriff von Nichtmitgliedern ausgeschlossen werden.

Ausblick

Lassen Sie uns zum Thema des Szenarios zurückkehren: *Information Brokering ist die sinnvolle Anwendung von Technologien zur Informationsauswertung sowie gezielten Suche, Auswahl und Information für den Nutzer.* Das Konzept *City-online* ist zweifellos eine Ausprägung des Information Brokering. Sein Unterschied zum klassischen Brokering ist der, daß Anbieter und Nachfragender nicht statisch getrennt sind, sondern sich zuzeiten in den verschiedenen Rollen wiederfinden können. Die Stadt oder der Anbieter der virtuellen Stadt ist natürlich auf den ersten Blick der Anbieter von Information, und der Bürger fragt nach. Aber die Möglichkeit für den Bürger, die Kommunikationsplattformen zu füllen und des weiteren seine Homepage einzuhängen, lassen auch den Betreiber neues und relevantes erfahren; das informative Potential von Bürger für Bürger ist ohnehin mit Händen zu greifen.

Die Zeit, in der es sich eine Kommune leisten konnte, keine elektronische Infrastruktur bereitzustellen, ist vorbei. Auch hier entstehen die typischen Probleme der öffentlichen Anbieter als Konkurrenten der privaten Dienstleister. So wie über die Privatisierung von Stadtwerken diskutiert werden kann, kann man sich fragen, wer die virtuellen Städte anbieten soll. Wer soll Einfluß auf die Informationen haben? Kann der Betreiber für die Inhalte der Einwohnerpages verantwortlich gemacht werden? Wir erleben heute eine heiße straf- und zivilrechtliche Diskussion in bezug auf die Haftung von Providern, erste Konsequenzen sind bereits eingetreten.

Die mittel- und langfristigen Auswirkungen werden vielfältig sein. Es ist anzunehmen, daß die elektronischen Städte auf ihre physischen realen Vorlagen zurückwirken werden:

Das Dienstleistungsspektrum wird sich sicherlich verbreitern, die Einkaufswege werden sich verändern. Online Shopping könnte bis in die Planung der Verkehrsinfrastruktur hinein von Bedeutung werden, gut vorstellbar wären über die Plattform *City-online* koordinierte Ausfahrten von Verbrauchsgütern in die Wohngebiete.

Wo immer Kommunikation besteht, bilden sich Gemeinschaften unter verschiedenen Vorzeichen. Eine virtuelle Stadt lädt dazu ein, den im Internet ohnehin schon vorhandenen Trend der Bildung von Szene und Subkultur in eine Stadt zu tragen. Ist im üblichen Internetverkehr oft die Überbrückung der geographischen Distanz ein Reiz, so werden das in Städten die gemeinsamen Belange und Gestaltungsmöglichkeiten sein. Hinzu kommt, daß wir schon heute in großen Städten Stunden allein bei innerstädtischen Wegen brauchen und Eingemeindungen diese Entwicklung unterstützen.

„Aus dem Auge, aus dem Sinn!" ist oftmals die Kurzbeschreibung sozialer Kontakte, deren oft unwillkommenes Ende man erklären will. *City-online* ist als Webtechnologie eine Hilfe, innerhalb einer Kommune Kontakte zu pflegen und zu knüpfen. Ich denke, wir sollten uns bei dem Blick in die Zukunft von der Gegenwart belehren lassen, daß die Vereinsamung des Einzelnen hinter dem Bildschirm ein primitiver Kinderschreck ist. Wir sind heute hier, um uns über Information Brokering und seine Realisierungen auszutauschen, wir haben zahllose E-Mails getippt oder über Spracheingabe erstellt, wir kennen gegenseitig unsere Websites und damit wechselseitig ein Stück Herkunft und Identität.

Meine Damen und Herren, die Zukunft ist interaktiv und die Zukunft ist städtisch mit allem, was dazugehört. Herr Normal hätte über einen Channel von den Änderungen im öffentlichen Personennahverkehr erfahren, seine Rathaus-Transaktionen online abwickeln und den aktuellen Spielerpool der Squashinsel einsehen können. Wünschen wir ihm in Zukunft *City-online*.

Literatur

/Berger 1997/   Mirjam Berger: Virtuelle Stadt St. Georgen – Konzeption und Realisierung einer Plattform für die Software-Region St. Georgen im Internet, Diplomarbeit, FH Furtwangen, 1997.

Informationsmanagement im Krankenhaus-informations- und Kommunikationssystem

Joachim Rosenpflanzer

Zusammenfassung

Im folgenden soll versucht werden, die Erfahrungen mit einem in der Praxis eines Universitätsklinikums genutzten Kommunikationsservers unter den verschiedenen Gesichtspunkten des Informationsmanagements zu beschreiben:
- Replikation
- Verteilung der Daten/ Informationslogistik
- Schnittstellen
- Datenübertragung/ Middleware/ Kommunikationsserver

Einleitung

Ein Krankenhaus-Informations- und -Kommunikationssystem besteht aus einer Vielzahl von zunächst eigenständigen DV-Anwendungen. Diese DV-Anwendungen arbeiten unter verschiedenen Betriebssystemen auf verschiedenen Rechnern und benutzen verschiedene Datenhaltungssysteme. Die DV-Anwendungen im Krankenhausbereich sind in der Mehrzahl so konzipiert, daß sie eigenständig arbeiten können. In bezug auf die Datenhaltung bedeutet das, daß die benötigten Daten im Rahmen der Funktionalität der DV-Anwendung erfaßt werden können. Im Krankenhaus-Informations- und Kommunikationssystem gibt es andererseits eine Menge von Daten, die in mehr als einer DV-Anwendung relevant sind, z. B. persönliche Daten zu Patienten, eine Liste der Krankenkassen, aber auch Informationen über die Krankenhausstruktur, Kostenstellen, behandelnde Ärzte sowie allgemein oder auch nur in diesem Krankenhaus gültige medizinisch-administrative Kataloge, wie Diagnosen- bzw. Therapiekataloge.

Diese Daten müssen zwischen den DV-Anwendungen ausgetauscht, abgeglichen, allgemein gesagt, propagiert werden. Diese Aufgabe ist von der Informationslogistik zu lösen. Man kann von kooperativer Verarbeitung sprechen, der Datenaustausch zwischen ansonsten voneinander unabhängigen DV-Anwendungen steht dabei im Vordergrund. Es handelt sich i. allg. nicht um verteilte Verarbeitung, d. h. um die Verteilung von Teilen einer DV-Anwendung auf mehrere Rechner. Wegen der gleichrangigen Bedeutung bzw. Stellung der einzelnen Anwendungen im KIKS wird im folgenden von DV-Anwendungen und nicht von Subsystemen die Rede sein.

Unternehmensweite Datenreplikation

Änderungen organisatorischer Unternehmensstrukturen, verbunden mit einer Dezentralisierung von Funktionen und Verantwortungsbereichen, bzw. Installation von fachspezifischen DV-Anwendungen machen es mehr und mehr notwendig, Daten system- bzw. anwendungsübergreifend auszutauschen. Je stärker diese Einflußfaktoren wirksam werden, um so mehr verlagert sich das Gewicht von zentralen DV-Anwendungen zu DV-Anwendungen für die einzelnen Einrichtungen und um so mehr ergibt sich die Notwendigkeit von Datenübertragungen. Dabei spielt die räumliche Trennung gegenüber der logischen eine untergeordnete Rolle.

Werden Daten durch Replikation den DV-Anwendungen bereitgestellt, können viele Probleme zentraler und verteilter Datenhaltung gelöst werden. Die Verfügbarkeit der Daten in den DV-Anwendungen wird erheblich verbessert, da das Netzwerk kein kritischer Faktor mehr ist. Die Daten liegen lokal vor, es gibt innerhalb der DV-Anwendungen keine Kommunikationsprobleme und keine Probleme mit den Antwortzeiten. Bei der einzelnen DV-Anwendung werden Daten unterschiedlicher Herkunft und Quellen zusammengeführt. Es reicht aus, nur die Änderungen der Daten in der besitzenden bzw. Quell-Anwendung zu propagieren.

Es gibt unterschiedliche Verfahren, Daten zu replizieren. Entscheidend für die Auswahl einer Methode ist die Zeit, in der die Datenbestände synchronisiert werden müssen.

Wenn gewährleistet sein muß, daß alle DV-Anwendungen zu jeder Zeit mit identischen Daten arbeiten, dann kommt als Lösung nur eine zentrale Datenbank in Frage. Zentrale Datenbanken schränken aber unter Umständen die Handlungsfähigkeit eines Unternehmens erheblich ein, da die Verfügbarkeit der Daten extrem durch Netzwerkprobleme, Netzwerkverzögerungen oder Systemausfälle beeinträchtigt werden kann. Im Krankenhaus-Umfeld ist dieser Ansatz nicht realisierbar, weil es praktisch nicht möglich ist, für die relevanten Einrichtungen fachspezifische DV-Anwendungen zu beschaffen und zu installieren, die mit einer zentralen Datenbank arbeiten.

In der Praxis können replizierte Daten prinzipiell zeitweise inkonsistent sein. Welche Zeitspanne dabei akzeptierbar ist, hängt von den beteiligten DV-Anwendungen bzw. von der Verarbeitungslogik der Daten in diesen DV-Anwendungen ab. Der Time-Lag muß in den seltensten Fällen wirklich Null sein, damit ergibt sich die Möglichkeit der asynchronen Replikation.

Prinzipiell kann die Replikation von systemtechnischen oder von anwendungsspezifischen Faktoren gesteuert werden.

Die systemtechnischen Faktoren sind vor allem die Netzwerklast und die Belastung der beteiligten Rechner.

Eine triggerbasierte asynchrone Replikation dagegen wird von der sendenden DV-Anwendung, d. h. von dem dort implementierten Verfahren ausgelöst. Sie arbeitet sinnvollerweise mit Push-Mechanismen. Bei dieser Vorgehensweise ist mit einem Performancedefizit/ -verlust gegenüber systemtechnischen Lösungen zu rechnen, da keine Rücksicht auf den Systemstatus, z. B. die aktuelle Netzlast, genommen wird. Es wird nach logischen Gesichtpunkten gearbeitet, es gibt kein performance-orientiertes Design. Wenn längere inkonsistente Zustände akzeptabel sind, dann können Änderungen zunächst gesammelt und dann z. B. periodisch an die Replikate, d. h. die relevanten DV-Anwendungen weitergeleitet werden.

Verteilung und Konsolidierung von Daten

Die Daten werden lokal in den DV-Anwendungen gespeichert. Die Datenübertragungen sind über ein Datenverteilungskonzept zu gestalten. Dieses Datenverteilungskonzept muß erstellt und gepflegt werden. Ein derartiges Konzept könnte bereits während der Konzeption die Grundlage schaffen, um Geschäftsprozesse auf Informationpfade abzubilden und somit den Fluß von Daten und Kenntnissen zu optimieren. Die einfachste Form der Replikation ist ein Verteilungskonzept, in dem die Änderungen nur in einer die Daten besitzenden DV-Anwendung gestattet sind. Die Replikate werden von dieser DV-Anwendung an die relevanten DV-Anwendungen geschickt (Datenverteilung, Master/Slave-Replikation, z. B. Patientendaten).

Die sog. Datenkonsolidierung (Peer-to-Peer-Replikation, Update Anywhere, Symmetrische Replikation) ist ein anderes Konzept, wobei wiederum zwei Fälle zu unerscheiden sind.

In einem Fall werden die Daten in einzelnen DV-Anwendungen lokal aktualisiert und anschließend für den reinen Lesezugriff auf der relevanten zentralen DV-Anwendung zusammengezogen (z. B. Leistungsdaten).

Im anderen Fall sind die Daten in allen beteiligten DV-Anwendungen zu aktualisieren (z. B. Patientenadresse). Bei diesem Verteilungskonzept kann es zu widersprüchlichen Updates kommen, wenn mehrere DV-Anwendungen Kopien derselben Daten gleichzeitig unterschiedlich aktualisieren. Um das zu verhindern und die Konsistenz der global verwendeten Daten im Krankenhaus-Informations- und Kommunikationssystem zu erhalten, wird die Replikation in diesem Fall in zwei Schritten vorgenommen. Zunächst wird das Datum von der ändernden DV-Anwendung an die zentrale, sog. verantwortliche DV-Anwendung repliziert. Sobald die Daten in dieser zentralen DV-Anwendung aktualisiert sind, kann im zweiten Schritt das Datum gemäß dem Datenverteilungskonzept an die übrigen mit diesem Datum arbeitenden DV-Anwendungen propagiert werden. Liegt inzwischen eine erneute Änderung der gerade replizierten Daten vor, dann wird der Vorgang mit diesen Daten wiederholt. Die zentrale DV-Anwendung vermeidet durch die Serialisierung der Aktualisierungen Konflikte, d. h. dauernde Inkonsistenzen.

Zur Verwaltung kann eine Liste der global, d. h. in mehr als einer DV-Anwendung verwendeten Daten dienen. Für jedes Datum gibt es eine besitzende DV-Anwendung bzw. eine verantwortliche DV-Anwendung im Sinne der eben genannten zentralen DV-Anwendung. Ist die DV-Anwendung der Besitzer des Datums, dann kann eine Replikation nur von dieser DV-Anwendung ausgehen. Ob die empfangenden DV-Anwendungen bei sich dann das Datum verändern, ist für die anderen ebenfalls mit diesem Datum arbeitenden DV-Anwendungen gemäß den Festlegungen im Datenverteilungskonzept uninteressant.

Kann ein Datum von mehr als einer DV-Anwendung verändert werden und ist diese Änderung an die übrigen mit diesem Datum arbeitenden DV-Anwendungen zu propagieren, dann kann die Konsistenz durch die oben beschriebene Benutzung einer für dieses Datum zentralen DV-Anwendung gesichert werden.

Item	FeldLänge	FeldTyp	AnwName	upd_anywhere
PatientAufnahmeNr	6	num	PV1	FALSE
PatientName	(60)	char	PV1	FALSE
PatientVorname	(60)	char	PV1	FALSE
GeburtName	30	char	PV1	FALSE
GeburtDatum	10	datum	PV1	FALSE
Geschlecht	1	char	PV1	FALSE
PatientStrasse	30	char	PV1	TRUE
PatientPLZ	6	num	PV1	TRUE
PatientOrt	30	char	PV1	TRUE
PatientLKZ	3	char	PV1	TRUE
ZugangDatum	10	datum	PV1	TRUE
ZugangArt	2	char	PV1	TRUE

Tabelle 1: Liste der global verwendeten Daten

Schnittstellen

Die Struktur und der Inhalt der Daten werden in Schnittstellendefinitionen festgelegt, wobei die zu einer Übertragung bzw. einer Replikation gehörenden Daten in einer Nachricht oder auch Message zusammengefaßt werden. Schnittstellen schließen gewissermaßen Verträge zwischen den beteiligten Partnern, den DV-Anwendungen ab, die sie verbinden. Damit zwei Partner miteinander integriert werden können, müssen ihre Schnittstellen kompatibel sein, d. h., die Partner müssen einen Vertrag aushandeln. Integration hat deshalb mit Verhandlung zwischen Schnittstellen zu tun und kann nur erreicht werden, wenn ein gemeinsames Verständnis über betriebswirtschaftliche Vorgänge vorhanden ist, innerhalb dessen einzelne Verträge zuverlässig ausgehandelt und ausgeführt werden können. Das gemeinsame betriebswirtschaftliche Verständnis drückt sich in der gleichen Auffassung über die Bedeutung der Daten aus.

Um den Datenaustausch zu vereinfachen bzw. den Aufwand für die Implementierung der Schnittstellendefinitionen in den DV-Anwendungen zu minimieren, wurden Standardprotokolle eingeführt.

Im Gesundheitswesen relevante Standardprotokolle sind (Beispiele):

- EDI   Electronic Data Interchange,
- HL7   Health Level 7,
- ADT   Abrechnungsdatenträger,
- BDT   Behandlungsdatenträger,
- Bonner Modell   Labordaten,
- LDT   Labordatenträger,
- GDT   Gerätedatenträger,
- DICOM   Digital Imaging and Communication Machine.

HL7 (Health Level Seven) ist ein herstellerunabhängiges Übertragungsprotokoll für den Datenaustausch zwischen Informationssystemen im Gesundheitswesen mit dem Schwerpunkt Krankenhausanwendungen, es wird zum Austausch von medizinischen und administrativen Daten eingesetzt. Bei diesem Protokoll handelt es sich um

- die Definition von Ereignissen, die den Austausch von Nachrichten auslösen,
- die Definition der Struktur dieser Nachrichten und
- einige grundsätzliche Festlegungen zum Ablauf des Nachrichtenaustauschs.

Themenkreise, über die Nachrichten ausgetauscht werden, sind im wesentlichen
-   Patientenverwaltung (Aufnahme, Verlegung, Entlassung),
-   Auftragsverwaltung (Order - Entry),
-   Abfragen (Queries),
-   Abrechnungen, Rechnungslegungen, Finanzprobleme,
-   Übermittlung von Untersuchungsergebnissen (Result Reporting),
-   Stammdatenpflege (Kataloge, Krankenhausstammdaten).

HL7 ist in den USA ANSI-Standard; in Deutschland setzt es sich erweitert um nationale Besonderheiten als Quasi-Standard durch.

Der eine wesentliche Bereich des HL7-Standards ist die Festlegung bzw. Beschreibung der Ereignisse, die das Senden von Nachrichten bewirken. Diese Triggerevents betreffen Ereignisse im Krankenhaus; einfachste Beispiele sind die Aufnahme, Verlegung oder auch Entlassung eines Patienten.

Beispiele für Ereignisse:
-   A01 Aufnahme eines Patienten
-   A02 Verlegung eines Patienten
-   A03 Entlassung eines Patienten.

Im zweiten wesentlichen Bestandteil von HL7 wird die Datenstruktur beschrieben. Die Daten werden nach inhaltlichen Kriterien in Segmenten zusammengefaßt. Die bei bestimmten Ereignissen zu verwendenden Nachrichten werden festgelegt, d. h. es werden für die bei der Beschreibung dieses Ereignisses notwendigen Segmente benannt und ihre Reihenfolge innerhalb der Nachricht bestimmt.

Innerhalb der Segmente legt HL7 die Reihenfolge und den Aufbau der einzelnen Felder und die für die Kodierung von bestimmten Inhalten zu verwendenden Kürzel fest.

Alle Nachrichten besitzen an erster Stelle ein Segment, das für die Abwicklung des Nachrichtenaustauschs notwenmdige Daten enthält. Das ist das MSH- (Message Header-) Segment. Die Adressierung anderer DV-Anwendungen geschieht über Klartextbezeichnungen. Grundlage ist ein für das gesamte Krankenhaus gültiges Verzeichnis der Adressaten, d. h. der DV-Anwendungen.

Jede Nachricht ist von der sendenden DV-Anwendung mit einer eindeutigen Nummer, der Message Control Identification, zu versehen.

Beispiele für Nachrichtenstrukturen:

```
Segmente für A01 (Aufnahme eines Patienten):
-  MSH            Message Header
-  EVN            Event
-  PID            Patient Identification
-  [ { NK1 } ]    Next of Kin
-  PV1            Patient Visit
-  [ { IN1 } ]    Insurance Information

Segmente für A02 (Verlegung eines Patienten):
-  MSH            Message Header
-  EVN            Event
-  PID            Patient Identification
-  PV1            Patient Visit
```

Tabelle 2 zeigt ein Beispiel für ein Segment.

SEQ	DT	TBL	Element Name	Deutsche Bezeichnung
1	SI		Set ID - patient ID	PID-Segmentnummer
2	CK		Patient ID (external ID)	Externe Patienten-ID
3	CM		Patient ID (internal ID)	Interne (lokale) Patienten-ID
4	ST		Alternate patient ID	Alternative Patienten-ID (z. B. für Notaufnahmen)
5	PN		Patient name	Patientenname
6	ST		Mother's maiden name	Geburtsname des Patienten
7	TS		Date of birth	Geburtsdatum
8	ID	1	Sex	Geschlecht
9	PN		Patient alias	Aliasname des Patienten
10	ID	5	Race	nicht verwendet
11	AD		Patient address	Anschrift des Patienten
12	ID		County code	Gemeindekennziffer
13	TN		Phone number - home	Telefonnummer des Patienten (privat)
14	TN		Phone number - business	Telefonnummer des Patienten (dienstlich)
15	ST		Language - patient	Muttersprache des Patienten
16	ID	2	Marital status	Familienstand des Patienten
17	ID	6	Religion	Religion des Patienten
18	CK		Patient account number	Abrechnungsnummer/ Debitorenkontonummer
19	ST		Social security number - patient	Sozialversicherungsnummer des Patienten
20	CM		Driver's license number - patient	nicht verwendet
21	CK		Mother's identifier	Patientennummer der Mutter des Patienten
22	ID	189	Ethnic group	Ethnische Zugehörigkeit des Patienten
23	ST		Birth place	Geburtsort des Patienten
24	ID	136	Multiple birth indicator	Merkmal Mehrlingsgeburt
25	NM		Birth order	Reihenfolge bei Mehrlingsgeburt
26	ID	171	Citizenship	Länderkennzeichen/ Staatsangehörigkeit
27	ST		Veterans military status	Beruf / Tätigkeit des Patienten

PID (Patient Identification), DT beschreibt den Datentyp des Elements, TBL verweist auf eine Tabelle der für dieses Element zulässigen Werte.

Tabelle 2: Beispiel für ein Segment

Beispiel für eine Aufnahmenachricht nach HL7:

```
MSH|^~\&|PV1||xxx||19980416065400||ADT^A01|50054|P|2.2|||

EVN|A01|19980416064500|||urmeter|

PID|1||||Holle^Mandy^^^|Arzig|19680225|F||
|Nordstr.16^^Lichtenstein^^09350^D|
|037204/88343
Privat|||M|||||||Lichtenstein|||D|Sachbearbeiterin|

NK1|1|Holle^Andreas^^^|N|
Nordstr. 16^^Lichtenstein^^09350^D|037204/88343
Privat|||||||||||

PV1|1|I|E1|a|||
|^OA Dr. Held^^^^^^^Fetscherstr. 74^^Dresden^^01307^D^^|
^Dr.Finsterbusch/Süß^^^^^^^Fetscherstr.
74^^Dresden^^01307^D^^|
|||||||||344290||K||||||||||||||||||||2400|||||19980416064500|
||||||295287^263395|

IN1|1|||AOK Chemnitz|Müllerstr. 41^^Chemnitz^^09113^D|
|03714850|||||||1^^|10009|^^^^^^^|V||^^^^^|||||||||||||||||||
|820357741|||||||||||
```

Grundsätzlich weist der Standard HL7 an, daß jede empfangene Nachricht mit einer Antwortnachricht zu quitieren ist. Das wird in der Praxis nicht immer realisiert, oft wird das Quittieren jeder einzelnen Nachricht durch technologische Vorkehrungen ersetzt.

Datenübertragungen

Die Realisierung von Replikationen bedeutet, Daten zwischen DV-Anwendungen zu übertragen.

Die Kommunikation zwischen n Anwendungen erfordert theoretisch $n(n-1)/2$ Verbindungen mit $n(n-1)$ Schnittstellen, auch als Problem der Explosion der Verbindungen auf der Basis herkömmlicher Schnittstellen bezeichnet. In der Praxis stimmen diese Zahlen nicht, da davon ausgegangen wurde, daß jede DV-Anwendung mit jeder anderen im Krankenhaus-Informations- und Kommunikationssystem verbunden ist, d. h. Daten auszutauschen hat. Andererseits sind diese Zahlen nur dann interessant, wenn jede DV-Anwendung nur einen Zugang und einen Ausgang für Daten hat, was kaum durchgängig der Wirklichkeit entspricht.

Die Kommunikation zwischen DV-Anwendungen kann man nach zwei Konzepten realisieren.

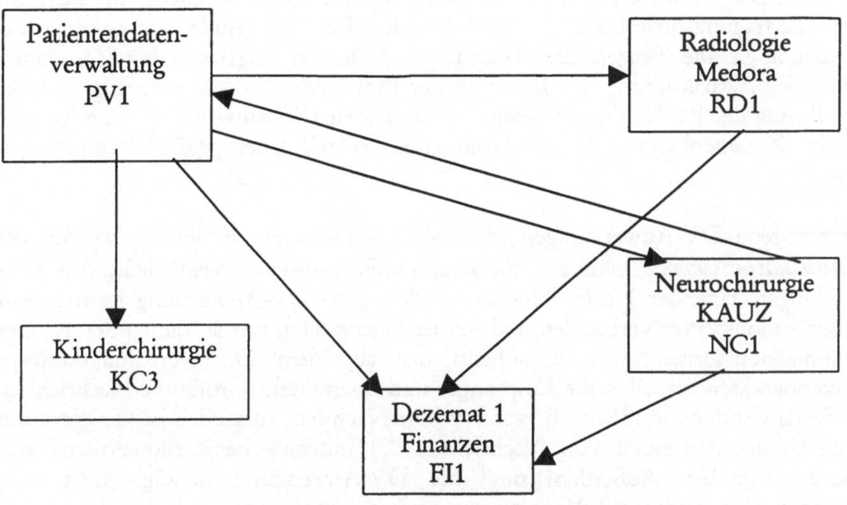

Abbildung 1: Kommunikation zwischen DV-Anwendungen über direkte Verbindungen

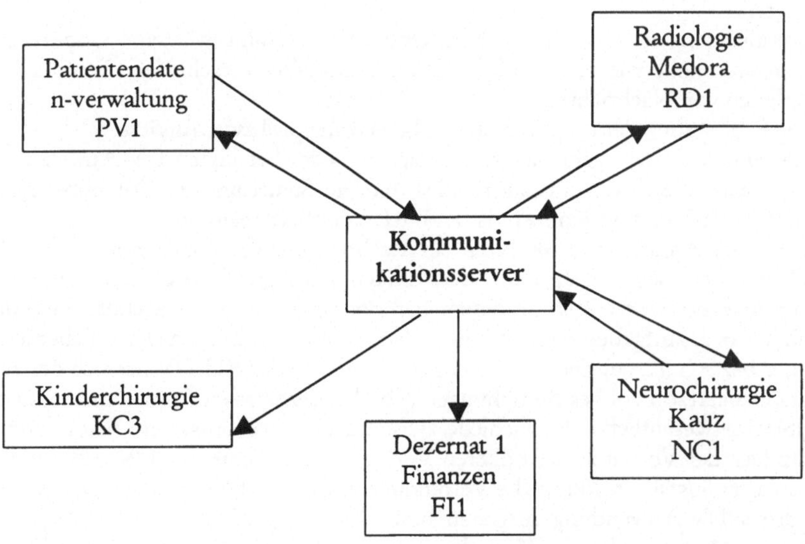

Abbildung2: Kommunikation zwischen DV-Anwendungen über einen zentralen Kommunikationsserver

Der andere zu beachtende Aspekt bei der Durchführung der Replikation ist die Technologie der Übertragung. Bisher bewegte sich die Diskussion um die Replikation immer auf der Anwendungsebene, im OSI-Modell Ebene 7 (daher auch HL7). Bei der Technologie geht es um im OSI Modell weiter unten liegende Ebenen, vor allem um die der Übertragungsprotokolle, wie TCP/IP oder IPX/SPX. Außerdem kommen bei der Technologie die Fragen des Time-Lags, d. h. der zugelassenden Zeitspanne zwischen der Aktualisierung der Daten in der besitzenden DV-Anwendung und der Durchführung der Replikation in einer empfangenden DV-Anwendung zum Tragen. Damit im Zusamenhang steht, ob Nachrichten einzeln oder gebündelt übertragen werden.

Um heterogene DV-Anwendungen in Krankenhäusern zu verbinden, werden oft *Kommunikationsserver* benutzt. Ein Kommunikationsserver ermöglicht den DV-Anwendungen, einander Nachrichten zu senden. Jede DV-Anwendung ist mit dem Kommunikationsserver verbunden und sendet Nachrichten nur an diesen Server. Der Kommunikationsserver ermittelt anhand der aus dem Datenverteilungskonzept resultierenden Steuertabellen die Empfänger und übermittelt dorthin die Nachrichten. Eine DV-Anwendung muß wissen, wann welche Nachricht zu senden ist (Trigger) und muß durch das Absenden von Nachrichten die Initiative beim Aktualisieren von Replikaten ergreifen. Außerdem muß die DV-Anwendung ständig bereit sein, Nachrichten von anderen DV-Anwendungen zu empfangen und den Inhalt der Nachrichten auf geeignete Art lokal zu speichern, d. h., die in der DV-Anwendung gespeicherten Replikate zu aktualisieren.
Ein Kommunikationsserver weiß nicht, ob Daten repliziert wurden oder ob sie nur temporär von einer DV-Anwendung benötigt werden, um eine Benutzerabfrage zu beantworten. Die Semantik der Nachrichten ist für den Kommunikationsserver transparent.
Kommunikationsserver in Krankenhäusern unterstützen normalerweise Standardprotokolle wie HL7 und die Übersetzung über verschiedene Protokolle beim Weiterleiten von Nachrichten.
Für die Realisierung der o. g. Aufgaben gibt es prinzipiell zwei Ansätze.
Der dezentrale Ansatz geht davon aus, daß bei jeder beteiligten DV-Anwendung eine Agent genannte Software installiert wird, die die Steuerung der Datenübertragungen vornimmt. Nach diesem Konzept ist z. B. ALE der SAP realisiert.
Im zentralen Ansatz wird im Netz ein Rechner mit der dazugehörenden Software installiert, der alle Aufgaben der Datenübertragung realisiert. Der Begriff "Kommunikationsserver" ist in diesem Fall doppeldeutig. Er bezeichnet die Software, die für die o. g. Aufgaben benutzt wird. Als Kommunikationsserver wird aber auch der Rechner bezeichnet, auf dem die Software arbeitet. In der KH-DV hat sich der zentrale Ansatz etabliert, obwohl es Bemühungen gab, den dezentralen Ansatz umzusetzen.
Es gibt zwei wesentliche Unterschiede zwischen den zwei Ansätzen. Beim dezentralen Ansatz liegt der Vorteil in der höheren Verfügbarkeit. Wenn eine DV-Anwendung mit ihrem Agent ausfällt, sind nur die Verbindungen bzw. Datenübertragungen gestört, die von dieser DV-Anwendung ausgehen bzw. dorthin gerichtet sind. Der Nachteil des dezentralen Ansatzes liegt im Verwaltungsaufwand, da entweder die Agents individuell im Zusammenhang mit der dazugehörenden DV-Anwendung verwaltet werden oder

bei irgendeiner Änderung an irgendeinem Agent diese Änderung an allen Agents (Synchronisierung des Modells) nachvollzogen werden muß.

Beim zentralen Ansatz ist es umgekehrt. Bei Ausfall des zentralen Kommunikationsservers gibt es keine Datenübertragungen mehr, die Verwaltung des Kommunikationsservers ist dagegen nur noch an einer Stelle durchzuführen. Der zentrale Ansatz hat sich wohl durchgesetzt, weil die Verfügbarkeit des zentralen Kommunikationsservers in der Praxis ausreicht.

Ob man einen Kommunikationsserver als Middleware bezeichnen kann, ist fraglich, da der Begriff Middleware zu unterschiedlich benutzt wird.

Im allgemeinen werden als Middleware alle die Software-Komponenten bezeichnet, die zwischen der DV-Anwendung auf der einen und dem Betriebssystem und dem Netzwerk auf der anderen Seite liegen. Aber auch zwischen der DV-Anwendung und dem benutzten Datenbanksystem kann Middleware liegen, z. B. bei ODBC. Der Nutzen von Middleware kann in drei Bereichen liegen:

- Die unteren Ebenen des OSI-Modells werden gekapselt, d. h., der Anwendungsprogrammierer und auch der Betreiber sind nicht mit z. B. TCP/IP konfrontiert.
- Eine Kommunikationsschnittstelle wird bereitgestellt, die sowohl von der Rechner- bzw. Betriebssystemplattform als auch von den Transportprotokollen unabhängig ist.
- Die Grenzen zwischen den Transportprotokollen können überbrückt werden.

Die Auswahl der Middleware gehört zu den grundlegenden Entscheidungen auf dem Weg zur Gestaltung eines Krankenhaus-Informations- und Kommunikationssystem, das sich aus heterogenen DV-Anwendungen zusammensetzt. Plattformen und Netzwerkprotokolle sollen umfassend abgedeckt werden, auch wenn diese vorerst nur zum Teil benötigt werden. Somit bleibt die Freiheit erhalten, in Zukunft die geeigneten Technologien einzusetzen. Wichtig ist, eine Middleware zu finden, die die Grenzen der Netzwerkprotokolle überbrücken kann, da heterogene Netzwerke die Regel sind.

Es gibt aber auch Auffassungen, die den Rahmen der Middleware weiter spannen. Dabei soll die Middleware weitere Funktionen erfüllen, die deswegen zentral verfügbar sein sollen, weil sie von vielen DV-Anwendungen benutzt werden könnten. Dazu gehört im Krankenhaus-Umfeld z. B. die Patientendatenverwaltung oder die Verwaltung von Katalogen, wie Diagnose- oder Therapie-Katalog. Auch wird manchmal die Zugriffslogik auf Datenbanken in die Middleware verlegt.

Außerdem gibt es den Begriff der Message-orientierten Middleware. Hier tauschen DV-Anwendungen untereinander Nachrichten aus. Dabei kann zwischen synchroner und asynchroner Verarbeitung unterschieden werden. Ein Kommunikationsserver, wie er im Universitätsklinikum Dresden benutzt wird, könnte unter der Message-orientierten Middleware mit asynchroner Verarbeitung eingeordnet werden.

Mit der Einbeziehung eines Kommunikationsservers ergibt sich die in Abbildung 3 gezeigte Gesamtarchitektur eines Krankenhaus-Informations- und Kommunikations-system.

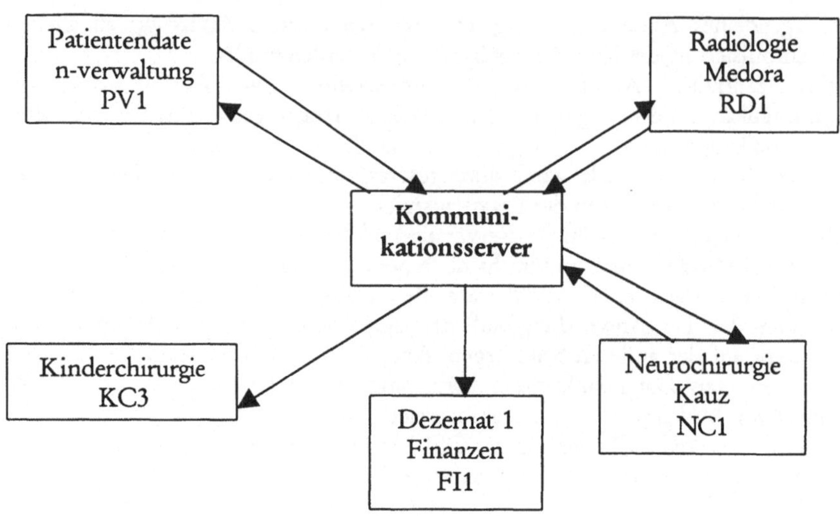

Abbildung 3: Gesamtarchitektur eines Krankenhaus-Informations- und Kommunikationssystem

Hier wurde der Idealzustand dargestellt, daß nämlich für jede DV-Anwendung nur eine Eingabe- und eine Ausgabeverbindung besteht. In der Praxis ist dies nicht durchgängig realisierbar, wie die Vorstellung der implementierten Lösung im Universitätsklinikum Dresden zeigen wird.

In den DV-Anwendungen sind die Schnittstellen zu implementieren. Der Schwierigkeitsgrad bzw. der Implementierungsaufwand ist von der Technologie der Nachrichtenübertragung abhängig. Ein wesentlicher Gesichtspunkt ist die Frage, ob Trigger für das Auslösen des Absendens von Nachrichten leicht einzuarbeiten sind bzw. ob die eingehenden Nachrichten in Echtzeit oder im Stapelbetrieb verarbeitet werden sollen. In der Praxis finden sich ein Spektrum von DV-Anwendungen, das von der vollständigen Implementierung des HL7-Standards mit Echtzeitverarbeitung bis herunter zur Stapelverarbeitung von rein proprietären Nachrichtenformaten reicht. Hier sind die Fähigkeiten eines Kommunikationsservers hinsichtlich der Umsetzung von Nachrichtenformaten und der Angleichung der unterschiedlichen Technologien von Sendern und Empfängern gefragt.

DataGate

Ein Vertreter für einen Kommunikationsserver ist das im Universitätsklinikum Dresden eingesetzte Produkt DataGate. Die Architektur zeigt Abbildung 4.

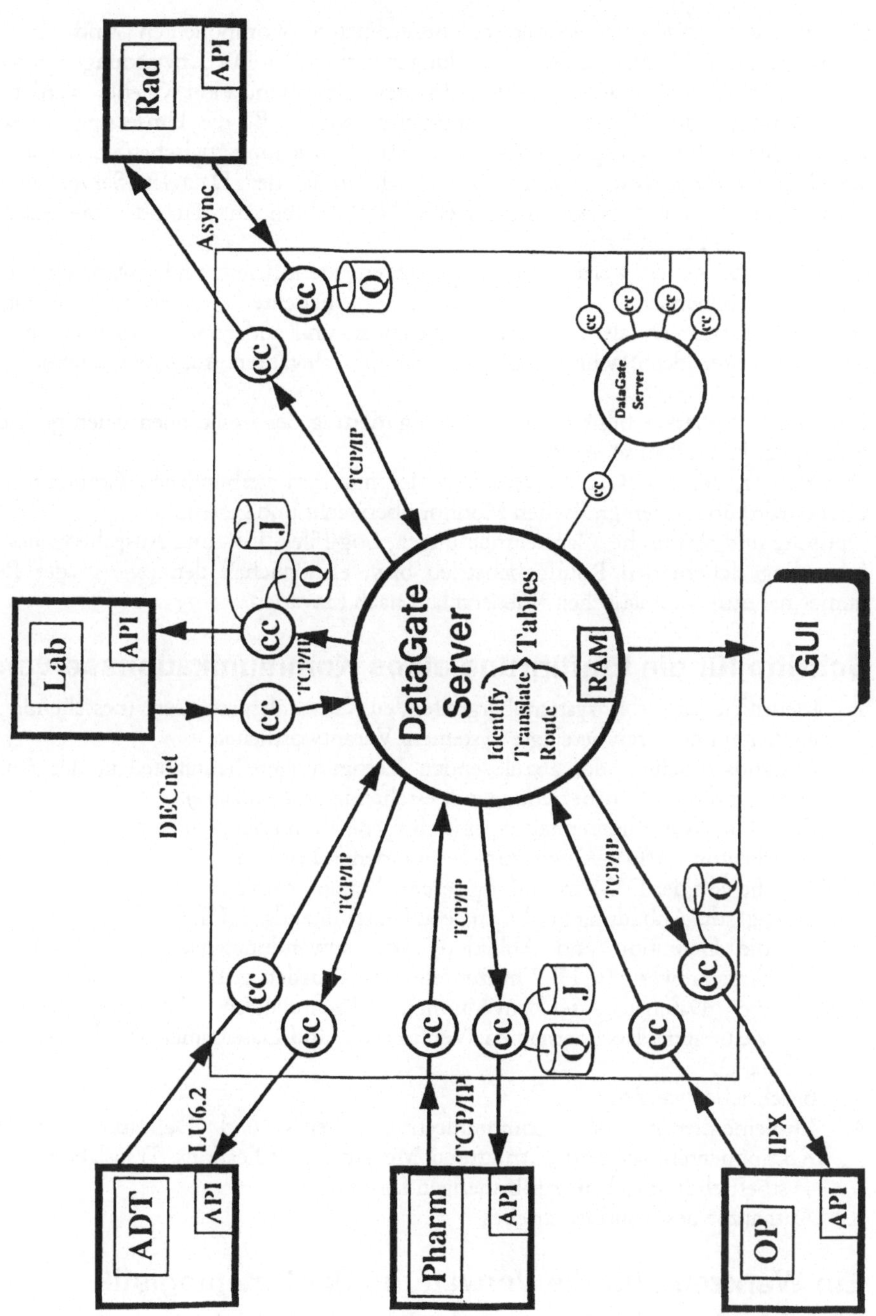

Abbildung 4: Die Architektur von DataGate

Die in der Abbildung 4 mit cc bezeichneten Komponenten sind die sog. Communication Clients, die die Verbindung zwischen den DV-Anwendungen und dem eigentlichen DataGate-Server bilden. In den Communication Clients werden die Angleichungen der Übertragungstechnologien, wie z. B. die Umsetzung zwischen verschiedenen Netzwerkprotokollen oder die Umsetzung zwischen Echtzeit- und Stapelverarbeitung, vorgenommen. Prinzipiell erhält der DataGate-Server einzelne Nachrichten und gibt wiederum einzelne Nachrichten an den oder die Ausgabe-Communication Clients aus.

Im DataGate-Server werden die Nachrichten identifiziert und entsprechend der Identität behandelt. Die Behandlung bedeutet einerseits eventuelle Strukturumsetzungen, als Translation bezeichnet, und andererseits das Routing, d. h. das Weiterleiten der Nachricht an den oder die relevanten Ausgabe-Communication Clients.

Der DataGate-Server besitzt für die Konfigurierung der Funktionen einen grafischen Editor, der kaum Wünsche offen läßt.

Der Betrieb des DataGate-Servers und der mit ihm verbundenen Communication Clients wird über einen grafischen Monitor überwacht und gesteuert.

Optische und akustische Alarmeinrichtungen, Log-Files, Ein- und Ausgabequeues und Journaling sichern den Routinebebetrieb bzw. ermöglichen den (wie in der Praxis immer nahezu) automatischen Wiederanlauf nach Havarien.

Schritte für die Einführung eines Kommunikationsservers

1. Identifizierung von systemübergreifenden Geschäftsprozessen (bestehende und geplante) und deren beteiligte Systemen/Verantwortlichen.
2. Bestandsaufnahme der abzulösenden Verbindungen/Schnittstellen, d.h Analyse der Kommunikationsbeziehungen (bestehende und geplante).
3. Erstellung von Pflichtenheften, eines für jede Verbindung, in dem
   - die von der DV-Anwendung verstandenen Formate,
   - die von der DV-Anwendung geschriebenen Formate,
   - ggf. die Abbildung der Formate auf einen Standard (HL7),
   - die Definition und Abbildung von anwendungsspezifischen Werten auf Standardwerte (in HL7 nutzerdefinierte Tabellen, z. B. Geschlecht),
   - die Datenaustauschkonventionen (Technologien, Übertragungsmedium, Zeitregime, Rechnernamen, Verzeichnis- und Dateinamen, Nachrichtengröße u. ä.).

   beschrieben werden.
4. Implementierung der Communication Clients und Definition der DG-Komponenten, wie Ports, Strukturen, Message Identifications, Translations
5. Testbetrieb (Parallellauf zur bisherigen Lösung).
6. Aufnahme des Routinebetriebes.

Ein Werkzeug für die Verwaltung der Datenlogistik

Die Informationen über Kommunikationsbeziehungen auf der Anwendungsebene, d. h. die Beschreibung der Datenlogistik, sollen allen relevanten Nutzern zugänglich sein, ohne daß eine spezielle Software an den Arbeitsplätzen installiert sein muß. Da man davon ausgehen kann, daß mehr und mehr Internet-Browser auf den Arbeitsplätzen vorhanden sein werden, kommen die Mittel dieser Browser zum Einsatz, d. h., die Informationen werden in HTML-Seiten dargestellt.

Alle Daten zu den Kommunikationsbeziehungen werden in einer relationalen Datenbank verwaltet. Der Inhalt der anzuzeigenden HTML-Seiten wird dynamisch zur Laufzeit aus dieser Datenbank entnommen. Für die Lösung dieser Aufgabe wird das Werkzeug ColdFusion (Allaire) benutzt.

Auf der Eingangsebene werden alle DV-Anwendungen, geordnet nach den betreibenden Einrichtungen des Universitätsklinikums Dresden, in Kurzform in einer Liste dargestellt. Einzelheiten zur betreibenden Einrichtung bzw. zu einer DV-Anwendung sind durch Links erreichbar.

Ausgehend von den dargestellten Einzelheiten für jede DV-Anwendung können weitere Darstellungen in einer zweiten Ebene aufgerufen werden:

-    Darstellung der Kommunikationsbeziehungen zu anderen DV-Anwendungen mit dieser DV-Anwendung als Sender,

-    Darstellung der Kommunikationsbeziehungen zu anderen DV-Anwendungen mit dieser DV-Anwendung als Empfänger.

Die Kommunikationsbeziehungen für die ausgewählte DV-Anwendung sind gegliedert nach solchen, in die der Kommunikationsserver einbezogen ist, und solche, bei denen die DV-Anwendungen noch direkt miteinander verbunden sind. Für jede Kommunikationbeziehung soll es genauso wie in der ersten Ebene möglich sein, die Eigenschaften der beteiligten DV-Anwendungen durch Anklicken alle für diese DV-Anwendung gespeicherten Beschreibungsdaten anzuzeigen.

Das Anklicken einer Kommunikationsbeziehung soll Einzelheiten für diese auf einer dritten Ebene darstellen.

Befugten Nutzern ist es außerdem möglich, detaillierte Angaben zur Realisierung dieser Kommunikationsbeziehungen in DataGate anzuzeigen, die weiteren Tabellen der o. g. Datenbank entnommen werden können.

Ausblick

Im Endzustand sollen alle Kommunikationsbeziehungen zwischen DV-Anwendungen im Universitätsklinikum Dresden durch und über den Kommunikationsserver verwaltet und realisiert sein.

Mit dem Kommunikationsserver könnte man die Abrechnung von Lieferungen , die Inanspruchnahme von Informationen, Mengengerüste der Informationsinanspruchnahme bzw. -lieferung, existierende Informationsflüsse analysieren/erkennen.

Das Datenverteilungskonzept, das jetzt sporadisch aus konkretene Forderungen aus der Praxis zusammengesetzt wurde, sollte in einen Zusammenhang mit den Prozessen im Universitätsklinikum Dresden gebracht werden. Die noch zu findenden Entwurfswerkzeuge müssen allerdings die Funktionen eines bzw. dieses Kommunikationsservers berücksichtigen. Außerdem muß das Entwurfswerkzeug die Fragen der Erhaltung der systemweiten Konsistenzerhaltung lösen helfen.

Literatur

/HL7 1997/	HL7 Health Level 7 Standard Version 2.3. Ann Arbor, Mich., USA, 1997
/Lockemann 1997/	Lockemann, P. et al.: The Network as a Global DataBase: Challenges of Interoperability, Proactivity, Interactiveness, Legacy. In: Proceedings Very Large Data Bases 1997.
/SAP 1996/	SAP AG: Application Link Enabling (ALE). White Paper Walldorf, 1996.
/STC 1998/	STC Software Technologies Corporation: Dokumentation zu DataGate: System Administrator's Guide, Monitor User's Guide, Editor User's Guide, Arcadia, Cal., USA, 1998.

ELFI - die Servicestelle für Forschungsförderinformation in Deutschland

Achim Nick, Andreas Brüggenthies

Zusammenfassung

Wir beschreiben unser Verständnis von Information Brokering als Prozeß in einem Rollenmodell. Danach stellen wir das Information Brokering-System ELFI vor, das eine Unterstützung für die Forschungsreferenten der deutschen Hochschulen und Forschungseinrichtungen sowie deren Wissenschaftler anbietet. ELFI ist eine Umsetzung des Rollenmodells und wird anhand seiner Komponenten beschrieben. Abschließend berichten wir über die Nutzung des seit Ende April 1998 zugänglichen Systems und geben einen kurzen Ausblick.

Einführung

Das exponentielle Wachstum der verfügbaren Informationen zu jedem beliebigen Thema im World-Wide Web (WWW) zu einer Diskrepanz von verfügbarer und nützlicher Information geführt. Suchmaschinen können dieses Problem nur partiell lösen, weil sie oft einen hohen Recall bei einer niedrigen Präzision haben. D. h., sie liefern sehr viele Informationen zurück (hoher Recall), die jedoch oft nicht in den momentanen Arbeitskontext passen (geringe Präzision). Dies kann zum Phänomen des *Information Overload* führen. Um diese Situation für einzelne Benutzer zu verbessern, können sie Information Broker beauftragen, die in ihrem Auftrag nach Informationen suchen und ihnen zielgerichtet die Ergebnisse ihrer Suche zur Verfügung stellen.

Wir beschreiben im folgenden unser Verständnis von Information Brokering, entwickeln ein Rollenmodell für Information Brokering und bilden das Rollenmodell auf die Domäne Forschungsförderung ab. Im Anschluß daran erläutern wir die Architektur von ELFI, die sich aus der Abbildung auf das Rollenmodell ergibt. Danach beschreiben wir die einzelnen Komponenten der Architektur. Abschließend beschreiben wir die Nutzung des ELFI-Systems durch Forschungsreferenten und Wissenschaftler, soweit Erkenntnisse darüber schon vorliegen.

Information Brokering

Wir verstehen Information Brokering als Prozeß der Vermittlung von Informationsbedürfnissen und Informationsangeboten. Als Basis für die weitere Diskussion beschreiben wir den Information Brokering-Prozeß und die in ihm vorhandenen Rollen.

Der Information Brokering Prozeß läßt sich grob in folgende Schritte einteilen:

1. Ein Klient beauftragt einen Information Broker, nach Informationen zu einem bestimmten Themengebiet zu suchen.
2. Der Broker versucht, die Informationsbedürfnisse seines Klienten zu verstehen,
3. selektiert von allen ihm bekannten Informationsquellen Informationen, die das Informationsbedürfnis seines Klienten befriedigen könnten und
4. versucht, das Informationsbedürfnis auf die gesammelten Informationen abzubilden. Typischerweise benutzt er dazu ein Domänenmodell oder

Kategorienschema, weil diese eine einfache Klassifizierung und Filterung von Informationen erlauben.

5. Von den mit Hilfe von Kategorien oder einem Domänenmodell gefilterten Informationen extrahiert der Broker in einem letzten Schritt die für seinen Klienten wirklich relevanten Informationen und übermittelt sie an ihn.

Um die Qualität zu sichern, kann es innerhalb dieses Prozesses zu mehreren Verbesserungszyklen kommen. Aus Punkt 4 ergibt sich, daß Information Broker strukturierte Informationen benötigen, um Informationsbedürfnisse leicht darauf abbilden zu können. Um die Qualität einzelner Quellen hinsichtlich einzelner Informationsbedürfnisse (von Klienten) beurteilen zu können, müssen die Quellen zuvor bewertet worden sein.

Rollenmodell

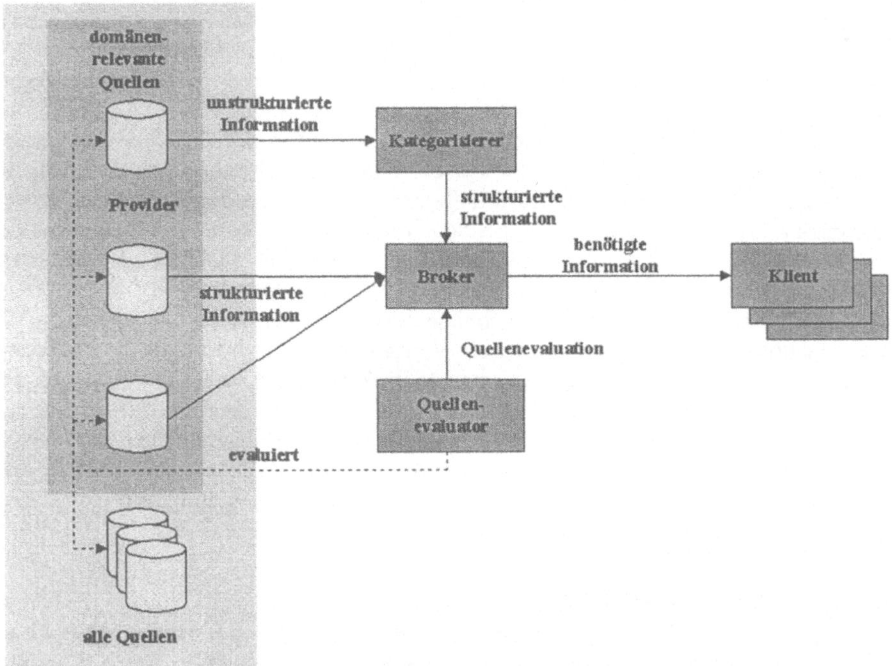

Abbildung 1: Rollenmodell Information Brokering

Neben den drei klassischen Rollen im Brokeringprozeß /Strens, Martin & Dobson 98/ dem **Provider**, der die Quellen bereitstellt, dem **Klienten**, der ein Bedürfnis hat und dem **Broker**, der zwischen Providern und Klienten vermittelt, gibt es im Information Brokering noch die Rollen des **Quellenevaluators** und des **Kategorisierers**, der unstrukturierte in strukturierte Information transformiert. Personen, die im Information Brokering-Prozeß beteiligt sind, können gleichzeitig mehrere Rollen ausfüllen. Ein Information Broker kann z. B. zugleich die Rolle des **Quellenevaluators** und des **Brokers** innehaben.

Information Brokering in der Domäne Forschungsförderung

Ein Beispiel für Information Broker sind die Forschungsreferenten der deutschen Hochschulen und Forschungseinrichtungen. Ihre Aufgabe ist die Information und Beratung von Wissenschaftlern der eigenen Institution über Forschungsfördermöglichkeiten (Förderprogramme, Stipendien, Forschungspreise, ...). Das Feld der Forschungsförderung kann von Wissenschaftlern allein kaum überblickt werden, da es neben einigen großen internationalen (*Europäische Union, NATO*) und nationalen Förderern (*Deutsche Forschungsgemeinschaft, Bundesministerium für Bildung, Wissenschaft, Forschung und Technologie*, ...) viele kleine Förderer und Stiftungen gibt. Für Forschungsreferenten ist es schwierig, einen aktuellen Überblick über die Forschungsförderlandschaft zu haben. Eine Untersuchung im Sommer 1996 (zu Beginn des ELFI-Projektes) /Nick 97/ ergab, daß Forschungsreferenten durchschnittlich 44 % ihrer Arbeitszeit allein für die Informationssuche aufwenden müssen. Dies wird auch durch ein Positionspapier der Forschungsreferenten /Adamczak & Backer; et al. 95/ bekräftigt.

ELFI

Abhilfe schafft hier das ELFI-System, das als zentrale Servicestelle für Forschungsförderinformationen konzipiert ist. Es ist auf Initiative der Forschungsreferenten in Deutschland entstanden und wird zusammen mit den Forschungsreferenten erstellt und erprobt. ELFI wird vom DFN-Verein (*Deutsches Forschungsnetz*) aus Mitteln des BMBF (*Bundesministerium für Bildung, Wissenschaft, Forschung und Technologie*) als Pilotprojekt gefördert. Zentrales Ziel in ELFI ist die Entlastung von Forschungsreferenten bei der Suche und Aufbereitung von Forschungsförderinformationen. Da die meisten Informationen in unstrukturierter Form auf den WWW-Servern der Förderer verfügbar sind, müssen diese zuerst in eine strukturierte Form überführt werden. Dies ist bis jetzt meist implizit[1] von jedem einzelnem Forschungsreferenten durchgeführt worden. Auch die Auswahl relevanter Quellen mußte bisher von den Forschungsreferenten selbst geleistet werden. D. h., sie hatten bisher neben ihrer Rolle als Vermittler (**Broker**) auch implizit die Rollen als **Kategorisierer** und als **Quellenevaluator** (Auswahl der richtigen Quellen) inne.

Mit ELFI ist ein Information Brokering System entstanden, das Forschungsreferenten entlastet, indem es ihnen die Rollen des **Quellenevaluators** und des **Kategorisierers** abnimmt und ihnen weitgehende Unterstützung in ihrer **Broker**-Rolle gibt. Die Evaluierung der Quellen und die Kategorisierung ihrer Inhalte wird vom sog. ELFI-Master übernommen. Forschungsreferenten können Informationen zentral im ELFI-System suchen und werden somit entlastet. Sie erhalten Unterstützung bei der Verwaltung ihrer Kundeninteressen. Sowohl die punktgenaue Information einzelner Wissenschaftler als auch die herkömmliche Information per Rundbrief wird im System ermöglicht. Darüber hinaus wird eine Schnittstelle angeboten, über die sich Wissenschaftler direkt über Förderungsmöglichkeiten informieren können.

Architektur

Die Architektur ist ausgerichtet am Rollenmodell für die Domäne Forschungsförderung:

1. Der ELFI-Master wird in seiner Rolle als **Quellenevaluator** durch IP-Agenten unterstützt, indem diese die Quellen (WWW-Server) beobachten und jedes neue oder veränderte Dokument an die Datenbank und das Mastertool melden. Die Akquisition von Dokumenten, die nicht online verfügbar sind, wird durch den Scanner Master ermöglicht, mit dem diese Dokumente eingescannt, in die Datenbank eingetragen und an das Mastertool gemeldet werden.

2. Die Kategorisierung der akquirierten Dokumente wird vom ELFI-Master mit Hilfe des Mastertools durchgeführt. Die kategorisierten Daten werden in der Datenbank abgelegt. Das Mastertool steuert die IP-Agenten.

3. Forschungsreferenten (**Broker**) und Wissenschaftler (**Klienten**) erhalten Zugang über Active Views /Thomas & Fischer 1997/. Ein Active View visualisiert einen persönlichen Informationsraum, der nur die Informationen enthält, die für den jeweiligen Nutzer relevant sind. Diese Informationen sind bezüglich ihrer Aktualität gekennzeichnet und immer auf dem neusten Stand. Forschungsreferenten bekommen eine gegenüber Wissenschaftlern erweiterte Funktionalität zur Verwaltung ihrer Klienten und dem Weiterleiten gefundener Ergebnisse. Active Views arbeiten eng mit dem Profile Service zusammen, der die kategorisierten Inhalte nach den in den Active Views spezifizierten Anforderungen zusammenstellt.

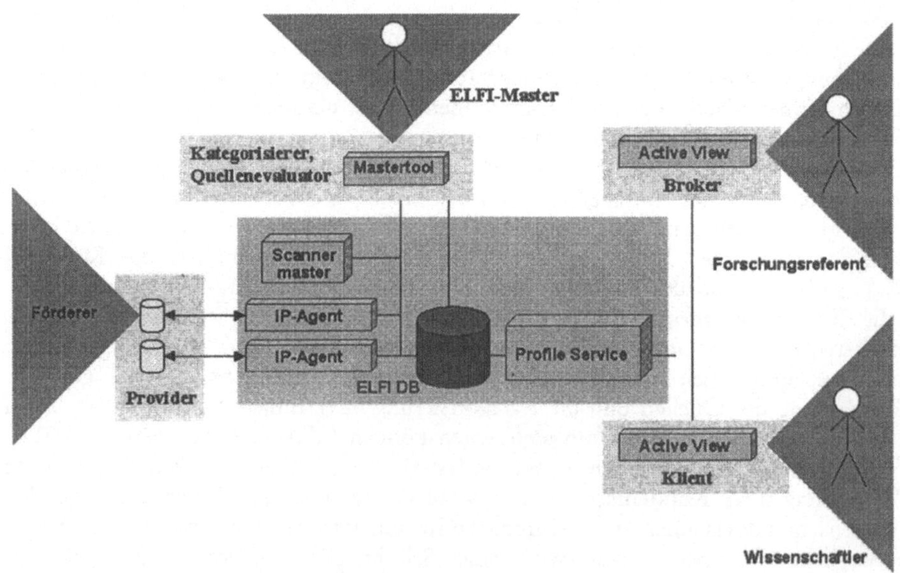

Abbildung 2: Architektur

Zentrale Datenstruktur in ELFI ist das Domänenmodell. Es wird sowohl vom Mastertool, dem Profile Service und teilweise von den Active Views benutzt. Außerdem ist das Domänenmodell ein Teil des Datenbankschemas (zur Speicherung von kategorisierten Inhalten).

Domänenmodell

Das Domänenmodell besteht aus drei Ebenen:

1. Die **Meta-Ebene** ist abstrakt und besteht aus Konzepten, Kategorien und Attributen von Konzepten. Konzepte repräsentieren Objekte in der realen Welt, für die sich die Benutzer interessieren (in der Domäne Forschungsförderung z. B. *Förderprogramme*). Kategorien klassifizieren Konzepte (z. B. werden *Förderprogramme* zu einem bestimmten *Forschungsthema* ausgeschrieben). Die Kategorien können in einer hierarchischen Struktur oder als azyklischer, gerichteter Graph organisiert sein. Sie werden zur Bildung von Profilen und zur Informationsfilterung benutzt. Ein Wissenschaftler, der sich für Förderprogramme in `Mathematik` interessiert, hat sehr wahrscheinlich auch Interesse an Förderporgramme in `Naturwissenschaften`. Allgemein zugängliche Förderprogramme (für alle Fachrichtungen) kommen für ihn ebenfalls in Frage. Die Attribute (z. B. die *Deadline* eines *Förderprogramms*) beschreiben die Konzepte, zu denen sie gehören, weisen aber im Gegensatz zu den Kategorien keine innere Strukturierung auf.

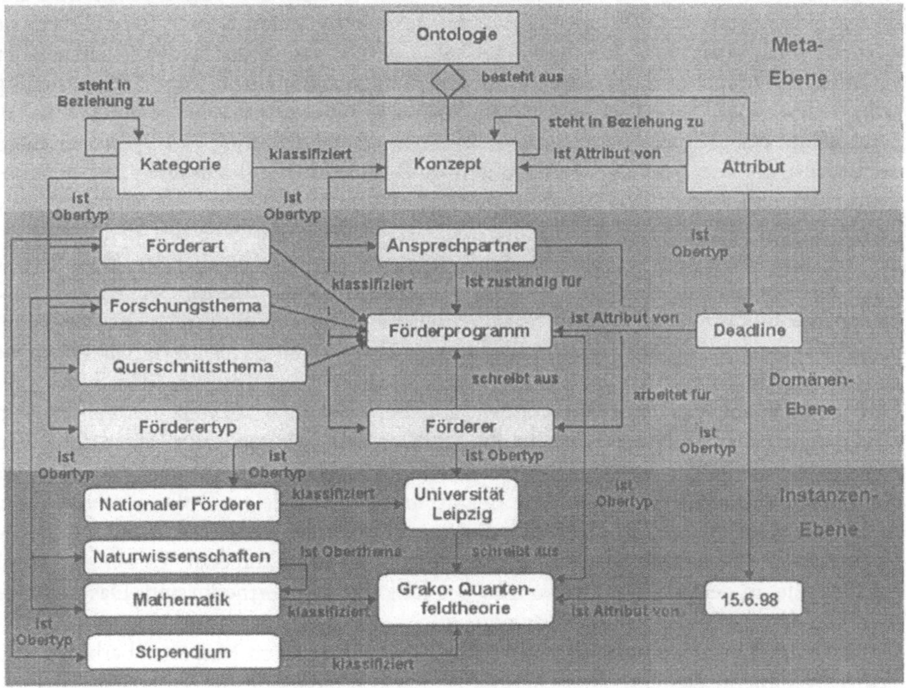

Abbildung 3: Domänenmodell

2. In der **Domänen-Ebene** wird die Domäne (z. B. Forschungsförderung) abgebildet durch Konzepte, Kategorien und Attribute. In unserer Domäne benutzen wir als Konzepte *Förderprogramme*, *Förderer* und *Ansprechpartner* von Förderprogrammen, weil jeder, der in der Domäne Forschungsförderung arbeitet, sich für diese interessiert. Förderprogramme können z. B. nach den *Forschungsthemen* klassifiziert werden, für die sie ausgeschrieben wurden. Konzepte können Attribute haben wie *Deadline* oder *Fördervolumen*.

3. Die **Instanzen-Ebene** enthält die konkreten Instanzen, der in der Domänen-Ebene formulierten Domänenkonzepte, -kategorien und -attribute. Z. B. ist `Mathematik` eine Instanz von *Forschungsthema* und `Grako: Quantenfeldtheorie` eine Instanz von *Förderprogramm*.

Um ELFI auf andere Domänen zu übertragen, muß die Domänen-Ebene (und die sich daraus ableitende Instanzen-Ebene) ersetzt werden. Dies wird durch die explizite Trennung in die verschiedenen Ebenen deutlich erleichtert.

Mastertool

Das Mastertool ist die zentrale Einheit für die Akquisition und Kategorisierung von forschungförderrelevanten Informationen. Es unterstützt den ELFI-Master in seinen Aufgaben als *Quellenevaluator* und *Kategorisierer*. Die Evaluierung von Quellen wird mit IP-Agenten unterstützt. IP-Agenten werden jeweils für einen Server spezialisiert. Sie werden vom Mastertool aus gesteuert und liefern als Ergebnis die neuen oder veränderten Dokumente des Servers, auf den sie spezialisiert sind. Eine Spezialisierung auf die jeweiligen Server ist notwendig, da viele Server spezielle Techniken (z. B. JavaScript) zur Repräsentation und internen Referenzierung von Dokumenten verwenden, die von Standard-Webagenten (z. B. NetAttache) nicht adäquat bearbeitet werden können. Neben den Ergebnissen der IP-Agenten bekommt das Mastertool alle eingescannten Dokumente des Scanner-Masters. Zentrale Aufgabe des ELFI-Masters, der mit dem Mastertool arbeitet, ist die Kategorisierung der eingehenden Dokumente. Zur Kategorisierung benutzt er das Domänenmodell. Bevor er Dokumente kategorisieren kann, muß er eine Evaluierung der Quelle durchführen. Dies geschieht implizit, indem er bei jedem neuen Dokument über dessen Relevanz für die Domäne Forschungsförderung entscheidet. Bei der Kategorisierung muß er den Inhalt des Dokumentes auf das Domänenmodell abbilden. Wenn z. B. ein Dokument ein *Förderprogramm* (ein Konzept) beschreibt, muß er eine Referenz zum entsprechenden *Förderprogramm* (in der Instanzenebene des Domänenmodells) anlegen oder, falls es noch nicht vorhanden ist, eine solche Instanz anlegen. Wurde ein Dokument verändert, ist es Aufgabe des ELFI-Masters herauszufinden, was verändert wurde und die Veränderungen, falls notwendig[3], im Domänenmodell nachzuhalten. Er benutzt dafür ein Deltafile, in dem die Veränderungen des Dokumentes vermerkt sind. Das Deltafile wird von dem jeweiligen IP-Agenten erzeugt.

Das folgende Beispiel illustriert, wie der ELFI-Master mit dem Mastertool arbeitet. Ein neues Dokument, das eine Ausschreibung für ein Stipendium der Universität Leipzig enthält, wurde von einem IP-Agenten gefunden. Das neue Dokument wird dem ELFI-Master vom Mastertool gemeldet. Er entscheidet, daß das Dokument relevant ist und erzeugt eine neue Instanz von *Förderprogramm*. Sie heißt `Grako:`

Quantenfeldtheorie. Jetzt müssen die Kategorien, die *Förderprogramme* beschreiben, gesetzt werden. In unserem Beispiel müssen Referenzen zu den drei *Forschungsthemen* Mathematik, Kern- und Elementarphysik und Physik der Atome und Moleküle, Gase und Plasmen gesetzt werden. Bei Bedarf kann das Kategorienschema jederzeit um weitere Kategorien erweitert werden. Die *Förderart* des Programms ist Stipendium. Weitere Teilnahmebedingungen, wie z. B. eine *regionale Beschränkung* des Bewerberkreises und die *Deadline* (15. Mai 1998), müssen aufgenommen werden. Falls eine Instanz von *Förderer* Universität Leipzig vorhanden ist, muß ein Querverweis zu dem neuen *Förderprogramm* (und umgekehrt) gebildet werden. Falls diese Instanz nicht vorhanden ist, wird ein *Förderer* Universität Leipzig gebildet. Zu jedem *Förderprogramm* wird ein kurzer Abstrakt angelegt.

Dieser Kategorisierungsprozeß muß für jedes neue oder veränderte Dokument durchgeführt werden und sichert die Qualität der angebotenen Daten. Die Ergebnisse der Kategorisierung werden zur Optimierung der IP-Agenten verwendet, indem nicht relevante Dokumente und Verzeichnisse in Zukunft nicht mehr bearbeitet werden.

Personalisierte Schnittstelle

Alle ELFI-Nutzer, Forschungsreferenten und Wissenschaftler haben einen eigenen, personalisierten Informationsraum (Active View). Benutzer können Interessensprofile für ihre Informationsbedürfnisse anlegen.

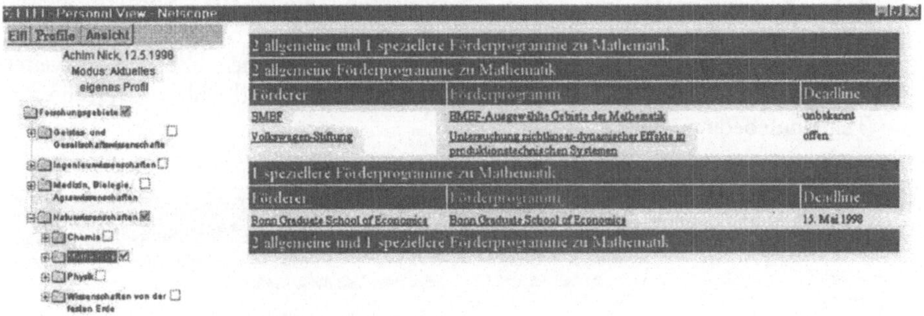

Abbildung 4: Active View – Forschungsthemensicht

Active Views sind die Benutzerschnittstelle von ELFI. Sie sind als Java Applets realisiert und können mit jedem Java-fähigen Browser betrieben werden. Active Views und der Profile Service arbeiten als Client-Server-Applikation zusammen.

Active Views können in zwei Teile geteilt werden:

- Die **linke Seite** zeigt immer einen Baum, der das aktuelle Profil im Kategorieschema repräsentiert. Mögliche Kategorieschemata für *Förderprogramme* sind *Forschungsthemen, Querschnittsthemen* und *Förderarten* und *Förderertypen* für *Förderer*. In Abbildung 4 ist das *Forschungsthemen*-Schema aktiviert, Abbildung 5 zeigt die Sicht für *Förderarten*. Das aktuelle Profil wird durch die Häckchen im Baum repräsentiert. Es kann zu jedem Zeitpunkt geändert werden. Abbildung 4 zeigt ein

Profil das in der *Forschungsthemen*-Ausprägung, aus Mathematik, Naturwissenschaften und Forschungsgebieten besteht. Abbildung 5 zeigt ein Profil in der *Förderarten*-Ausprägung, bestehend aus Stipendium und Förderarten.

- Die **rechte Seite** zeigt immer ein HTML-Dokument. Das Dokument präsentiert entweder eine Liste von Konzepten (*Förderprogramme* oder *Förderer*), die zur (im Baum) selektierten Kategorie gehören, oder eine Detailansicht eines Konzeptes. Übersichtslisten präsentieren immer alle verfügbaren Konzepte (*Förderprogramme* oder *Förderer*), die zur momentan selektierten Kategorie gehören und durch den momentan definierten Profilfilter passen. Die Filterung wird vom Profile Service durchgeführt, der auch das entsprechende HTML-Dokument erzeugt. Detailansichten werden ebenfalls vom Profile-Service erzeugt. Abbildung 4 zeigt z. B. eine Liste von drei *Förderprogrammen*, die zum *Forschungsthema* Mathematik gehören. Abbildung 5 zeigt 16 *Förderprogramme* der *Förderart* Stipendium, die zum momentanen Profil passen. Benutzer sehen in Übersichtslisten (von *Förderprogrammen*) jeweils den Namen von *Förderprogramms*, des jeweiligen *Förderers* und die *Deadline* des Programms. Die Listen können nach *Förderprogrammen*, *Förderern* und *Deadlines* sortiert werden. Sortieren nach *Deadlines* erzeugt z. B. einen Deadline-Kalender. Detailansichten können durch das Anwählen eines *Förderers* oder *Förderprogramms* angefordert werden. Abbildung 6 zeigt die Detailansicht eines *Förderprogramms*. Die Detailansicht eines *Förderprogramms* enthält Querverweise zu allen assoziierten Kategorien, zu anderen Konzepten (*Förderprogramme*, *Förderer* und dem *Ansprechpartner*) und allen Dokumenten, die dieses Förderprogramm beschreiben. Zusätzlich enthält die Detailansicht eines Förderprogramms einen kurzen Abstrakt des Förderprogramms und Informationen über einige weitere Aspekte, wie das *Fördervolumen*, die *Deadline*, und über verschiedene Teilnahmebedingungen.

Elfi Profile Ansicht

Achim Nick, 13.5.1998
Modus: Aktuelles eigenes Profil

- Förderart ☑
  - Beihilfe ☐
  - Investitionskredite ☐
  - Preis ☐
  - Projekt ☐
  - Sonstige ☐
  - Stipendium ☑
  - Studie ☐

32 allgemeine Förderprogramme zu Stipendium		
Förderer	**Förderprogramm**	**Deadline**
Akademie für Tiergesundheit e.V.	Beihilfen und Stipendien der Akademie für Tiergesundheit	31. Mai 1998
Bonn Graduate School of Economics	Bonn Graduate School of Economics	15. Mai 1998
DFG	DFG-Förderung des wissenschaftlichen Nachwuchses	offen
DFG	DFG-Heisenberg-Programm	offen
DFG	DFG-Postdoktoranden-Programm	offen
DFG	DFG-Programm zur Förderung von Habilitationen	offen
DFG	DFG-Stipendienprogramme	offen
Volkswagen-Stiftung	Das Fremde und das Eigene	offen
Volkswagen-Stiftung	Diktaturen im Europa des 20. Jahrhunderts	offen
Bayer AG Geschäftsbereich Tiergesundheit	Doktorandenförderung Bayer AG Tiergesundheit	unbekannt

Abbildung 5: Active View - Förderartensicht

Neben der Filterung nach Interessen wird auch nach der Aktualität der Förderprogramme gefiltert. Daraus resultieren drei Aktualitätsmodi:

- **Neues** umfaßt alle Konzepte (*Förderprogramme*, *Förderer*), die in einem bestimmten Zeitraum in das System neu hineingekommen sind oder im selben Zeitraum verändert wurden.

- **Aktuelles** beinhaltet alle Konzepte, die noch nicht abgelaufen sind und
- **Archiv** enthält alle *Förderprogramme*, deren *Deadlines* schon abgelaufen sind.

Alle Benutzer von ELFI arbeiten mit Active Views. Während Wissenschaftler nur ein persönliches Profil anlegen können, haben Forschungsreferenten die Möglichkeit, mehrere Kundenprofile für ihre Wissenschaftler anzulegen. Wenn sie mit einem Kundenprofil arbeiten, bekommen sie den Informationsraum ihres Kunden präsentiert. Das erleichtert ihnen, den Informationsraum mit den Augen ihrer Kunden zu sehen und ihre Informationsbedürfnisse besser zu treffen. Da Forschungsreferenten als Information Broker arbeiten, müssen sie Informationen, die sie gefunden haben und als passend für die Bedürfnisse ihrer Kunden halten, an diese weiterleiten. Oft erstellen Forschungsreferenten einen Rundbrief, der an alle Wissenschaftler (der eigenen Institution) in regelmäßigen Abständen verteilt wird. Das System unterstützt die gezielte Informationsversorgung einzelner Wissenschaftler durch die Möglichkeit, Detailansichten weiterzuleiten und gibt Unterstützung bei der Erstellung eines Rundbriefs, der im wesentlichen aus einer Aggregation von Detailansichten besteht. Der Rundbrief kann später mit wenig Aufwand mit einem Textverarbeitungsprogramm in seine endgültige Form gebracht werden.

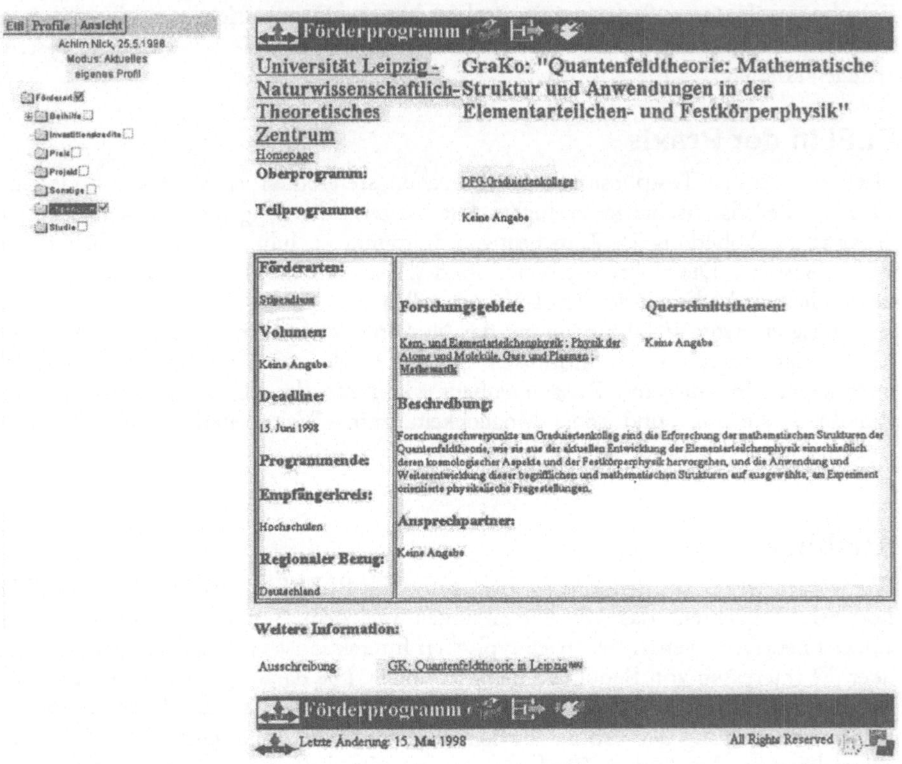

Abbildung 6: Detailansicht eines Förderprogramms

Szenario

Im folgenden beschreiben wir ein Szenario, in dem ein Benutzer nach einem Stipendium für Mathematiker sucht. Der Benutzer meldet sich bei ELFI an und setzt den Aktualitätsmodus auf Aktuelles, damit er alle Förderprogramme angezeigt bekommt, deren Deadline noch nicht abgelaufen ist. Er wählt im Forschungsgebiete-Baum alles bis auf Mathematik ab (s. Abbildung 4). Als Ergebnis werden 3 *Förderprogramme* zur Mathematik aufgelistet. Er wechselt nun zur Förderartensicht auf den Informationsraum und nimmt dort nur Stipendium in sein Profil auf und selektiert Stipendium (s. Abbildung 5). Als Ergebnis bekommt er eine Liste von Förderprogrammen, die durch den momentanen Profilfilter (Mathematik und als Oberthemen automatisch Naturwissenschaften und Forschungs- gebiete) passen. Von dieser Liste kann der Benutzer die jeweiligen *Förderprogramme* oder deren *Förderer* anwählen. Er wählt das *Förderprogramm* Grako: Quantenfeldtheorie der Universität Leipzig aus und kommt so zu einer Detailansicht des *Förderprogramms* (s. Abbildung 6).

Konzepte werden grundsätzlich im Detail dargestellt, da die Benutzer an ihnen besonders interessiert sind. Detailansichten können ausgedruckt werden. Forschungsreferenten (Information Broker) können Detailansichten an ihre Klienten weiterleiten oder ihn zu einem Rundbrief hinzufügen, den sie mit Hilfe des Systems erstellen können.

ELFI in der Praxis

Nach einer ersten Testphase mit 150 Forschungsreferenten ist ELFI seit Ende April 1998 für alle Wissenschaftler verfügbar. Die Nutzerzahlen steigen seit diesem Zeitpunkt linear an (s. Abbildung 7). Zum heutigen Zeitpunkt (2. Juli) sind ca. 600 Benutzer in ELFI registriert. Die Hälfte der Nutzer sind Wissenschaftler. In naher Zukunft werden sie deutlich die Mehrheit der ELFI-Nutzer stellen.

Eine unserer ersten Erfahrungen mit der Nutzung des Systems ist die Notwendigkeit, ELFI noch enger in den normalen Arbeitsprozeß von Forschungsreferenten zu integrieren. In diesem Zusammenhang kommt der Unterstützung bei der Rundbrieferstellung und der Möglichkeit zum Weiterleiten von gefundenen Informationen eine besondere Bedeutung zu.

Ausblick

Wir werden weiter aufmerksam die Benutzung des ELFI-Systems mit Hilfe des ELFI-Logfiles beobachten, das alle Interaktionen mit dem System in anonymer Form aufzeichnet. Dort werden wir nach typischen Interaktionssequenzen suchen, um mehr über die Interessen von Benutzern herauszufinden. Die daraus gewonnen Erkenntnisse werden wir nutzen, um Vorschläge zur besseren Benutzung des Systems und zur besseren Gestaltung der Profile abzuleiten. Z. B. könnte man einen Benutzer darauf aufmerksam machen, daß es Förderprogramme gibt, die seinen Interessen entsprechen, jedoch bisher nicht in seinem aktuellen Profil berücksichtigt sind.

Wir planen ähnliche Information Brokering-Systeme in anderen Domänen, wie z. B. Technologie-Monitoring, aufzubauen. Dies wird durch die Kapselung der Domäne im

Domänenmodell deutlich erleichtert. Wir hoffen, daß die Anforderungen in anderen Domänen auf die Meta-Ebene des Domänenmodells passen.

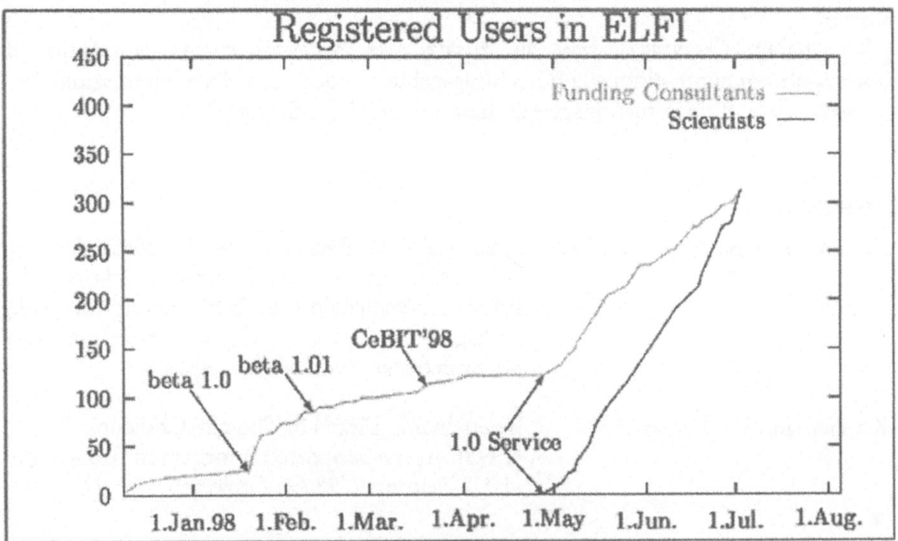

Abbildung 7: Registrierte ELFI-Benutzer

Bis jetzt sind in ELFI nur die Broker- und die Klientenrolle sowie die Rollen des ELFI-Masters berücksichtigt. Um alle im Lebenszyklus von Informationen /Koenemann & Thomas 1998/ beteiligten Rollen zu berücksichtigten, werden wir die Rolle von Providern, die im Moment unberücksichtigt geblieben ist, stärker in den Vordergrund stellen. Provider sind z. B. an der Nutzung ihrer Informationen durch Klienten interessiert. Durch die (anonyme) Analyse von Logfiles und Benutzerprofilen, die beide im System vorhanden sind, kann man Profile über die Nutzung von Informationen erstellen und diese weiter analysieren.

Danksagung

Unser Dank gilt allen, die am ELFI-Pilotprojekt beteiligt sind und den Forschungsreferenten, die mit vielen aufschlußreichen Kommentaren dazu beigetragen haben, die Qualität von ELFI zu verbessern.

Anmerkungen

[1] D. h., jeder Forschungsreferent führt im Kopf eine Inhaltssturkturierung durch, ohne die eine Abbildung auf die Informationsbedürfnisse von Wissenschaftlern unmöglich wäre.

[2] Wir verwenden *kursive Schrift* für Konzepte, Kategorien und Attribute der Domänen-Ebene und den typewriter-Font für Werte der Instanzen-Ebene.

[3] Eine Veränderung einer *Deadline* für ein *Förderprogramm* muß in der Datenbank nachgehalten werden, während unerhebliche Änderungen nicht nachgehalten werden müssen.

[4] Wir haben *Querschnittsthemen* als zusätzliches Kategorieschema eingeführt, da *Forschungsthemen* nur traditionelle Forschungsgebiete abdecken, jedoch interdisziplinäre Themen, wie z. B. Informationsgesellschaft, unberücksichtigt lassen.

Literatur

/Adamczak & Backer; et al. 1995/   Adamczak, W.; Backer, A.; et al.. (1995): Konzept zur koordinierten Nutzung elektronischer Informationsdienste für die Forschungsförderung, verfügbar unter http://www.elfi.ruhr-uni-bochum.de/elfi/vorlauf/konzept.html.

/Koenemann & Thomas 1998/   Koenemann, Jürgen & Thomas, Christoph G. (1998): Agent-Supported Information Brokering, *in:* KI-Zeitung 9/98 *(im Erscheinen)*.

/Nick 1997/   Nick, A. (1997): Agenten-orientierter Entwurf eines Informationservers für Forschungsförderung, Diplomarbeit, Universität Koblenz 1997 *(unveröffentlicht)*.

/Strens, Martin & Dobson 1998/   Strens, Ros M.; Martin, Mike & Dobson, John E. & Plagemann, S. (1998): „Business and Market Models of Brokerage in Network-Based Commerce„, *in:* Proc. 5th Int. Conference on Intelligence in Services and Networks „Technology for Ubiquitous Telecom Services„ (IS&N'98), May 25 - 28 1998, Antwerp, Belgium. Lecture Notes in Computer Science Series (LNCS), Springer, 1998 *(im Erscheinen)*.

/Thomas & Fischer 1997/   Thomas, Christoph G. & Fischer, G. (1997): Using Agents to personalize the Web, *in:* Proceedings of Intelligent User Interfaces (IUI), 6. - 9. Januar 1997, Orlando, Florida, ACM Press, San Franscico 1997.

VII Internet/Intranet

ZAUBERN

können **w i r** zwar nicht, aber mit unserem vielfältigen Studienangebot eröffnen wir Ihnen gute Chancen für die Zukunft.

Die Ausbildung in den Studiengängen:

Informatik, Physikalische Technik, Chemieingenieurwesen, Entsorgungs- und Umwelttechnik, Versorgungs- und Haustechnik, Technische Betriebswirtschaft (BA), Maschinenbau, Mechatronik, Elektrotechnik, Kommunikation und Technische Dokumentation, Betriebswirtschaft, Wirtschaftsingenieurwesen, Zusatzfernstudium „Wirtschaftsingenieurwesen", Sozialarbeit/Sozialpädagogik, Kultur- und Medienpädagogik, Berufsbegleitender Studiengang „Sozialarbeit/Sozialpädagogik"

ist wissenschaftlich fundiert und praxisnah.

Beste Studienbedingungen, wie erstklassige technische Ausrüstungen, hochmoderne Labore und Praktika, kurze Studienzeiten, kleine Gruppengrößen, angenehmes Studienklima, individuelle Betreuung und Förderung, Internet-Zugang an jedem Arbeitsplatz und die große Bibliothek mit ihrem aktuellen Literaturbestand, ebnen den Weg für Ihre erfolgreiche berufliche Karriere.

Überzeugen Sie sich selbst!

modern - innovativ - praxisnah

FACHHOCHSCHULE MERSEBURG

Geusaer Straße • D-06217 Merseburg • Dezernat für Akademische Angelegenheiten

TEL.: (03461) 46 23 31 • **FAX:** (03461) 46 23 70 • **e-mail:** klaus.nebel@ ltg.fh-merseburg.de • **http://**www.fh-merseburg.de

Universelles Dateninterface für Anwendungen im Intranet

Wolfgang Pott

Zusammenfassung

Das Intranet, eine der Wortschöpfungen der 90er innerhalb der Informatik, entwickelte sich bisher recht träge von anfänglich properietären Client/Server-Umgebungen im LAN-Bereich über physisch vom Internet getrennte unternehmensbezogene Teillösungen bis hin zum sog. „Extranet", welches ein lediglich logisch vom Internet getrenntes globales interaktives Netzwerk einschließlich aller Filialen, Kunden und Zulieferer eines Unternehmens darstellt. Hauptursachen für die relativ zögerliche Weiterentwicklung des Intranets waren bisher das Fehlen bzw. die Unzulänglichkeiten von Sicherungsmechanismen sowie die teilweise extrem heterogenen IT-Landschaften innerhalb der Unternehmen/Institutionen und die damit verbundenen hohen Investitionskosten für derartige Umstrukturierungen. Letzteres Problem wird in jüngster Zeit teilweise durch die administrative Orientierung auf bestimmte Hard- und Softwareumgebungen (zumeist *WINTEL)*, eine nach Meinung des Autors möglicherweise verhängnisvolle Entscheidung, umgangen. Hier werden kurzfristig Monopolstellungen erzeugt, die langfristig zu mangelnder Innovationsfähigkeit und Desorientierung der Informationsstruktur führen kann. Das Problem fehlender Sicherheit scheint durch die Entwicklung gesicherter Übertragungs-Protokolle (SSL), Verschlüsselungsalgorithmen (RSA), Zertifikate (X.509) sowie Authentifizierungs-mechanismen (SET) mittlerweile gelöst zu sein und sollte dazu führen, das Inter-/Intranet den Visionen ihrer Entwickler, der Interaktivität, ein Stück näher zu bringen.

Vor allem die „Java-Technologie" leistet hinsichtlich der Umsetzung der bevorstehenden Entwicklungsziele herausragendes. Dahinter verbirgt sich nicht nur eine „weitere Programmiersprache", sondern ein Innovationssprung, in etwa vergleichbar mit der Entwicklung der objektorientierten Systeme in den 80er Jahren. Durch ihre konsequent verteilte und systemunabhängige Struktur werden Intranetanwendungen jenseits herkömmlicher statischer Client/Server-Implementierungen ermöglicht, die trotz alledem Investitionsschutz für bisher implementierte Systeme gewährleisten.

Die Notwendigkeit universeller Schnittstellen

Mit zunehmender Informationsbandbreite und den damit in Verbindung stehenden unterschiedlichsten Applikationsumgebungen stellt sich mehr und mehr das Problem einer möglichst einheitlichen Schnittstelle, die alle möglichen (properietären) Systeme miteinander in Verbindung bringt. Vor allem bei Datenübernahmen aus externen Systemen (Unternehmen) ergeben sich immer häufiger Reibungsverluste in Form von inkompatiblen Datenformaten, die den Entwicklungs-/Anpassungsaufwand schnell unrentabel gestalten. Gerade im Zeitalter des „Data Warehouse", in dem alle möglichen Daten über Kunden, Lieferanten und das eigene Unternehmen in strukturierter Form aufbereitet werden müssen, um sie dann dem „Data Mining" als Datenbasis für Analysen hinsichtlich Kundenverhalten und Marktprognosen zur Verfügung zu stellen, wird die Zusammenführung verschiedenartigster Datenpools unumgänglich. Der bisherige Lösungsweg bestand häufig in der Unterstützung unterschiedlichster Ex-/Import-Formate der jeweiligen Anwendung. Damit ergibt sich aber gleichzeitig eine kaum mehr überschaubare Vielfalt an Möglichkeiten des Datenaustausches von Applikation A über B nach C und umgekehrt. Durch die Entwicklung verschiedenster Netzwerk-Protokolle hat sich dieser Zustand noch verschärft. In der Praxis wird dieses Problem meist durch die Entwicklung einer speziell auf den jeweiligen Anwendungsfall orientierten Applikation mit all den damit in Verbindung stehenden zusätzlichen Kostenanteilen überwunden. Wie properietär solch eine „Sofort-Hilfe" sein kann, zeigt /Helming 1988/, in dem eine Abhandlung über den Datenaustausch zwischen spezifischen auf dem Markt befindlichen Produkten stattfindet. Diese Art der Herangehensweise erfüllt die gestellten Anforderungen nur unzureichend oder ist lediglich für den einmaligen Gebrauch gedacht bzw. nur mit sehr hohem Wartungsaufwand wieder verwendbar. Eine allgemeinerer Ansatz wurde z. B. durch /Hader 1998/ geschaffen, indem hier die Datentypen- und –ausprägungsbeschreibung in einem universellen Format gehalten und die Inhalte dann wahlweise intern verarbeitet oder über eine rein textorientierte Schnittstelle exportiert werden können. Auch in dieser Lösung werden jedoch die zu konvertierenden Daten getrennt von den darauf operierenden Methoden verarbeitet.

Wünschenswert wäre hier eine allgemeingültige applikationsunabhängige Schnittstelle, die erweiterbar und anpassungsfähig die spezifischen Anforderungen des Anwenders unterstützt, die also quasi eine Brücke im Netz zwischen verschiedenen Intranet-Anwendungen darstellt. Besonderes Augenmerk sollte dabei auf die konsequente Bindung der Datentypen an ihre Konvertierungsart gelegt werden, um damit sowohl die Universalität als auch Stabilität der Anwendung zu gewährleisten.

Lösungsansatz

Ausgangspunkt war die Idee der Verwaltung aller für die Konvertierung relevanten Daten innerhalb einer „von außen" einheitlich sichtbaren Schnittstelle. Sowohl die Daten-Eigenschaften (Name, Typ, Länge) als auch deren I/O-Methoden (Lesen/Schreiben) sollten in ein kompakt strukturiertes Objektmodell eingebunden werden. Die Eigenschaften der Objektorientierung ermöglichen eine Implementierung ohne diverse Beschreibungs- oder Script-Dateien bisheriger Export-/Import-Schnittstellen. Besondere Aufmerksamkeit sollte außerdem der Universalität, d. h. des möglichen Einsatzes unabhängig von unternehmensspezifischen Problemstellungen geschenkt werden. Dabei wurde unter Ausnutzung der außergewöhnlichen Möglichkeiten der Java-Architektur eine objektorientierte Klassenhierarchie geschaffen, in deren Wurzel ein kleines, allgemeingültiges und leicht bedienbares Interface und am Ende des Baumes über mehrere „abstrakte Klassen-Stufen" hinweg die spezifische I/O-Komponente für den jeweiligen Anwendungsfall steht. Über multithreading- und caching-fähige sog. Producer- und Consumerobjekte werden diese Komponenten dann zu ihren Ziel-Komponenten übertragen, wobei bislang 5 verschiedene Komponenten-Typen unterschieden werden. Diese sind dann beliebig (auch stufenweise) ineinander konvertierbar und werden über das o. g. allgemeingültige Interface gesteuert. Im Rahmen von Projektarbeiten sind weitere, wie z. B. HTML- und RMI/CORBA-Komponenten geplant, um damit den allgemeinen Übergang von relationalen zu objektorientierten Datenbanksystemen zu ermöglichen. Die Einbindung des erforderlichen Nutzer-Datenformats erfolgt über sog. „Databases", in denen ähnlich den SQL-Datenbanken entsprechende Datenstrukturen aufzubauen und die erforderlichen Komponenten anzubinden sind. In einer weiteren Ausbaustufe sollte dieser Vorgang über ein User-Interface automatisiert werden, so daß Bedienungsfehler ausgeschlossen werden können.

Es ergeben sich hieraus zunächst 2 prinzipiell unterschiedliche Anwendungsfälle:

- die statische (einmalige) Konvertierung/Duplizierung/Eingabe von Produktdaten in ein anwenderspezifisches System,
- die Benutzung des Dateninterfaces als sog. „Multi-Tier-Anwendung" (mehrstufige Server-Applikation) zur Online-Konvertierung von Produktdaten.

Aufbau der Schnittstelle

Vom internen Aufbau her ist das System stark an die typische Architektur objektorientierter Datenbanken angelehnt und wird sich demnach relativ leicht an ein entsprechendes „OODBS" anbinden lassen. Durch die konsequente Umsetzung des „Java-Interface-Modells", des Prinzips der „abstrakten Klassen" sowie natürlich auch der Vererbungs- und Aggregationsmechanismen lassen sich die doch teilweise stark voneinander unterscheidenden Komponenten miteinander verknüpfen.

Klassenstruktur

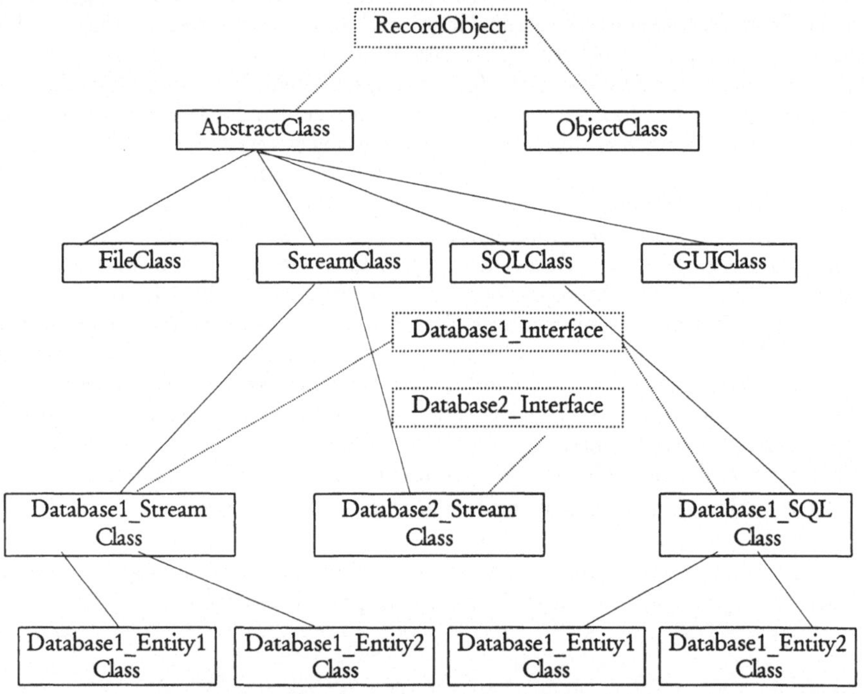

Abbildung 1: Die Klassenhierarchie des Interfaces

Das auf oberster Ebene stehende „RecordObject-Interface" stellt dabei den kleinsten gemeinsamen Nenner aller Objekte dar:

```
Public interface RecordObject {

    public RecordObject getInstance();

    public String [] ReadRecord();

    public void WriteRecord();

    public void StoreRecord(String [] Record);

    public void StoreRecord(RecordObject rObj);

    public void StoreRecord(Boolean forInput,RecordObject rObj);

    public void StoreRecord(Boolean forInput,String [] Record);

    public boolean CloseHandles();

    public boolean CloseHandles(Boolean Producer);

}
```

Jede Konvertierungskomponente hat sich also prinzipiell auf Methoden zum Lesen und Schreiben von „String-Arrays" zu beschränken, was natürlich im Falle von z. B. SQL-Daten zu Informationsverlust führen kann. Um dies zu verhindern, wird jedes Daten-Objekt intern in seinen korrekten Typ umgewandelt. Eine derart zu definierende Klasse wäre z. B.:

```
public class WetterRecord {

    public Date PK_Datum_NN;

    public Date Zeit_NN;

    public Double Luftdruck;

    public Float Rel_Feuchte;

    public Float UTemp;

    public Float Niederschl_DN;


    public static Integer getDatum_Len() {return(new Integer(9));}

    public static Integer getTime_Len() {return(new Integer(9));}

    public static Integer getLuftdruck_Len() {return(new Integer(10));}

    public static Integer getRel_Feuchte_Len() {return(new Integer(10));}

    public static Integer getUTemp_Len() {return(new Integer(10));}

    public static Integer getNiederschl_Len() {return(new Integer(10));}

}
```

Aus dieser Beschreibung können sowohl exakte Datentypen und ihre Längen als auch die Attribut-Bezeichner sowie speziell für SQL-Datenbanken typische „Constraints" (NN->NOT NULL, PK->PRIMARY_KEY usw.) ermittelt werden. Je nach eingestellten Komponententypen wird sich eine mehr oder weniger starke Verwendung dieser Informationen ergeben. Die flexible und offene Entwicklungsumgebung ermöglicht es, erst zur Laufzeit diese Definitionen auszuwerten, wodurch also das Konvertierungs-System selbst ebenfalls offen und unabhängig vom speziellen Anwendungsfall implementiert werden konnte. Die gesamte Anwendungs-Struktur findet ihre Ausprägung innerhalb einer Schnittstelle, in der die zugehörigen Entitäten über eine einfache Liste erfaßt werden:

```
public interface Wetter_Database_Interface extends Database_Interface {

  public static String[] ObjectTypes={"Wetter","PV"};

  public static Integer MAX_RECS=new Integer(300);

}
```

Aus Sicht des Anwenders beschränkt sich die Applikation auf einen minimal konfigurierbaren Eintrittspunkt in ein sog. „Converter"-Objekt, das sich über Angabe der entsprechenden Datenbank sowie des Ein- und Ausgabe-Komponententyps (-richtung) intanziieren/starten läßt:

```
public class Main extends Applet {

  static void Start() {

      new
Converter("Wetter",Database_Interface.STREAM,Database_Interface.SQL).Start();

  }

  public static void main(String args[]) {

      Start();

  }

  public void init() {

      Start();

  }

}
```

Die Konvertierung selbst beruht auf dem Prinzip der Umwandlung von Vererbungs-Hierarchiestrukturen und deren Methoden. Die dabei zu berücksichtigenden unterschiedlichen Eigenschaften befinden sich demnach in den Objekten selbst und nicht (wie sonst üblich) in extern zu definierenden Vorschriften. Die Klasse „ObjectClass" stellt dabei einen Sonderfall dar, denn sie ist quasi als „Container" für alle möglichen Objekt-Typen implementiert. Damit lassen sich dann problemlos auch Datenobjekte unterschiedlichster Quellen und/oder Typen zusammenstellen oder mischen. Ähnlich einem „OODBS" werden hier Objekte „persistent" gespeichert und sind somit, hinsichtlich ihres Typs, eindeutig identifizierbar. Alle anderen Klassen müssen mindestens die folgenden Methoden definieren:

```
abstract class AbstractClass implements RecordObject {
    ...
  public abstract int GetAnzAttr();

  public abstract void SetAnzAttr(int anz);

  public abstract Object GetRecord();

  public abstract int GetRecordLen();

  public abstract void SetRecordLen(int len);

  abstract boolean Open();

  abstract boolean Close(Boolean Producer);

  abstract String ReadNextAttribut(int Attr_Len);

  abstract String ReadAttributAtPos(int RecPos);

  abstract int WriteNextAttribut(String Attr,int Attr_Len);

  abstract int WriteAttributAtPos(String Attr,int RecPos);
    ...
}
```

Die einzelnen Implementationen dieser Zugriffsmethoden hängen natürlich wesentlich vom letztendlich zu verwendenden Übertragungsprotokoll ab. Hier sei beispielhaft auf eine SQL-Komponente verwiesen:

```
public abstract class SQLClass extends AbstractClass {

    ...

  public abstract String GetTablename();

  public abstract void SetTablename();

  public abstract SQLStatement GetTableStatement();

  public abstract void SetStatement(SQLStatement stmt);

  public abstract String getConstraints();

  public abstract String getUser();

  public abstract String getPasswd();


  boolean Open() { ... }

  boolean Close(Boolean Producer) { ... }

  public String ReadNextAttribut(int Attr_Len) { ... }

  public String ReadAttributAtPos(int RecPos) { ... }

  public int WriteNextAttribut(String Attr,int Attr_Len) { ... }

  public int WriteAttributAtPos(String Attr,int RecPos) { ... }

    ...

}
```

Wie unschwer zu erkennen, implementiert diese Klasse einen Teil der vererbten „abstract"-Methoden, fügt jedoch ihrerseits noch weitere hinzu, um damit die Spezifika von „RDBS" zur Geltung zu bringen. Über eine datenbankorientierte Zwischenstufe

```
public abstract class Wetter_SQLDatabase

        extends SQLClass implements Wetter_Database_Interface {

    ...

  public String getUser() { ... }

  public String getPasswd() { ... }

}
```

gelangt man schließlich zur Definition einer Entität innerhalb dieser Datenbank, welche die Abstraktion durch abschließende Implementation zu vollenden hat:

```
public class Wetter extends Wetter_SQLDatabase {

    ...

  public int GetAnzAttr() { ... }

  public void SetAnzAttr(int anz) { ... }

  public Object GetRecord() { ... }

  public String GetTablename() { ... }

  public void SetTablename() { ... }

  public int GetRecordLen() { ... }

  public void SetRecordLen(int len) { ... }

  public SQLStatement GetTableStatement() { ... }

  public void SetStatement(SQLStatement st) { ... }

}
```

Analog hierzu lassen sich weitere Komponenten in die Hierarchie einbinden, um damit letztendlich den eigentlichen Konvertierungsprozeß starten zu können. Weitergehende Dokumentationsunterlagen über die interne Schnittstellen-Architektur befinden sich unter *http://www.in.fh-merseburg.de/~pott/.jws2.0/RecordObjects/doc/packages.html.*

Die Komponententypen

Bislang besteht die Möglichkeit der Auswahl aus den folgenden Typen:
- File-Komponenten
  Diese sind vorrangig für eine dateipositionsorientierte Ein-/Ausgabe gedacht, um damit Selektions- und Sortier-Kriterien auch außerhalb von Datenbanken zu unterstützen.
- Stream-Komponenten
  Eine Komponentenart, die für ein beliebiges Stream-Objekt vom Typ „java.io.InputStream" bzw. „java.io.OutputStream" einsetzbar ist. Daraus ergibt sich eine Vielzahl von Möglichkeiten vom „FileStream" über einen allgemeinen

„Socket-Stream" bis hin zu sog. „URLConnection-Streams", die den Zugriff auf HTTP- oder FTP-Server erlauben.

- SQL-Komponenten
Definierter Ein- und Ausgang in/aus alle(n) möglichen SQL-Datenbanksystemen mit den bereits erwähnten Möglichkeiten der speziellen Datentypanpassungen.

- GUI-Komponenten
Dahinter verbirgt sich die Option der Ein- und Ausgabe der Daten über eine plattformunabhängige grafische Nutzerschnittstelle. Die GUI paßt sich dabei dynamisch an die Struktur der „Produktdaten" an und kann (theoretisch) alle Elemente eines derzeit üblichen „Formular-Frames" enthalten.

- Objekt-Komponenten.
Dies ist die allgemeinste Form und kann prinzipiell alle o. g. Komponententypen innerhalb eines persistent speicherbaren „Objekt-Containers" beinhalten. Sinnvoll verwenden ließe sich dies in „Multi-Tier-Servern", um damit erweiterte „Caching-Mechanismen" aufzubauen oder mehrere verschiedenartige Objekte zusammenzuführen und diese dann den Erfordernissen der „Datensenke" entsprechend zu formatieren.

Workflow

Bezüglich des „Workflows" innerhalb der Anwendung ergibt sich für jedes Datenobjekt die Möglichkeit der Auswahl aus folgender Struktur:

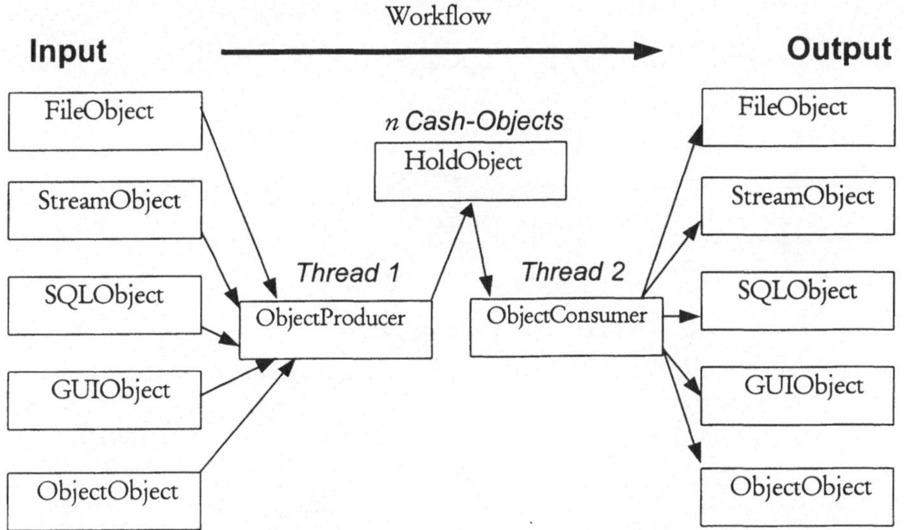

Abbildung 2: Struktur bezügl. des Data-Workflows

Die Thread-Synchonisation erfolgt dabei über einen sog. „circular buffer" mit einstellbarer Größe, wobei die Art der Objekte im Buffer keine Rolle spielen. Es können sich demnach mehrere Daten-Threads (Producer/Consumer) gleichzeitig über ein „HoldObject" synchronisieren, was sich positiv auf das Laufzeitverhalten auswirkt.

Außerdem wäre es aus Optimierungsgründen bei einigen Objekttypen denkbar, das gesamte Daten-Interface auf mehrere Hosts zu verteilen.

Sowohl beim Aufbau der Klassenhierarchie als auch der Workflow-Architektur war der Einsatz sog. „Meta-Datenobjekte" äußerst hilfreich, um einerseits das Grundgerüst der Applikation von nutzerspezifischen Besonderheiten fernzuhalten und andererseits eine „späte Bindung" der Objekt-Instanzen an die Anwendungsschicht zu ermöglichen. Hier trat wiederum die ausgefeilte Architektur der verwendeten Java-Umgebung in den Vordergrund.

Praxis-Test

Eine Beispiel-Implementierung wurde bereits im Rahmen eines Projekts *„Bereitstellung und Visualisierung von Wetterdaten über das Internet"* verwirklicht. Das Daten-Interface stellt hierbei eine „Bridge" zwischen *FTP-Server* und *Online-RMI-Server* sowie *RMI-Server* und *Oracle-Datenbank* dar. Die Wetterdaten werden zunächst aus den „FTP-StreamObjects" in lokale „FileObjects" überführt, aus welchen zunächst die aktuellen Online-Daten zu filtern und deren Gesamtinhalt danach über „SQLObjects" (zur späteren Statistik-Auswertung) in die Datenbank zu speichern ist. Eine Übersicht über die einzelnen Netzwerk-Komponenten wird in der folgenden Abbildung gegeben. Das Dateninterface ist dabei innerhalb des RMI-Servers installiert, welcher zusammen mit dem Web-Server die Rolle eines logisch zentralen Knotens zwischen allen externen Komponenten einnimmt.

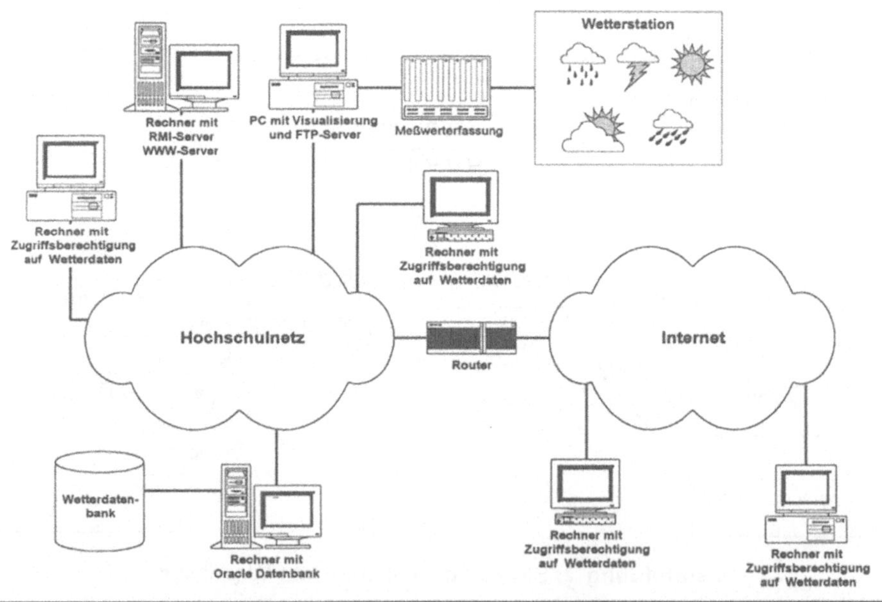

Abbildung 3: Übersicht der beteiligten Komponenten und Topologie der Anwendung *„Visualisierung von Wetterdaten"*

Aussichten

Ein Produkt ohne Weiterentwicklung kann damit schon als „Auslaufmodell" bezeichnet werden. Dieses Dateninterface befindet sich trotz voller Funktionstüchtigkeit aufgrund seines universellen Designs und der damit verbundenen Erweiterungsfähigkeit bisher eher noch im Stadium eines Prototypen. Erweiterungen, die Funktionalität sowie die verbesserte Handhabbarkeit betreffend sind deshalb notwendig. Wie bereits erwähnt, fallen darunter die Einbindung neuer Komponententypen, wie RMI- (Remote Method Invocation) und CORBA- (Common ObjectRequestBroker Architecture) Objekte, zur späteren Anbindung an „OODBS" sowie Einrichtung einer grafisch unterstützten Anwenderschnittstelle, in welcher der Prozeß des Einbindens neuer Datenstrukturen und Workflow-Richtungen erleichtert wird. Außerdem wäre es durchaus sinnvoll, die Schnittstelle als „Daten-Stream-Server", der selbst unter einer normalen „URLConnection" ansprechbar wäre, zu benutzen, um damit Online-Daten direkt mittels eines zugehörigen „Thin-Clients" zu bearbeiten.

Literatur

/Hader 1998/   Hader, Sven: Eine Datenschnittstelle auf der Basis von
                 Textdateien, TU-Chemnitz, 06.01.1998,
                 http.//www.tu-chemnitz.de/~hader/i_face.html.

/Helming 1988/   Helming G.: Datenaustausch unter MS-DOS,
                 Hanser Verlag München, 1988.

Information Brokering im Intranet und Internet
Hans-Günter Lindner, Christoph G. Thomas

Zusammenfassung

Elektronisches Handeln mit Information (Information Brokering) wird eines der Schlüsselfelder in Intranet und Internet-Anwendungen werden. So suchen Unternehmen nach Lösungen zur schnellen und qualitativ hochwertigen Inhouse-Informationsversorgung. Dabei ist das Spannungsverhältnis zwischen steigendem Informationsbedarf und einer zugleich bedrohlichen Informationsflut, im Interesse jedes einzelnen Informationsempfängers, zu lösen. Hierzu können Informationsmakler-systeme einen wichtigen Beitrag leisten, wenn sie sowohl als Plattform für zeitlich und örtlich präzise Informationslieferung dienen als auch professionelle Informationsmakler in ihrer täglichen Arbeit zu unterstützen in der Lage sind.

In diesem Artikel definieren wir den Begriff eines Informationsmaklersystems, beschreiben eine Vorgehensweise für dessen Einführung in Intranet und Internet-Anwendungen und konkretisieren dabei typische Anforderungen für einen erfolgreichen Einsatz derartiger Systeme. Als theoretische Basis dient hierbei ein allgemeines Referenzmodell für Brokering, das aus den drei Schritten Rendezvous, Transaction und Recourse besteht und dessen Umsetzung in Unternehmen sich dann in einem 5-Ebenen-Modell beschreiben läßt. Als Beispiele erster prototypischer Realisierungen für derartige Informationsmaklersysteme werden zwei softwaretechnische Lösungen vorgestellt, die im praktischen Einsatz getestet werden.

Einleitung

"Ich brauch 'nen schnellen Überblick und will sofort handeln, nicht am Computer basteln." Kommt Ihnen das bekannt vor?

Unternehmen suchen Lösungen zur schnellen und qualitativ hochwertigen Informationsversorgung. Das Spannungsverhältnis zwischen steigendem Informationsbedarf und einer zugleich bedrohlichen Informationsflut ist im Interesse der Informationsempfänger, der einzelnen Nutzer zu lösen. Eine individuell aufbereitete Informationsversorgung, die nutzerangepaßte Dienste und Inhalte liefert, ist der Schwerpunkt. Technikzentrierte Lösungen der neuesten Produktbroschüren, die Erwartungen und Kenntnisse der internen Informationskunden unberücksichtigt lassen, lösen nicht die Probleme der täglichen Praxis. Vermeintlich schnelle technische Erfolge wandeln sich rasch in geringe Akzeptanz und ineffektive Nutzung. Mehr Erfolg verspricht ein Ansatz, der Information Brokering zum Prozeß in einem Wertschöpfungsnetzwerk werden läßt.

Die Erstellung des Mehrwerts wird maßgebend von den Informationsmaklern und den Fachexperten beeinflußt. Die persönlichen Verflechtungen und das verteilte Wissen ermöglichen ein Wertschöpfungsnetzwerk, das mit Hilfe eines Informations-maklersystems gesteuert und zu wirtschaftlichem Erfolg geführt werden kann.

Unser Ziel ist es, professionellen Informationsmaklern Werkzeuge an die Hand zu geben, mit denen sie die Prozesse im Informationsmarkt regulieren und zielgerichtet an ihre Kunden bedienen können. Die Systeme nutzen dabei adaptive Technologien, die einen Ausgleich zwischen aktiver Lieferung (push) und eigeninitiativer Suche (pull) gewährleisten.

Grundlagen

Begriff des Informationsmaklersystems

Ein *Informationsmaklersystem* ist ein System zur zeitlich und örtlich präzisen Informationsversorgung persönlich relevanter Inhalte, die menschliche Interaktion durch adaptive Softwaretechnologie unterstützt. Es soll als Plattform Informationsmakler in ihrer täglichen Arbeit unterstützen und Geschäftsprozesse situativ und an die Geschäftspartner angepaßt optimieren. Information Brokering dient der Verfeinerung und Aufbereitung von Information unter wesentlicher Berücksichtigung einer optimalen Mensch-Maschine-Interaktion. Ein Schwerpunkt liegt auf der Integration der Expertise menschlicher Fachspezialisten und Nutzer in das Informationsmaklersystem, so daß Qualitätsregelkreise entstehen können und damit die kontinuierliche Verbesserung der Dienste und Inhalte erst ermöglicht werden können. Die zielorientierte Kombination von Mensch und Technik ist der Mehrwert und der Schlüssel für den langfristigen Erfolg in der Praxis.

Aus den komplexen Beziehungen können neue und sich verändernde Geschäftsbeziehungen entstehen, denen hinsichtlich Kundenbefriedigung und Abrechnung Rechnung getragen werden muß. Die manuelle Pflege dieser Vorgänge in elektronischen Informationsmaklersystemen wäre derart kostenintensiv, daß ein kommerzieller Erfolg solcher Wertschöpfungsnetzwerke unrentabel würde. Die kontinuierliche Anpassung an die Bedürfnisse der Kunden, die Gegebenheiten der Geschäftssituation und die Veränderung des Wissens stellen hohe Anforderungen an die Konzeption und Umsetzung.

Personalisierte Informationen sollen den Nutzern mittels spezifischer Werkzeuge leicht zugänglich gemacht werden. Für alle Nutzergruppen wird ein angepaßter Ausgleich zwischen aktiv gelieferten und vom Nutzer erfragten Daten, d. h. der ausgewogene Einsatz von Push- und Pull-Technologien angestrebt. Die Volltextrecherche ist ebenso eingebunden wie Softwareagenten, die den Dienst der Informationsversorgung soweit wie gewünscht automatisieren. In Verbindung mit Nutzerprofilen und –modellen sollen damit inhaltlich fundierte Anpassungen individuell ermöglicht und neben konventioneller Aktualisierung und Filterung von Inhalten auch exploratives Suchen unterstützt werden.

Ein Informationsmaklersystem nutzt zwar Softwareagenten zur Unterstützung von Routinetätigkeiten bei der Informationslieferung, es ist aber keine reine Softwarelösung zur lediglichen Informationssuche mit Hilfe von Agenten und daher mit marktüblichen Agentenservern oder vergleichbaren Derivaten nicht gleichzusetzen.

Mittlerweile zeigen sich Bestrebungen, Information Brokering in das Spektrum von Wissensmanagement mit einzubeziehen. Excalibur Technologies definiert Knowledge Management wie folgt:

> „Knowledge management is the distribution, access and retrieval of human experiences and relevant information between related individuals or workgroups. Human knowledge and interaction is the key: sharing ideas, solutions and relevant information in an effort to create new solutions. A Gartner Group study recognizes that "...KM [knowledge management] emphasizes human interactions as the focal point surrounding the collection,

distribution and reuse of information. IM [information management] emphasizes technology as the focal point for information collection, distribution and reuse. /Stear & Bair 1997/" /Excalibur Technologies Corporation 1998/.

Die Technologie von Informationsmaklersystemen ist somit eine Kerntechnologie für Wissensmanagement, da es die geforderten Funktionalitäten unter Berücksichtigung hoher Informationsqualität und der notwendigen Qualitätsregelkreise erst ermöglicht.

Rollen in Informationsmaklersystemen

Die Nutzer eines Informationsmaklersystems können typischerweise mehrere Nutzergruppen einnehmen:

- *Informationsmakler*, die für Inhalte, Dienste und die Koordination der Informationsprozesse verantwortlich sind,
- *Multiplikatoren*, die Anwendergruppen beraten und betreuen, aber auch selbst Nutzer des Systems sind,
- *Anwender*, die als „Endkunden" die persönlich aufbereiteter Inhalte und Dienste zur Entscheidungsunterstützung erhalten, und
- *Experten*, die externe Analysten oder interner Fachspezialist sind.

Informationsmakler übernehmen als Mittler zwischen Informationsanbietern und Informationssuchenden eine wichtige gewinnbringende Rolle. Sie können sowohl im Auftrag des Kunden als auch des Anbieters agieren. Diese unterschiedlichen Rollen sind keinesfalls starr vorgegeben, sie werden meist flexibel gestaltet. Je nach Art des Auftrags, Interessen und Wünschen des Kunden, Komplexität des Informationsraums oder auch des Rollenverständnis des Maklers selbst, können sich Rollen ändern und graduell ineinander übergehen.
Zum einen handelt ein Makler eher auf eigene Initiative, indem er Kunden mit Informationen versorgt, von denen er annimmt, daß sie für ihn von gewisser Bedeutung sein können. Zum anderen liefert ein Makler nur auf explizite Anforderung eines Kunden seine Information. Teilweise arbeiten Makler alleine, häufig aber auch er in einem Maklernetz, in dem die Makler auch untereinander konkurrieren können. In jedem Fall ist sein Interesse, Kundenwünsche so genau wie möglich zu verstehen und beide Partner zufriedenstellen zu können.

Das COBRA-Referenzmodell

Das Akquirieren, Kommentieren und Bewerten von Informationen sowie das teamorientierte Abstimmen von Inhalten fordert leistungsfähige Informationsmaklersysteme auf der Basis einer offenen Referenzarchitektur, in denen Informationsmakler, -kunden und Fachspezialisten kooperativ zusammenarbeiten. COBRA (Common Object Brokering Architecture) unterstützt neben dem neutralen Makler zwischen Anbietern und Nachfragern auch Konstellationen, bei denen ein Anbieter oder ein Nachfrager für sich einzelne Maklerfunktionen übernimmt. Unsere Software für Pilotanwendungen nutzt konsequent das offene und flexible Referenzmodell COBRA (Common Object Brokering Architecture), http://zeus.gmd.de/cobra/.

Für Maklerbeziehungen existieren innerhalb von COBRA drei Arten von zeitlich voneinander abhängigen Verantwortlichkeiten: Rendezvous, Transaction und Recourse.

Rendezvous bezeichnet die erste Phase der Suche und Lieferung geeigneter Marktinformation. Hier erfolgt die Selektion und Aktivierung spezifischer individueller Beziehungen, sog. "one-to-one relationships", zwischen Anbietern und potentiellen Kunden in einem Markt. Die Organisation und Präsentation von Marktinformation ist der maklerorientierte Mehrwert, um effektiv die Suche, Navigation und Entscheidungsfindung zu unterstützen. Dabei sind unterschiedliche Verantwortlichkeiten für verschiedene Rollen innerhalb verschiedener Phasen von Marktaktivitäten zu unterscheiden. Die folgenden drei Managementwerkzeuge ergeben zusammen mit Bewertungen das Mittel zur Wertvermittlung:

- Hierarchische Klassifikationsschemata, die von einer Gemeinschaft einheitlich verstanden und genutzt werden, aber in der Praxis oft nur uneinheitlich und inkompatibel in Erscheinung treten;

- Kategorieschemata, die in einem Beziehungsnetzwerk von Merkmalen repräsentiert werden und nur dann effektiv gebraucht werden können, wenn der Aufbau und die Pflege den Erfahrungen der Nutzer entspricht;

- Attributschemata, die Unterscheidungsmerkmale für die effektive Auswahl einzelner Waren aus einer Gesamtmenge liefern.

Transaction ist der Mechanismus für den Austausch von Rechten und Verantwortlichkeiten zwischen zwei oder mehreren Partnern. Diese Phase wird durch das Schaffen von Vorbedingungen, den Austausch von Vereinbarungen und Nachbedingungen definiert. Die Koordinationsmechanismen bei der Bestätigung von Vorbedingungen, beim Überwachen der Vereinbarung und bei der Prüfung der Nachbedingungen sind wesentliche Merkmale des Transaktionsmanagements.

Recourse ist der Mechanismus zur Auswertung von Problemen und der Zuweisung diesbezüglicher Verantwortlichkeiten. Dabei müssen die Bedingungen des Zustandekommens und der Durchführung des Vertrages berücksichtigt werden.

Eine (vereinfachte) Sicht auf das COBRA-Objektmodell, das mit Hilfe des Prototypen bizzyB® umgesetzt wurde, zeigt Abbildung 1.

Ausgehend von einer Anfrage des Kunden wird sein Rechercheprofil erstellt (1) und ein Auftrag als Fall abgespeichert (2). Mit Hilfe des Kategoriesystems und des Quellenkataloges (3) recherchiert der Makler in heterogenen, verteilten Datenquellen (4) und liefert ein konsolidiertes Ergebnis, das als Dossier bezeichnet wird (5).
Das Kategoriesystem beinhaltet Konzepte und Relationen zur Klassifikation von Produkten und Dienstleistungen. Es gleicht unterschiedliche Kategoriesysteme untereinander ab. Der Quellenkatalog enthält das Verzeichnis von Informationsquellen, wie z. B. Datenbanken oder Web-Sites, auf die das System zugreifen kann. Aus einer Vielzahl verfügbarer Informationsquellen, egal ob elektronisch oder persönlich, führt das zielorientierte Aufbereiten von Information zu einem Mehrwert. Dabei werden z. B. Informationen von IT-Analysten gebündelt und mit Metainformationen, wie Bewertungen oder Nutzen für spezifische Empfänger, versehen. Kontinuierliche,

softwareunterstützte Qualitätszirkel helfen, die Qualität der Leistungen und Informationen zu optimieren. Die Güte der Maklerleistung wird über Valuation Cards vorgenommen (6), die ein organisatorisches Werkzeug zur Bewertung von Informationen sind.

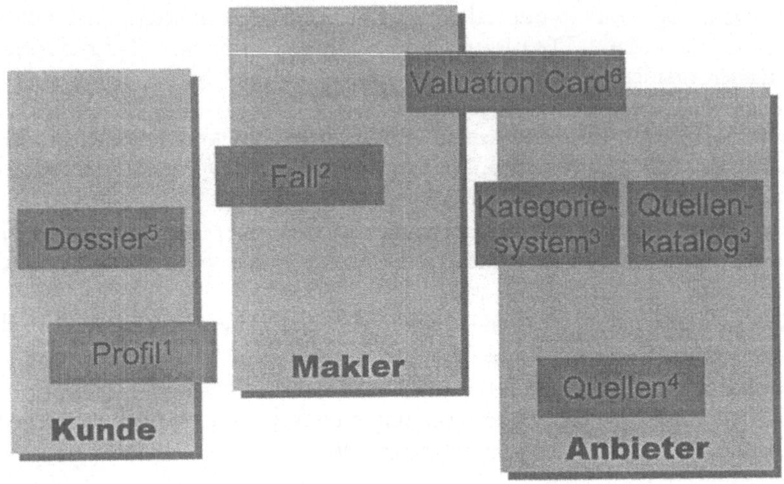

Abbildung 1: Das COBRA-Objektmodell

Umsetzung von Informationsmaklersystemen

Das 5-Ebenen-Modell

Die Komponenten von Informationsmaklersystemen können in fünf Ebenen abgebildet werden. Das 5-Ebenen-Modell erlaubt eine klare Trennung der einzelnen Funktionalitäten sowie einen stufenweisen und gesicherten Aufbau des Gesamtsystems. Die Ebenen beinhalten die fachinhaltliche Basisstruktur, die Infrastruktur, die Qualitätsregelung, die personalisierte Informationsversorgung und die Gruppenunterstützung (Abbildung 2).

Die Komponenten der **fachinhaltlichen Basisstruktur** (Ebene 1) sind

- Datenbanken für die Makler-Dokumente und das Archiv,
- die fachinhaltliche Referenzstruktur (Ontologie), die Fachgebiete, Dokumente, Qualität, Personen sowie Ressourcen und Orte zur Informationsversorgung erfaßt,
- eine medienunabhängige, hochleistungsfähige Suchmaschine,
- Werkzeuge zur halbautomatischen Akquisition, Strukturierung und Bewertung der Informationen,
- die Nutzerverwaltung für Authentifizierung, Protokollierung und Abrechnung,
- andere Komponenten auf dieser Ebene sind externe Datenbanken sowie unternehmensinterne Datenquellen, die nicht direkt zum Informationsmaklersystem gehören sowie weitgehend beliebige Dokumente in Papierform.

Die **Infrastrukturebene** (Ebene 2) dient der Verteilung der Informationen im Inter- und Intranet mit Hilfe von Standard-Browsern.

Die **Qualitätsregelung** (Ebene 3) ergibt sich aus der Bewertung der Inhalte und Dienste. Organisatorische Werkzeuge, wie z. B. Valuation Cards, erlauben eine kontinuierliche, computergestützte Qualitätsverbesserung. Dies erfordert eine enge Kopplung mit Ebene 5.

Die **personalisierte Informationsversorgung** (Ebene 4) beinhaltet nutzerspezifische Werkzeuge zur Unterstützung des Maklers, der Multiplikatoren oder Endnutzer. Diese Werkzeuge bieten Funktionen für das Management komplexer Wissensstrukturen.

Die **Gruppenunterstützung** (Ebene 5) bietet ein Verzeichnis relevanter Personen, wie z. B. ein Expertennetzwerk oder ein Verzeichnis der Autoren.

Abbildung 2: Das 5-Ebenen-Modell

Der Einführungsprozeß

Der Einführungsprozeß zielt darauf ab, für das elektronische Makeln organisationsübergreifende Netzwerke aufzubauen, in denen Verfahren der Qualitätssicherung und -verbesserung für eine laufende Optimierung der Informationsbasis und damit der Wertschöpfung sorgen. Da nicht die vollständige Automatisierung der Informationsversorgung die Lösung ist, sondern eine flexible Kombination menschlicher Expertise in Verbindung mit innovativen Softwarelösungen, müssen Prozesse der Unternehmens- und Personalentwicklung berücksichtigt und die Einführung von Informationsmaklersystemen aktiv mit den Beteiligten gestaltet werden. Technologische Qualität und Qualifikation aller Beteiligten sind hierbei aufeinander abzustimmen. Die gezielte Kombination von Informationstechnologie und Personalentwicklung gewinnt im Laufe der Einführung zunehmend an Bedeutung. Bei der Umsetzung werden die Schichten des 5-Ebenen-Modells im wesentlichen von unten nach oben durchlaufen, und damit nimmt auch die Intensität des organisationalen Lernens zu.

Durch Definition der fachinhaltlichen Basisstruktur, der wesentlichen Datenquellen und der Infrastruktur kann ein Basisdienst zur Informationsversorgung erstellt werden. Nutzerwerkzeuge setzen dann direkt auf der Infrastruktur auf und gewährleisten eine Basisversorgung mit Hilfe von Anwendungen in Groupwaresystemen, wie z. B. Lotus Notes oder Standard-Browsern in Intranets. Um eine kontinuierliche Qualitätssicherung zu gewährleisten, ist die Einbindung in Qualitätsregelkreise erforderlich. Eine zusätzliche Verbesserung der Güte der Informationsversorgung kann dann über adaptive Nutzerschnittstellen erreicht werden, die eine individuelle Anpassung der Inhalte und Präsentation ermöglichen.

Die oberste Ebene zur Gruppenunterstützung rundet die Funktionalitäten ab und erlaubt ausreichende Kooperationsunterstützung auf inhaltlich und qualitativ gesicherter Basis ohne eine Informationsexplosion herbeizuführen.

Prototypen

Der bizzyB® Prototyp

Basierend auf der Standardarchitektur COBRA wurde das flexible Informationsmaklersystem bizzyB für das Makeln von Online-Informationen in elektronischen Märkten entwickelt /Sigel, Rockenberg & Klemke 1998/. Das Validieren der Architektur und bizzyB erfolgt in mehreren internationalen Pilotanwendungen. Der Praxiseinsatz von bizzyB erfolgte im 2. Quartal 1998 in zwei COBRA Pilotanwendungen mit regionalen Dienstleistern für kleine und mittlere Unternehmen:

- County Durham TEC makelt Informationen für die regionale Wirtschaftsförderung und vermittelt Berater mit spezieller Expertise im Norden Englands,
- die Handelskammer Mailand vermittelt eigene und fremde Informationen für die regionale Wirtschaftsförderung in Norditalien.

bizzyB besteht aus drei Funktionskomplexen („services"):

Brokering Service

- bietet eine integrierte Anwendungslösung für die Abwicklung von Makleraufträgen im Team oder durch einen Makler;
- unterstützt das Management von Maklerteams;
- erlaubt, Aufgaben des Informationsmaklers auf die Klienten zu verlagern.

Request Service

- bietet den Maklern für die fallbezogene Auswahl von Informationsquellen Daten über deren Struktur und über deren Bewertung durch die Makler;
- automatisiert auf dieser Basis den wiederholten Zugriff auf Informationsquellen mit spezialisierten Softwareagenten.

Category Service

- hilft bei Spezifikation und Verfeinerung von Abfragen;

- unterstützt die Auswertung mehrerer Informationsquellen durch Abbildung zwischen deren Kategoriesystemen.

Servicestelle ELFI

Als weiteres Beispiel eines Informationsmaklersystems – diesmal mit dem Fokus auf Unterstützung von Multiplikatoren – wurde das System ELFI (Servicestelle für elektronische Forschungsförderinformationen) entwickelt /Nick & Brüggenthies 1998/. Es sammelt Informationen über Forschungsförderung mit Hilfe von spezialisierten Softwareagenten, unterstützt die Aufbereitung dieser Informationen durch menschliche Experten und stellt sie den Forschungsförderreferenten an den deutschen Hochschulen und Forschungseinrichtungen zur Verfügung. Die Informationsaufbereitung und -lieferung ist individuell angepaßt, damit die Referenten die gesuchten Informationen gezielt an ihre Kunden zeit- und personengerecht mit Qualitätssicherung weitergeben können /Lindner, Marock & Thomas 1998/.

Das System ELFI ist ein Referenzsystem von hoher Außenwirkung. Es ist geplant, ELFI nach Ende der DFN-Förderung zu einem stabilen und jederzeit verfügbaren Service auszubauen.

Literatur

/COBRA 1997/ — COBRA (1997): COBRA: The Guided Tour. http://www.onyx.net/proj/cobra/tour.htm.

/Excalibur Technologies Corporation 1998/ — Getting Started with Knowledge Management (1998). An Excalibur Technologies White Paper. Vienna, USA, 1998.

/Koenemann & Thomas 1998/ — Koenemann, Jürgen & Thomas, Christoph G. (1998): Agent-Supported Information Brokering, in: KI-Zeitung 9/98 *(im Erscheinen)*.

/Lindner, Marock & Thomas 1998/ — Lindner, Hans-Günter; Marock, Jürgen; Thomas, Christoph G. (1998): Information Brokering im Internet, GMD-Spiegel 1/98, S. 22-24.

/Nick & Brüggenthies 1998/ — Nick, Achim; Brüggenthies, Andreas (1998): ELFI - die Servicestelle für Forschungsförderinformation in Deutschland *(in diesem Band)*.

/Sigel, Rockenberg & Klemke 1998/ — Sigel, Alexander; Rockenberg, Anja; Klemke, Roland (1998) Brokering von Firmeninformationen mit bizzyB *(in diesem Band)*.

/Stear & Bair 1997/ — Stear, E; Bair, J. (1997): „Information Management Is Not Knowledge Management", in: Gartner Analytics. Gartner Group, December 1997.

Vertrauenswürdige Schlüssel-Archive in Unternehmen
Ein Modell zur Skalierung von Sicherheitsmaßnahmen

Hartmut Pohl, Dietrich Cerny

Zusammenfassung

Im Rahmen des Information Brokering werden unterschiedlich wertvolle Daten gespeichert und verteilt. Zur Erreichung des Sachziels 'Vertraulichkeit' werden wertvolle Daten (Dokumente, Dateien, E-Mails etc.) bei der Speicherung und Übertragung in lokalen Netzen, Intranets und im Internet häufig vom Endanwender verschlüsselt. Die dazu benutzten Schlüssel müssen bei Bedarf für die berechtigten Endanwender genauso verfügbar sein wie für das Unternehmen bei Nicht-Verfügbarkeit des Endanwenders. Klassische Zugriffskontrollmechanismen (u. a. Firewalls) sind hier unzureichend.

Unternehmensinterne Schlüssel-Archive speichern die zur Konzelation (Verschlüsselung) benutzten Schlüssel oder speichern die Adressen benutzter Schlüssel oder stellen auf andere Weise die benutzten Schlüssel auf Anforderung Berechtigten wieder bereit.

Schlüssel-Archive sind aus der auf dem Escrowed Encryption Standard (EES) /NIST 1994/ basierenden Clipper-Initiative /Pohl 1995a/ der Vereinigten Staaten entstanden und werden dort als Key Recovery Center bezeichnet.

Sicherheitsprobleme und Maßnahmen

Zur Erreichung des Sachziels 'Vertraulichkeit' werden Dokumente bei der Speicherung auf einem Server und bei der Übertragung (über lokale Netze, Intranets, Extranets und im Internet) vom Endanwender verschlüsselt. Dazu müssen die benutzten Schlüssel gegen unberechtigte Kenntnisnahme geschützt werden.

Gleichzeitig muß auch die Verfügbarkeit der Schlüssel sichergestellt werden. Verschlüsselte Dokumente können nämlich nur dann wieder nutzbar gemacht werden, wenn sie bei berechtigtem Bedarf (z. B. von Kollegen und Vorgesetzten) wieder entschlüsselt werden können. In Unternehmen ist es deshalb erforderlich, Verfahren einzuführen, die die Verfügbarkeit verschlüsselt gespeicherter Dokumente sicherstellen, auch wenn der originäre Inhaber dieser Dokumente nicht verfügbar ist (Reise, Urlaub, Krankheit, Ausscheiden).

Schlüssel-Archive bieten eine solche Möglichkeit. Sie stellen verschlüsselt gespeicherte Konzelationsschlüssel Berechtigten wieder zur Verfügung.

Funktionsweise von Schlüssel-Archiven

Zur Funktionweise vgl. die Abbildung 1.

Anmeldung beim Schlüssel-Archiv

Im Schlüssel-Archiv legt der Endanwender (Sender) bei der einmaligen Anmeldung folgende Informationen ab:

- Senderadresse mit Identifizierungs- und Authentifizierungsinformation des Endanwenders. Damit weist sich der Endanwender bei erneutem Bedarf nach dem Schlüssel als Berechtigter aus.

- Identifizierungsinformation und Authentifizierungsinformation weiterer Zugriffsberechtigter. Damit werden die Zugriffsberechtigten identifiziert, die die Schlüssel ebenfalls erhalten dürfen.

Das Schlüssel-Archiv sendet eine Bestätigung und seinen öffentlichen Schlüssel.

Speicherung von Dokumenten und Schlüsseln

Der Endanwender verschlüsselt die Dokumente und speichert sie zusammen mit dem benutzten Schlüssel auf seinem Server oder überträgt sie zu einem Kommunikationspartner. Der benutzte Schlüssel wird dabei mit einem öffentlichen Schlüssel des Schlüssel-Archivs verschlüsselt.

Das Schlüssel-Archiv speichert also keinerlei Originaldokumente, verschlüsselte Dokumente oder Schlüssel, auch keine verschlüsselten Konzelationsschlüssel oder Signaturschlüssel.

Vielmehr ist es nach wie vor Aufgabe des Endanwenders, seine Dokumente und die zugehörigen Schlüssel (beides verschlüsselt) zu speichern.

Zum Speichervorgang vgl. die Abbildung 2.

Bereitstellen des Schlüssels (Retrieval)

Auf Anforderung eines Berechtigten entschlüsselt das Schlüssel-Archiv den übersandten Schlüssel und stellt ihn dem Berechtigten zur Verfügung.

Das Schlüssel-Archiv stellt also nicht die benötigten Dokumente zur Verfügung und erhält auch keinen Zugriff auf die Dokumente.

Zum Retrieval vgl. die Abbildung 3.

Identifizierung und Authentifizierung des Schlüssel-Archivs

Berechtigte identifizieren sich gegenüber dem Schlüssel-Archiv mit ihrer digitalen Signatur, mit Zertifikaten sowie weiteren Authentifizierungsinformationen; gleichermaßen identifiziert sich das Schlüssel-Archiv gegenüber den Berechtigten.

Die gesamte Kommunikation zwischen Berechtigten und Schlüssel-Archiv erfolgt verschlüsselt.

Hinterlegungskonzepte

Hinterlegt werden können Dateischlüssel (file keys), Geräteschlüssel (device keys), Grundschlüssel (master keys), Netzschlüssel (network keys), Sitzungsschlüssel (session keys) und Produkt-spezifische oder auch Benutzer-spezifische Schlüssel.

Grundsätzlich werden die beiden Hinterlegungskonzepte (Escrowing), Archiv-Konzept und Nachrichten-Konzept, unterschieden.

Archiv-Konzept

Der benutzte Konzelationsschlüssel des Endanwenders wird in einem speziellen Schlüssel-Archiv (vertrauenswürdige Instanz) hinterlegt, ggf. zusammen mit anderen identifizierenden Informationen. Auch der funktionsbezogene Signaturschlüssel des Endanwenders kann im Schlüssel-Archiv hinterlegt werden. Bei diesem Konzept werden die verschlüsselten Dokumente nicht zusammen mit den Konzelationsschlüsseln hinterlegt.

Nachrichten-Konzept

Der benutzte Konzelationsschlüssel des Endanwenders wird (verschlüsselt), ggf. zusammen mit anderen identifizierenden Informationen, zusammen mit den verschlüsselten Dokumenten übertragen und gespeichert (z. B. in einem Server eines Informationssystems). Bei diesem Konzept werden die Schlüssel also nicht in einer vertrauenswürdigen Instanz zur Hinterlegung gespeichert; es existiert nämlich kein vertrauenswürdiges Schlüssel-Archiv. Auch der funktionsbezogene Signaturschlüssel des Endanwenders könnte auf diese Weise übertragen und gespeichert werden.

Beim Nachrichten-Konzept werden zur Speicherung der Schlüssel die beiden Konzepte, Speicherkonzept und Kommunikationskonzept, unterschieden.

Speicherkonzept

Die verschlüsselten Dokumente (z. B. files) werden zusammen mit den zugehörigen (verschlüsselten) Konzelationsschlüsseln, ggf. zusammen mit anderen identifizierenden Informationen, in einem Datenspeicher (Server) des Informationssystems gespeichert. Weder Sender noch Empfänger speichern die Daten im Klartext.

Dieses Konzept wird bei der verschlüsselten Speicherung von Dokumenten, Archiv-daten etc. , auch beim Back-up, genutzt.

Kommunikationskonzept

Die verschlüsselten Daten werden zusammen mit den zugehörigen Konzelationsschlüsseln, ggf. zusammen mit anderen identifizierenden Informationen, übertragen. Es ist nicht festgelegt, ob der Sender oder der Empfänger die Daten in Klartext verschlüsselt aufbewahrt. Dieses Konzept schützt Konzelationsschlüssel, die zur Verschlüsselung von Kommunikation eingesetzt werden. Der benutzte Schlüssel wird nur übertragen, er wird nicht in einem Schlüssel-Archiv hinterlegt. Ein Retrieval des benutzten Schlüssels und/oder des Dokuments ist in diesem Fall daher nur möglich, wenn der Inhalt eines Übertragungsvorgangs einer Sitzung vollständig kopiert wurde, um im Bedarfsfall den Schlüssel zusammen mit den benötigten verschlüsselten Daten zur Verfügung zu haben.

Hinterlegungsarten

Unter dem Aspekt des bestmöglichen Schutzes der Konzelationsschlüssel sind unterschiedliche Hinterlegungsarten von Schlüsseln möglich.

Zentrale Hinterlegung (escrow center)

Der Schlüssel wird bei einem (einzigen) Schlüssel-Archiv hinterlegt bzw. in einer einzigen Nachricht übertragen.

Verteilte Hinterlegung (split key system)

Der Schlüssel wird geteilt und die Teile werden bei verschiedenen Schlüssel-Archiven hinterlegt bzw. in mehreren Nachrichten übertragen. Schlüssel können derart geteilt werden, daß die erneute Zusammenfügung der Teilschlüssel aller Schlüssel-Archive den Schlüssel ergibt oder so, daß nur ein Teil der Schlüssel-Archive beteiligt wird (split key, secret sharing, threshold scheme). Durch die Hinterlegung bei mehreren Schlüssel-

Archiven kann das Mißbrauchsrisiko gesenkt werden, da ein Angreifer einen erhöhten Aufwand treiben müßte, um den Gesamtschlüssel zu erhalten. Bei der Hinterlegung bei einem Teil der installierten Schlüssel-Archive ist das Sicherheitsniveau erhöht, weil ein Angreifer nicht die tatsächlich beteiligten Schlüssel-Archive kennt. Eventuelle Plausibilitätsprüfungen sind wegen der Verteilung allerdings erschwert.

Vollständige Hinterlegung

Der Schlüssel wird in voller Länge hinterlegt.

Unvollständig Hinterlegung (partial escrowing)

Der Schlüssel wird unvollständig hinterlegt. Beim Retrieval des jeweiligen Schlüssels, wird der nicht-hinterlegte Teil des Schlüssels durch eine sog. brute force attack bestimmt /Schneier 1996/. Allerdings ist der Aufwand dieser Hinterlegungsart für den Berechtigten gleich hoch wie für den Angreifer, so daß die Erhöhung des Sicherheitsniveaus nur mit unangemessen hohem Aufwand erreicht wird.

Die Hinterlegungsart 'vollständig hinterlegter Schlüssel' erscheint nützlich, solange die hinterlegten Schlüssel häufig wieder bereitgestellt werden müssen und damit die Anzahl der Retrieval-Fälle hoch wird. Die Hinterlegungsart 'unvollständig hinterlegte Schlüssel' kann in den Fällen sinnvoll sein, in denen die Retrievalkomponente selten in Anspruch genommen wird; dann lohnt sich der seltene Aufwand im Vergleich zum stark erhöhten Sicherheitsniveau.

Skalierbarkeit: Stufen des Sicherheitsniveaus für Schlüssel-Archive

Schlüssel-Archive verarbeiten mit den Schlüsseln für das Unternehmen wertvolle Daten; es ist daher notwendig, daß diese sehr stark geschützt werden.

In der selbsterklärenden Abbildung 4 werden beispielhaft einige Sicherheitsstufen für das Schlüssel-Archiv vorgeschlagen. Mit steigender Sicherheitsstufe steigt der Widerstandswert des Schlüssel-Archivs. Mit dieser Skala von Sicherheitsstufen läßt sich ein Schlüssel-Archiv an unterschiedliche Sicherheitsanforderungen anpassen. Im Falle der Realisierung muß anhand einer vollständigen Risikoanalyse die, entsprechend der Sicherheitsstrategie des anwendenden Unternehmens aktuell angemessene, Sicherheitsstufe für das Schlüssel-Archiv festgelegt werden.

Die Darstellung der höheren Stufen erfolgt so, daß nur die, im Vergleich zu den niedrigeren Stufen, zusätzlichen Sicherheitsmaßnahmen aufgeführt werden.

Betrachtet werden zwei Maßnahmengruppen, und zwar Maßnahmen für die Schlüsselkomponente des Endanwenders und Maßnahmen für die Schlüssel-Archiv Komponente.

Schlüssel-Archive werden im Rahmen des Projekts SECFORS (Secure Electronic Commerce an der Fachhochschule Rhein-Sieg) von den Autoren zusammen mit Studierenden installiert und unter einer Reihe von Aspekten bewertet.

Darüber hinaus werden im Rahmen von SECFORS weitere, in der Abbildung 5 dargestellte, Komponenten installiert und getestet.

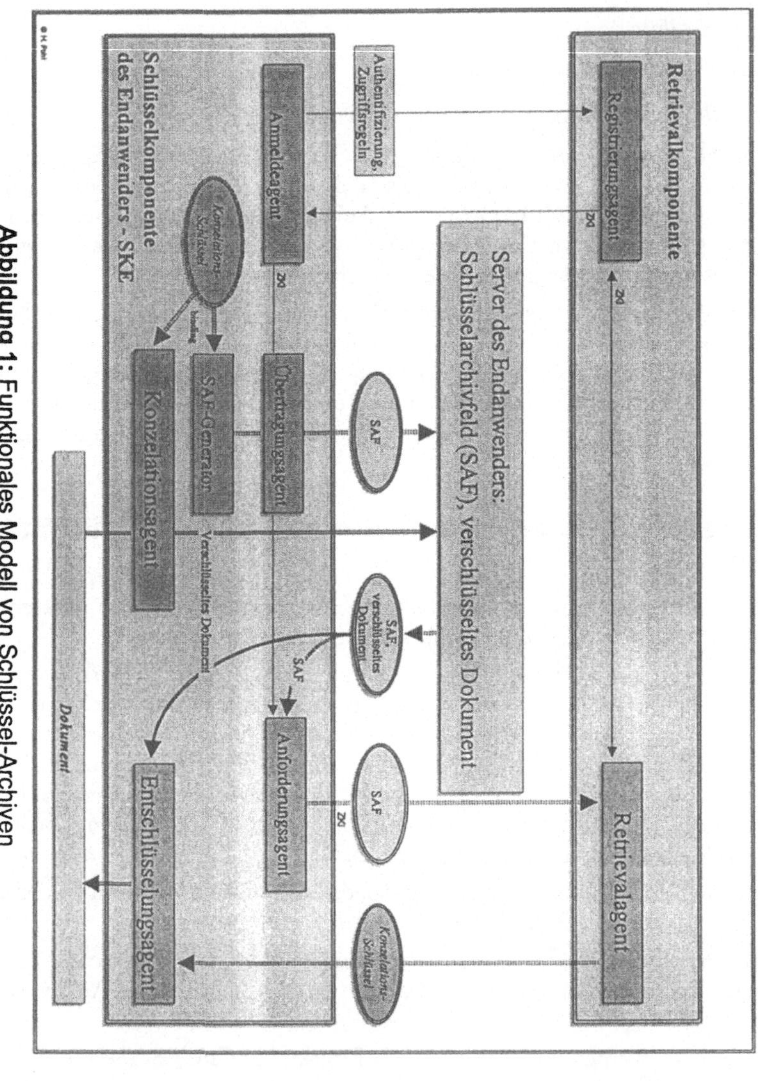

Abbildung 1: Funktionales Modell von Schlüssel-Archiven

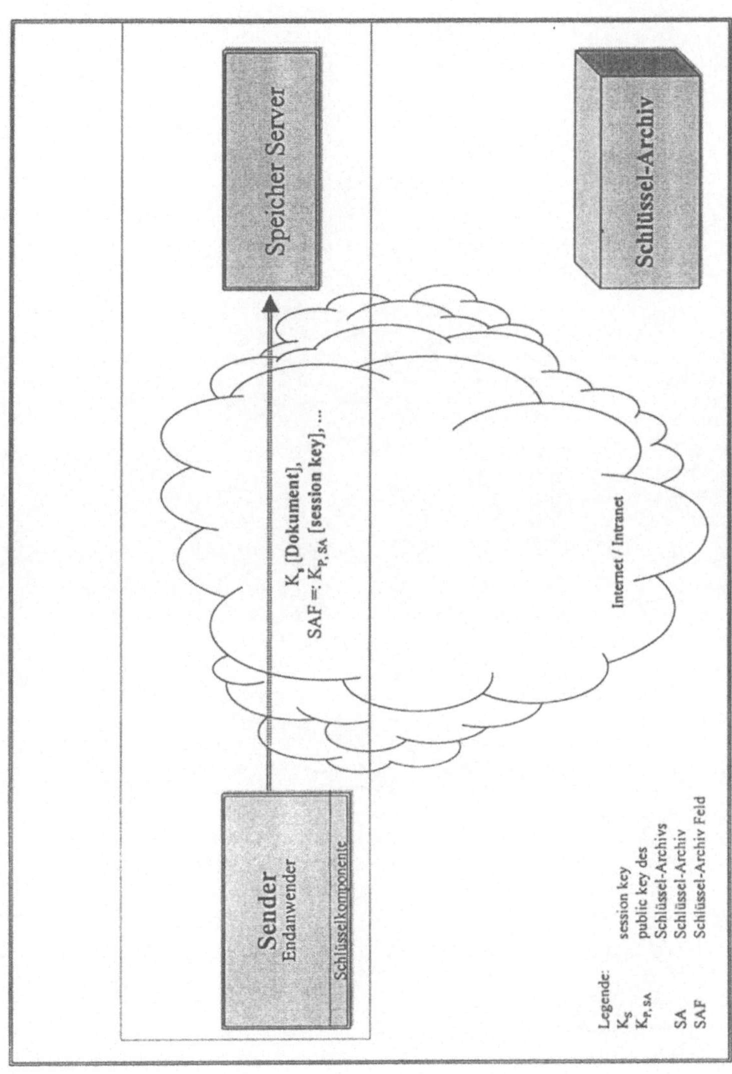

Abbildung 2: Speichern des Dokuments und des zugehörigen session key Ks

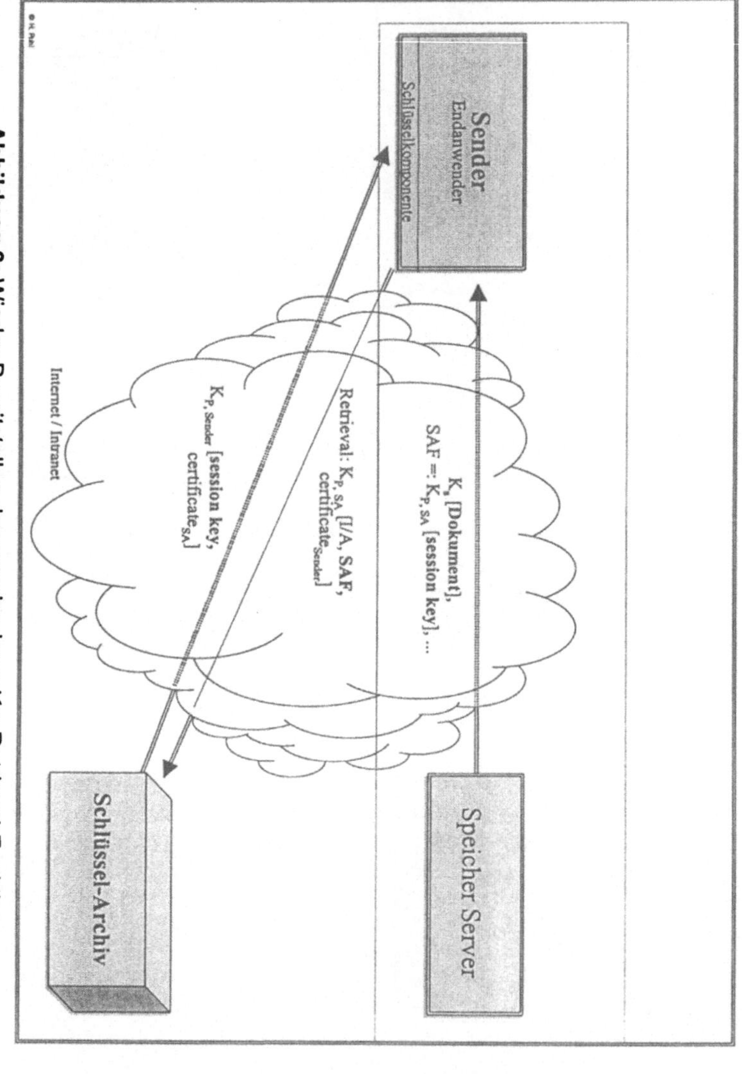

Abbildung 3: Wieder-Bereitstellen des session keys Ks: Retrieval-Funktion

Sicherheits-Stufe	Beschreibung der Sicherheitsmaßnahmen	
	Schlüsselkomponente des Endanwenders	Schlüssel-Archiv Komponente
0	Schlüsselspeicherung nach den Vorstellungen des Endanwenders (Papier, Schrank, Client). Schlüsselwechsel sporadisch.	- Nicht genutzt -
1	Zur Konzelation werden Sitzungsschlüssel benutzt.	Speichern der Sitzungsschlüssel (unverschlüsselt) in zentralem Schlüssel-Archiv.
2		Speichern der Sitzungsschlüssel in **verteilten Schlüssel-Archiven.**
3		Speichern von Sitzungsschlüssel-**Teilen** in verteilten Schlüssel-Archiven.
4		Speichern der Sitzungsschlüssel-Teile mit einem **geheimen Schlüssel** verschlüsselt. Dieser Schlüssel muß nicht im Schlüssel-Archiv, sondern kann in einem speziellen **Sicherheitsserver** gespeichert werden.
5		In Schlüssel-Archiven werden die **Pointer** auf die vom Endanwender gespeicherten Sitzungsschlüssel gespeichert: Der Endanwender sorgt selbst für die Sicherheit seiner gespeicherten Sitzungsschlüssel.
6		Im Schlüssel-Archiv wird nichts gespeichert. Vielmehr speichert der Endanwender die Sitzungsschlüssel mit dem privaten Schlüssel des Schlüssel-Archivs verschlüsselt in seinem **eigenen Bereich.** Zur Entschlüsselung sendet der Endanwender den verschlüsselten Schlüssel dem Archiv zu.

Abbildung 4: Skalierbares Sicherheitsniveau (Levels of Trust)

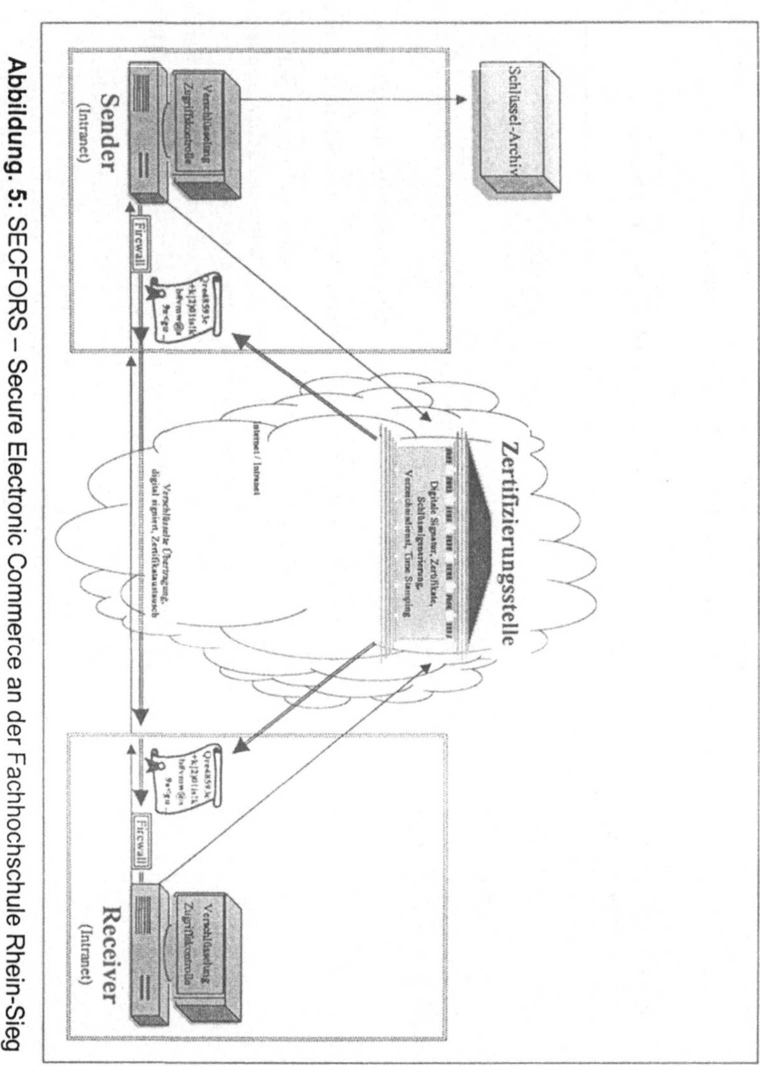

Abbildung. 5: SECFORS – Secure Electronic Commerce an der Fachhochschule Rhein-Sieg

Literatur

/Abelson u.a. 1997/   Abelson, H.; Anderson, R.; Bellovin, S. M.; Benahloh, J.; Blaze, M.; Diffie, W.; Gilmore, J.; Neumann, P. G.; Rivest, R. L.; Schiller, J. I.; Schneier, B.: The Risks of Key Recovery, Key Escrow, and Trusted Third-Party Encryption.
http://www.crypto.com/key_study/report.shtml
1997.

/Cerny, Pohl 1997/   Cerny, D.; Pohl, H.: Trusted Third Parties und Sicherungsinfrastrukturen. WI-Schlagwort Wirtschaftsinformatik 6, 616 – 622, 1997.

/Clark 1997/   Clark, A. J.: Key Recovery – Why, How, Who? Computers & Security 16, 8, 669 – 674 (1997).

/Denning, Smid 1994/   Denning, D. E.; Smid, M.: Key Escrow Today. IEEE Communications 32, 9, 58 – 68, 1994.

/Denning 1997/   Denning, D. E.: Descriptions of Key Escrow Systems. http://guru.georgetown.edu/~denning/crypto/Appe ndix.html, 1997.

/Denning, Branstad 1997/   Denning, D. E.; Branstad, D. K.: A taxonomy for key escrow encryption systems. Communications of the ACM 30, 3, 34 – 40, 1996 und http://guru.georgetown.edu/~denning/crypto/taxon omy.html (1997).

/Froomkin 1996/   Froomkin, M.: The Essential Role of Trusted Third-Parties in Electronic Commerce. 75 Oregon L. Rev. 49, 1996.

/NIST 1994/   NIST (Hrsg.): Escrowed Encryption Standard. Federal Information Processing Standards Publication FIPS PUB 185. 1994.

/Pohl 1995a/   Pohl, H.: Einige Bemerkungen zu Anforderungen, Nutzen und staatlicher Reglementierung beim Einsatz von Verschlüsselungsverfahren. In: Brüggemann, H. H. (Hrsg.): Verläßliche IT-Systeme. Wiesbaden 1995.

/Pohl 1995b/   Pohl, H.: Entwicklung und Realisierung unternehmensübergreifender Sicherheitsarchitekturen. In: Hammer, K. et al. (Hrsg.): Synergie durch Netze. Magdeburg 1995.

/Pohl 1997/   Pohl, H.: Guidelines for the Use of Names and Keys in a Global TTP Infrastructure. http://www. cordis.lu/infosec/src/ets.htm. Brussels 1997.

/Pohl, Cerny 1998/   Pohl, H.; Cerny, D.: Unternehmensinterne Schlüssel-Archive (Key Recovery Center). WI – Schlagwort. Wirtschaftsinformatik (to be published).

/Schneier 1996/   Schneier, B.: Angewandte Kryptographie. Protokolle, Algorithmen und Source Code in C. Bonn 1996.

/Sweet 1996/   Sweet, W. B.: Commercial Key Escrow (CKE): The Path to Global Information Security. Version 2.0. Glenwood 1996.

/Walker 1994/   Walker, S. T.: A possible Basis for Software Key Escrow Encryption. In: Oldehoeft, A.E. (Hrsg.): Report of the NIST Workshop on Key Escrow Encryption. NISTIR 5468 Gaithersburg 1994.

/Walker, Lipner, Ellison, Balenson 1996/   Walker, S.T.; Lipner, S. B.; Ellison, C.M.; Balenson, D. M.: Commercial Key Recovery. Communications of the ACM 39, 3, 41 – 47, 1996.

Datenbanken im World Wide Web
Uwe Wloka

Zusammenfassung

Im Beitrag werden zunächst Datenbanksysteme im Internet in einer weiten Fassung betrachtet, d. h. „Datenbanksysteme", die für und mit dem Internet entwickelt wurden und Datenbanksysteme, die vor und neben dem Internet entwickelt wurden und auf die seit ca. 3 Jahren über das WWW zugegriffen wird.
Schwerpunktmäßig werden die Basistechnologien CGI, API und Applikationsserver des Zugriffs auf relationale Datenbanken über das WWW charakterisiert und bewertet. Am Beispiel ausgewählter Produkte wird die Nutzung von Basistechnologien veranschaulicht und präzisiert.

Entwicklung des Internet

Die Entwicklung des Internet vom universitären Netz zum weltumspannenden Netz für Information, Unterhaltung und Kommerz erfolgte äußerst stürmisch binnen kurzer Zeit. Dazu hat seit 1989 der Internetdienst World Wide Web (WWW) besonders beigetragen. Die rasante Entwicklung und die Nutzung von Internettechnologien in den Unternehmen in Form des Intranet soll sich in den nächsten Jahren noch verstärken. Abbildung 1 zeigt Prognosen für Deutschland /Glunz 1997/.

Internet/Intranet in Deutschland

	1996	2000
Internet-Zugang Geschäft	max. 500.000 Arbeitsplätze in der Industrie mit Internet/Intranet-Tools ausgestattet	3 bis 4 Millionen aller PC-Arbeitsplätze mit Internet/Intranet-Tools ausgestattet
Internet-Zugang Privat	1,5 Millionen private Internet-Nutzer	mehr als 2,5 Millionen private Internet-Nutzer
Internet-Server	360.000 Server installiert - davon 10 % Internet/Intranet-Server = 36.000	mehr als 1 Million Server installiert - davon 25 % Internet/Intranet-Server = 250.000

Abbildung 1: Prognosen zur Internet/Intranet Entwicklung in Deutschland

Optimistische Schätzungen aus den USA unterstellen für das Jahr 2000 im Weltmaßstab:
- 100 Mio. angeschlossene Computer (mit Subnetzen 15 Mrd.)
- 15 Mrd. Seiten im WWW
- 150 Mrd. $ Umsatz im elektronischen Handel.

Dabei wird oft sehr anschaulich das Internet als
- Netz der Netze oder als
- eine gigantische Datenbank

angesehen.
Betrachtet man die im Internet bereitgestellte Informationsmenge aus logischer Sicht als eine riesige, weltweit verteilte, heterogene Datenbank /Masermann 1998/, wird der Datenbankbegriff sehr weit gefaßt und es werden unter der Bezeichnung Datenbank

Sammlungen von HTML-Seiten, Dateien mit verschiedenstem Inhalt (z. B. Textdateien, Indexdateien, Bilddateien) und Datenbanken, in denen die Organisation der Daten einem bestimmten logischen Modell entspricht (Datenbanken entsprechend der Datenbanktheorie), subsumiert.

Folgt man diesem weiten Datenbankbegriff, erweist sich das Internet als der große Integrator, als ein Gegenstand und ein Mittel zum Informationsbrokering. Es ermöglicht den Zugriff

– zu Datensammlungen/Datenbasen/Datenbanken über entsprechende Datenverwaltungssysteme/Datenverwaltungssoftware, die speziell für und mit dem Internet im Rahmen bestimmter Dienste entwickelt wurden und

– zu Datenbanken über entsprechende Information Retrieval Systeme (IRS) und Datenbankbetriebssysteme (DBMS), die vor und neben dem Internet entwickelt wurden und nun integriert werden sollen.

Abbildung 2 enthält eine Übersicht entsprechend dem weiten Begriff. Dabei wird der unpräzise Gebrauch durch entsprechende Synonyme bzw. Oberbegriffe angedeutet.

Datensammlung/ Datenbasis/ Datenbank	Datenverwaltungssoftware/ Datenverwaltungssysteme/ Datenbankbetriebssysteme
Sammlungen von HTML-Seiten	Webserver
Datenbanken mit Angaben zu Webseiten, Suchindexe	Suchmaschinen Kataloge
Datenbanken mit Dateinamen, Indexdateien	Archie (FTP-Server)
Datenbanken mit Menuepunkten, Indexdateien	Veronica (Gopher)
Datenbankdateien, Indexdateien	WAIS
Datenbanken (mit einem logischen Datenmodell)	DBMS
Online Datenbanken	Information Retrieval Systeme

Abbildung 2: Datenbanken im Internet (eine weite Fassung)

„Datenbanken"/Datenverwaltungssoftware für das und mit dem Internet entwickelt

Zu diesen „Datenbanken" und der Datenverwaltungssoftware gehören die Beispiele 1 bis 5 aus Abbildung 2. Dabei sind einige, z. B. Archie (FTP Server) und Veronica (Gopher) schon „Oldies", die aber heute noch über das WWW genutzt und gepflegt werden.

Um die Informationssuche im WWW zu erleichtern, werden zahlreiche Suchwerkzeuge/Suchmaschinen angeboten. Deren prinzipielle Arbeitsweise ähnelt sich sehr stark. Mittels spezieller Programme (Spider, Robots oder Worms) werden weltweit oder nur regional die Webserver durchsucht und die vorhandenen HTML-Seiten analysiert und katalogisiert. Die Kataloge enthalten Suchindexe (deshalb werden Suchmaschinen auch oft als Indexserver bezeichnet), die hauptsächlich aus

Schlagwörtern und den URL (Uniform Resource Locator - Adresse einer Seite), auf denen die Schlagwörter zu finden sind, bestehen.

Nach der Eingabe bestimmter Schlagwörter (meist sind logische Verknüpfungen von Schlagwörtern möglich) werden die Indexe durchsucht und dem Nutzer eine Liste zutreffender URL zurückgegeben. Unter den angegebenen URL kann er sich dann die entsprechenden Seiten suchen. Er muß aber oft erkennen, daß der weitere Inhalt für seine Zwecke nicht relevant ist. Trotz prinzipiell gleicher Arbeitsweise sind die Treffer bei verschiedenen Suchmaschinen sehr unterschiedlich, da die verwendeten Suchstrategien/Suchtiefe sich oft sehr unterscheiden.

Je nach „Granulat" werden

– nur Titel und „Überschriften",

– sämtliche markierte Teile einer Seite (einschließlich Hyperlinks),

– der vollständige Text einer Seite,

– auch verbundene Seiten

für die Katalogisierung analysiert.

Abbildung 3 zeigt als Beispiel den Aufbau der Suchmaschine Fireball /Fireball 1998/.

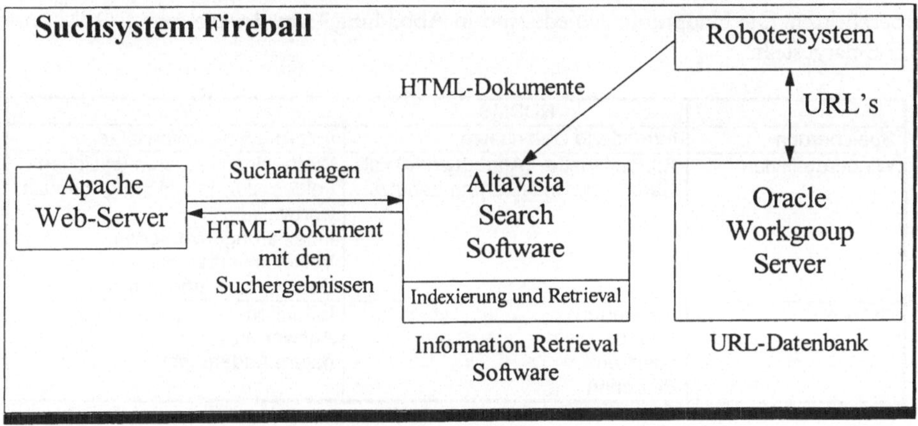

Abbildung 3: Aufbau und Arbeitsweise von „Fireball"

Bei dieser Art der Suche sind keine vollständigen und korrekten Suchergebnisse möglich. Die Vollständigkeit ist durch die Größe des WWW und das schnelle dezentral getriebene Wachstum nicht zu erreichen. Die Korrektheit kann durch die Dynamik des WWW (oft sind Seiten veraltet) und die reine Schlagwortsuche nicht gewährleistet werden. Trotz dieser Mängel haben Suchwerkzeuge einen relativ hohen Akzeptanzgrad, da sie zumindest Zufriedenheitslösungen bieten.

Abhilfe können hier teilweise, je nach gewünschten Inhalten, vorhandene und gepflegte Datenbanken bieten.

Datenbanken/Datenverwaltungssoftware vor und neben dem Internet entwickelt

Information Retrieval Systeme und Datenbanksysteme, deren Daten nach einem logischen Datenmodell organisiert (abgespeichert) werden, haben sich zeitlich vor dem Internet etabliert und zunächst unabhängig davon weiterentwickelt. Im Laufe dieser Entwicklung wurden die zugrunde liegenden Datenmodelle und die dem entsprechenden Datenbankbetriebssysteme von einem hierarchischen Ansatz über einen netzwerkorientierten und relationalen bis hin zu einem objektorientierten Ansatz weiterentwickelt. Dabei ist zu konstatieren, daß heute noch die „Oldies" hierarchische und Netzwerk-DBMS die meisten der überhaupt in Datenbanken organisierten Daten verwalten (Problem der Eingliederung der Legacy-Systeme), daß die relationalen DBMS seit über 10 Jahren die vorherrschenden Systeme bei Neueinsätzen sind und daß die objektorientierten DBMS derzeit nicht unbestritten als Ablösung der relationalen DBMS angesehen werden können.

Auf Grund unterschiedlich strukturierter Datenbestände und unterschiedlicher Aufgabenstellungen haben sich Information Retrieval Systeme und Datenbankbetriebssysteme relativ frühzeitig spezialisiert und eigene Entwicklungswege beschritten. Die Hauptunterschiede sind in Abbildung 4 am Beispiel von RDBMS und IRS dargestellt.

	RDBMS	IRS
Speicherung	formatierte Datensätze	unformatierte Datensätze
Wiederauffinden	Attributinhalte (Attributwerte) als Ganzes zur Indexierung benutzt	Werte eines längeren textlichen Feldes zur Indexierung benutzt, wortweise Indexierung/Invertierung, Volltextinvertierung, Deskriptorinvertierung
Nutzung	Auswerten Ändern Löschen Eingeben	Eingeben Auswerten (kaum Änderungen)

Abbildung 4: Hauptunterschiede RDBMS-IRS

IRS wurden zuerst für das Gebiet Information/Dokumentation entwickelt und verwalten heute sogenannte Online Datenbanken der verschiedensten Fachgebiete. Durch das WWW wurde die Benutzung, die oft kostenpflichtig ist, stark erleichtert.

Im Mittelpunkt der weiteren Betrachtungen sollen vor allem die „eigentlichen" Datenbanken stehen, deren Daten nach einem logischen Datenmodell (hier nach dem relationalen Datenmodell) organisiert/abgespeichert werden.

Zugriff zu Datenbanken über das WWW

Ziele, Vorteile und Probleme

Das globale Ziel besteht in der Verbindung bestimmter „Highlights" des WWW mit denen der relationalen Datenbanken. Von Seiten des WWW sind das vor allem:

– die einfache Bedienung der auf vielen Hardwareplattformen verfügbaren graphischen Browser,

– die einheitliche Oberfläche und der einheitliche Zugang zu vielen Informationsquellen,

– die einfache Dokumentenerzeugung mit HTML (Hyper Text Markup Language) und deren einfache Übertragung mittels einem standardisierten, einfachen Protokoll (HTTP - Hyper Text Transfer Protokoll).

Von Seiten der Datenbanken sind das vor allem:

– Bereitstellung ständig aktueller Daten (im Rahmen der OLTP - Online Transaction Processing - Funktionalität von DBMS aktualisierte Daten),

– Reduzierung des Aufwandes zur Pflege der WWW-Dokumente,

– Bereitstellung sekundärer Datenbestände (Kopien oder Data Warehouses) zur Auswertung,

– Gewährleistung eines hohen Maßes an Richtigkeit, Vollständigkeit und logischer Widerspruchsfreiheit der Daten im Rahmen des Transaktionsmanagement von DBMS (Gewährleistung der Datensicherheit),

– Gewährleistung eines hohen Maßes an Zugriffsschutz (Schutz vor unbefugter Benutzung),

– Bereitstellung einer standardisierten, gegenüber der reinen Schlagwortsuche, äußerst komfortablen Anfragesprache,

– Gewährleistung einer Benutzerinteraktion,

– hohe Performance beim eigentlichen Datenzugriff,

– Gewährleistung einer hinreichend genauen Abbildung Realität/Miniwelt/Diskursbereich - Datenbank durch geeignete Entwurfsverfahren und durch die Semantik des Datenbankschemas.

Damit haben sich Datenbanken als Gegenstand und DBMS als Mittel des Information Brokering exponiert. Ein Datenbankbetriebssystem kann dabei in 2 prinzipiellen Einsatzfällen genutzt werden:

1. Zur Verwaltung der HTML-Seiten,
2. Zur Verwaltung der „traditionellen" Daten.

Neben den technologischen Vorteilen und Zielen, verfolgen natürlich Softwareanbieter vieler Couleur (z. B. Browser-, WWW-Server-, DBMS-Anbieter) durch die Bereitstellung von im WWW nutzbarer Software am prognostizierten Umsatz durch E-Commerce im Internet (im Jahre 2000 weltweit 150 Mrd. US-Dollar) zu partizipieren.

Dabei entwickelt sich das WWW neben der weltumspannenden Informations(Werbung, Marketing)- und zunehmend zur Geschäftsplattform (Electronic Banking, Electronic Commerce).

Bei allen Vorteilen des Zugriffs auf Datenbanken über das WWW gibt es zwischen den originären WWW-Technologien (HTML und HTTP) und einer grundlegenden DBMS-Technologie einen Technologiebruch.

Während ein WWW-Server nach der Lieferung einer geforderten Seite an den anfordernden Client „vergißt", wer der Client war und der Client erneute Anforderungen stellen muß (zustandslose Verbindung), erfordert das Transaktionsmanagement von DBMS, daß der anfordernde Client zumindest für eine Transaktion bekannt bleibt. Mit der Verwirklichung des ACID-Prinzips (Atomarität, Konsistenz, Isolation, Dauerhaftigkeit) garantiert das Transaktionsmanagement, daß bei einer beliebigen Folge von Operationen auf der Datenbank (z. B. von Eingeben, Ändern, Löschen, Auswerten) im Erfolgsfalle die Ergebnisse gesichert sind und im Fehlerfalle auf den Zustand zu Beginn der Transaktion zurückgesetzt wird. Das erfordert eine permanente Verbindung zwischen Client und Datenbank-Server (zustandsorientierte Verbindung).

Die verschiedenen in der Praxis angebotenen Technologien zur Verbindung WWW und Datenbank leben entweder mit diesem Technologiebruch (Single-Page-Transaktionen) oder versuchen ihn auf Kosten originärer WWW-Technologien (Ersatz des HTTP-Protokolls durch andere Protokolle) zu überwinden.

Prinzipielle Technologien für den Zugriff zu Datenbanken über das WWW

Fast ebenso schnell wie das WWW haben sich Technologien und Architekturen zur Verbindung zwischen WWW und Datenbanken entwickelt. Dabei entwickelten sich selbst die Technologien und Architekturen sowie Produkte einzelner Hersteller sehr schnell. Das brachte es mit sich, daß viele Produkte sehr kurzlebig und schlecht dokumentiert sind. Trotz der relativ kurzen Zeit, von weniger als 5 Jahren, lassen sich deutliche Entwicklungsschritte oder Generationen erkennen /Loeser 1997/. Die Kopplungsfunktionalität kann hier in den Produkten der WWW-Server-, Middleware - oder der DBMS-Hersteller angesiedelt sein.

Herstellerunabhängig kann man für die Verbindung von WWW und Datenbanken vor allem folgende Basistechnologien erkennen:

Nutzung von CGI (Common Gateway Interface)

Mit CGI waren erstmals dynamische HTML-Seiten (aktuelle Daten aus der Datenbank werden zur Anzeige gebracht) neben den statistischen, unveränderten Seiten möglich. Im Rahmen eines CGI-Programmes (z. B. in C/C++, Perl oder einer anderen Scriptsprache geschrieben) wird die Kommunikation zum Datenbankserver realisiert. Der WWW-Server erkennt an der Adresse, ob eine statistische HTML-Seite aus seiner Dateiensammlung dem Browser (Client) zurückzugeben oder über ein CGI-Programm eine dynamische Seite zu erstellen ist. Im CGI-Programm oder Script sind die auszuführende DB-Anfrage, die zu erstellende HTML-Seite mit dem einzubettenden Anfrageergebnis fest codiert. Das bedeutet, daß für jede Anfrage ein entsprechendes Programm/Script benötigt wird. Dabei ist jede DB-Anfrage eine Transaktion. Eine entsprechende Sitzungsverwaltung ist auch nicht möglich.

Die aufwendige Programmerstellung (komplizierte Parameterübergabe, keine Entwicklungsumgebung vorhanden, Fehlersuche problematisch), die mangelnde

Zugangskontrolle zur Datenbank und die geringe Performance (wegen des Routings durch den WWW-Server) ließen schnell weitere Technologien in Betracht ziehen.

Dabei soll nicht verkannt werden, daß diese Technologie der ersten Generation (eine entsprechende Architektur ist in Abbildung 5 dargestellt) eine sehr flexible und vom jeweiligen WWW-Server unabhängige Methode des Zugriffs auf Funktionalität und Elemente eines Datenbanksystems darstellt.

Nutzung von API (Application Programming Interface)

Die vielfach nutzbare Basistechnologie API wurde von den verschiedensten Ausgangspunkten aus vorangetrieben, um die Verbindung WWW-DB-Server herzustellen.

1. Erweiterung des WWW-Servers um ein WWW-Server-API
   Typische Vertreter sind hier NSAPI von Netscape /NSAPI 1998/ und ISAPI von Microsoft /ISAPI 1998/. Dabei ist der Aufruf eines seperaten CGI-Programms nicht mehr notwendig. Das API erlaubt es, nutzereigene Funktionen in den Server einzubringen, die die Verbindung zum DB-Server dauerhaft aufrecht erhalten können. Die nutzereigenen Funktionen können sich dabei bis zu komplett eingebauten (z. B. Web.SGL von Sybase) oder eigenständigen Produkten (z. B. Oracle Web Server) ausweiten.
   Über URL-Bestandteile werden diese Funktionen aufgerufen und mit Parametern (Anfrageinformationen) versorgt. Gleichzeitig wird eine Datei spezifiziert, die die Templates oder HTML-Makros enthält. In den Templates wird mit HTML-Befehlen der Aufbau der Seite beschrieben. Darin sind zwischen speziellen Tags, z. B. <syb> und </syb> bei Sybase oder <?misql> und <?/misql> bei Informix, Datenbankoperationen eingebettet, die zur Laufzeit dem DB-Server übergeben werden. Die Ergebnisse des Servers werden an die vorgesehenen Stellen in die Seite eingebaut (siehe Abbildung 6).
   Bei der Verwendung von HTML-Makros werden in einer Variante (MS Internet Database Connector IDC) 2 verschiedene Dateien eingesetzt /Microsoft 1998/. In der idc-Datei stehen z. B. Datenquelle, Nutzername, Templatename und SQL-Statement. In der htx-Datei stehen die HTML-Befehle mit Platzhaltern für die Ergebnisse der DB-Anfrage. Das SQL-Statement der idc-Datei wird zur Laufzeit an den DB-Server zur Abarbeitung geschickt, die Ergebnisse in die htx-Datei (Template) eingebracht (siehe Abbildung 6).
   Die Nutzung des WWW-Server-API gestattet einen Performance-Gewinn durch die dauerhafte Verbindung zwischen WWW- und DB-Server, die DB-Anfragen sind wieder verwendbar, die Templates können leichter als CGI-Programme erstellt werden. Als Nachteil sind die Abhängigkeit von den WWW-Servern mit API und der hohe Einarbeitungsaufwand in die Interface-Funktionalität zu nennen.

2. Erweiterung des DB-API
   In der Regel enthalten die DB-API Funktionen für den DB-Zugriff. Bei einigen Systemen wird die DB-Programmierschnittstelle durch WWW-Funktionalitäten (siehe Abbildung 6) erweitert, z. B. bei Informix mit seinen Web Kits /Informix 1997/.
   In ähnlicher Weise wird bei Oracle das PL-SQL um Hypertext Procedures (HTP) und Hypertext Functions (HTF) zur dynamischen Generierung von HTML-Seiten erweitert /Greenwald 1997/.
   Durch die Benutzung des DB-API entstehen WWW-DB-Clients, die in vielen Eigenschaften den CGI-Programmen ähnlich sind.

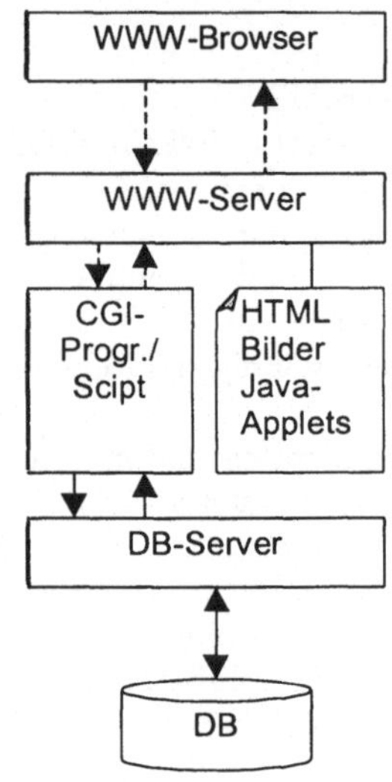

Abbildung 5:
Datenbankanbindung an das WWW mittels CGI

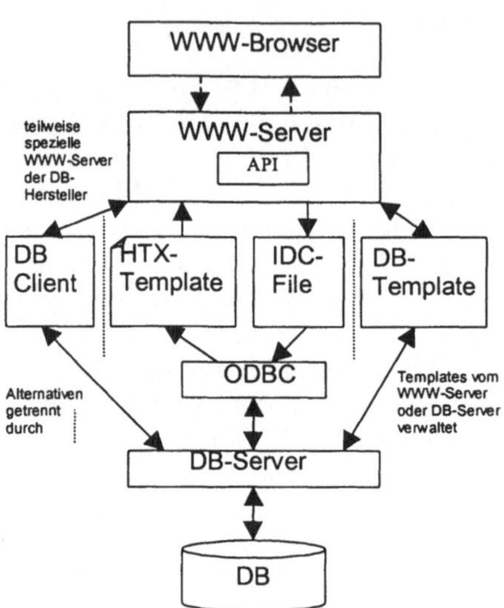

Abbildung 6: Datenbankanbindung an das WWW mittels WWW-Server API

3. Java-JDBC (Java Database Connectivity)
   JDBC ist eine allgemeine DB-Schnittstelle von Java und legt die Art und Weise des Absendens von SQL-Statements zum SQL-Server und den Erhalt und die Behandlung der Resultate fest. Sie ist rechnerplattform- und DBMS-unabhängig. Die DBMS-Unabhängigkeit wird dadurch realisiert, daß in JDBC nur die entsprechenden Routinen samt Parametern für die Verbindung zur Datenbank und zurück festgelegt sind. Die konkrete Implementierung ist in DBMS-abhängigen Drivern verwirklicht.
   Mittels JDBC können die Benutzerinteraktion mit der Datenbank, Transaktionen und sogar ein 2-Phase-Commit (ein relativ sicheres Protokoll für Änderungen in verteilten Datenbanken) realisiert werden. JDBC ist ein API der JavaSoft Division von Sun Microsystems und vergleichbar mit ODBC (Open Database Connectivity) von Microsoft (Microsofts Firmenstandard für den Zugriff auf Datenbanken). Beide basieren auf den X/Open-CLI (Call Level Interface). Neben dem DB-

Zugriff enthält eine Java-Anwendung die Präsentationslogik und die Anwendungslogik.

Werden Präsentationslogik, Anwendungslogik und direkter DB-Zugriff auf dem Client in Form von Applets (vom WWW-Server geladen) realisiert, erhält man eine 2-Ebenen-Architektur mit aktiven (dicken) Clients und aktiven Servern (WWW-Server und DB-Server auf einem Rechner), siehe Abbildung 7.

Überträgt man dem Client nur die Präsentationslogik, die Anwendungslogik und die Verbindung zum DB-Server laufen als Servlets auf dem WWW-Host, kommt man zu einer 3-Ebenen-Architektur.

Die Nutzung von JDBC erlaubt folgende Vorteile zu nutzen:

- Direkte Anbindung des WWW-Browser in einer 2-Ebenen- oder 3-Ebenen-Architektur an den DB-Server (Aufhebung der „Flaschenhälse" WWW-Server, CGI-Programme),
- Transaktionen und Sitzungen werden unterstützt,
- Leistungsfähigere, plattformunabhängige Programme sind möglich,
- Datenprüfung bei der Eingabe, komplexer Verarbeitungen, Visualisierung bei der Ausgabe.

Diesen Vorteilen stehen aber auch einige Nachteile gegenüber:

- Längere Ladezeiten der Anwendung und der Javaklassen von WWW-Server zum Browser,
- Sicherheitsprobleme mit den „Trojanischen Pferden" vom WWW-Server,
- Einschränkung der Flexibilität durch die Festlegung, daß Java-Programme nur zu den Computern Verbindung aufnehmen können, von denen sie geladen sind. Deshalb sollten WWW- und DB-Server auf einem Rechner sein. Abhilfe können hier Applikationsserver schaffen, die die Funktionalität der Kommunikation zu DB- Servern mit übernehmen und Java Electronic Commerce Framework (JECF) /Java 1996/ mit seinen Sicherheitskassetten, die in das Filesystem des Browser übernommen und nach einer Sicherheitsüberprüfung lokal ablaufen können.
- Verlust von HTML zur einfachen Dokumentenerzeugung und HTTP zur einfachen standardisierten Übertragung, damit Verlust von originären Vorteilen der WWW.

4. Proprietäre Java-DBS-Schnittstellen

Zunehmend werden auch DBS-spezifische Java-DB-Schnittstellen angeboten, um eventuell eigene performante Übertragungsprotokolle nutzen zu können. Beispiele dafür sind OCI/Java von Oracle /Oracle 1997/ oder Jconnect von Sybase /Jconnect 1998/.

Die Ausprägungen 1 und 2 der Basistechnologie API gehören nach /Loeser 1997/ zur 2. Generation, die Ausprägungen 3 und 4 zur 3. Generation der Datenbankanbindung an das WWW.

Applikationsserver

Der Applikationsserver übernimmt einen großen Teil der Anwendungslogik und den Zugriff zum Datenbankserver, auf dem das DBMS läuft. Dabei werden Transaktionen und ganze Sitzungen unterstützt. Der Client übernimmt die Präsentationslogik und eventuelle Integritätsprüfungen. Der Datenbankserver übernimmt die

Transaktionslogik und eventuell einen Teil der Anwendungslogik in Form von Stored Procedure oder Business Rules.

Bei dieser Aufgabenverteilung wird aus der klassischen Client-Server-Architektur eine 3-Ebenen-Architektur für WWW-Anwendungen, siehe Abbildung 8.

Entsprechend dem Sicherheitskonzept von Java muß der Applikationsserver über den gleichen Rechner wie der WWW-Server laufen. Der Client (Browser) spricht über das zustandslose HTTP-Protokoll den WWW-Server zur Realisierung einer initialen Netzwerkverbindung an.

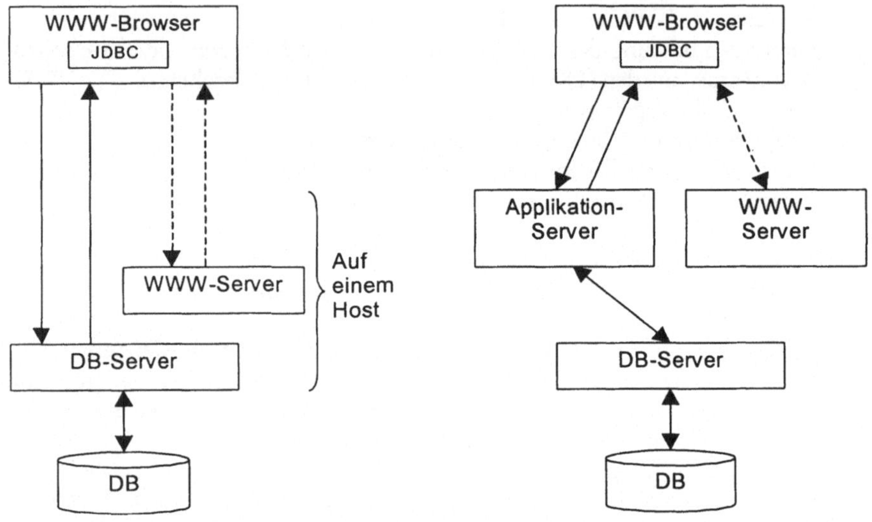

Abbildung 7: Datenbankanbindung an das WWW mittels JDBC (2-Ebenen-Architektur)

Abbildung 8: Datenbankanbindung an das WWW mittels Applikation-Server (3-Ebenen-Architektur)

Wenn ein Applet auf den Client geladen wurde, hat der WWW-Server seine Aufgabe erfüllt. Die weitere Arbeit wird über eine direkte, zustandsorientierte Verbindung zwischen Client und Applikationsserver und zwischen Applikationsserver und Datenbankserver realisiert.

Die Applikationsservertechnologie hat ähnliche Vor- und Nachteile wie bei der JDBC-Nutzung aufgezeigt, da hier ebenfalls die DB-Anbindung über JDBC realisiert wird, der Applikationsserver aber zusätzlich die Anwendungslogik und die Kommunikation realisiert. Applikationsserver sind ebenfalls der 3. Generation der Datenbankanbindung an das WWW zuzuordnen.

Wie wir bei den vorgestellten, grundlegenden Technologien ersehen konnten, kann die Funktionalität zur Kopplung mit einer Datenbank durch entsprechende Erweiterungen architekturmäßig clientseitig oder serverseitig angebunden sein.

In /Benn 1998/ ist eine gute Übersicht herstellerunabhängiger, allgemeiner Verfahren und Architekturen der Kopplung WWW-Datenbank dargestellt. Hier werden im folgenden konkrete Technologien und Architekturen, an Beispielen eigener Anwendungen, dargestellt.

Konkrete Technologien für den Zugriff zu Datenbanken über das WWW

Abbildung 9 zeigt eine konkrete Umsetzung der serverseitigen Anbindung der API-Technologie zum Zugriff auf Datenbanken. Das NSAPI wurde genutzt, um mit Hilfe einer firmenspezifischen Implementation Web.SQL über den Sybase-SQL-Server auf Sybase-Datenbanken zuzugreifen /Ashley 1996/.

Der Client (Browser) greift über HTTP auf einen Netscape-WWW-Server zu. Dieser verwaltet neben statischen HTML-Seiten auch die Templates, die neben HTML zwischen den <SYB>- und </SYB>-Tags SQL- und Perl-Anweisungen enthalten, die durch Web.SQL interpretiert und im Falle der SQL-Statements zum SQL-Server geschickt werden. Dieser führt sie aus und schickt die Ergebnisse an Web.SQL zurück. Dort werden die Ergebnisse in die Templates eingefügt. Auf diese Weise entstehen dynamische Web-Seiten mit aktuellen Daten aus der Datenbank, die dann der Browser anzeigen kann.

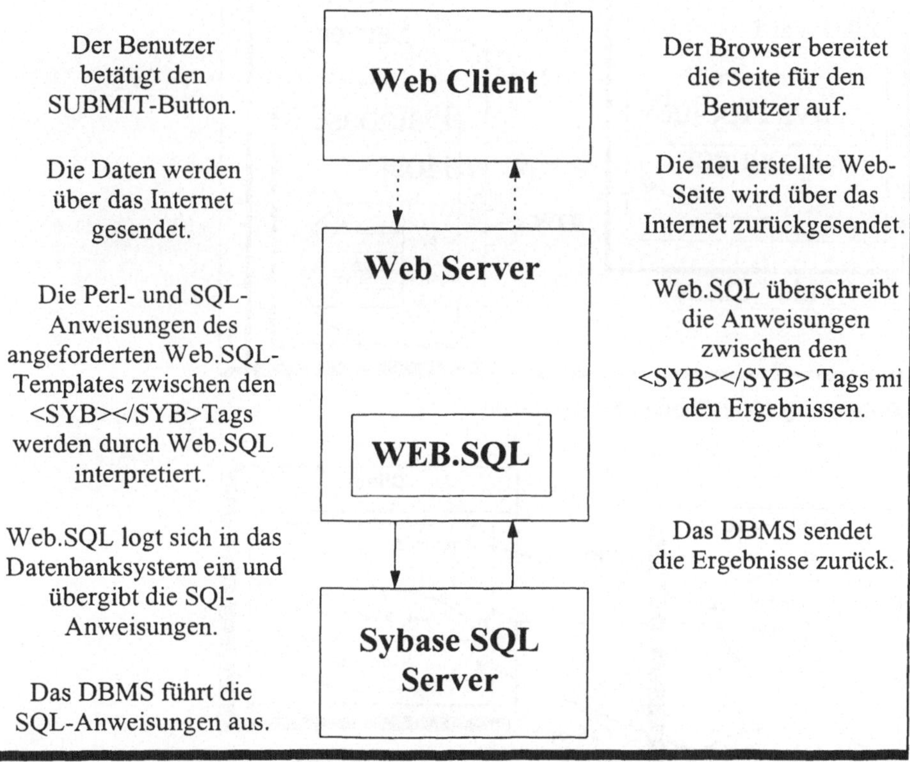

Abbildung 9: Ablauf der Generierung von dynamischen HTML-Seiten mit Web.SQL

In den Abbildungen 10 und 11 ist die Nutzung des API JDBC client- und serverseitig dargestellt /Jconnect 1998/. Jconnect von Sybase ist eine vollständige, firmenspezifische Implementation von JDBC. Jconnect ist 100 % in Java geschrieben und dient DB-orientierten „Thin-Client"-Geschäftsanwendungen in Form von Applets und Servlets. Für den Hochleistungszugriff zum Sybase-SQL-Server wird ein firmenspezifisches Protokoll TDS (Tabular Data Stream) benutzt.

Abbildung 12 zeigt die Nutzung des Applikationsservers Jaguar CTS (Component Transaction Server) von Sybase. Der WWW-Server, auf dem gleichen Rechner wie der Applikationsserver, wird zur Herstellung einer initialen Netzwerkverbindung genutzt. Danach kommuniziert der Client über den Applikationsserver direkt in den Datenbankserver. Der Applikationsserver übernimmt, wie im allgemeinen Fall beschrieben, das Sitzungs- und Transaktionenmanagement und die Verarbeitung von Anwendungslogik.

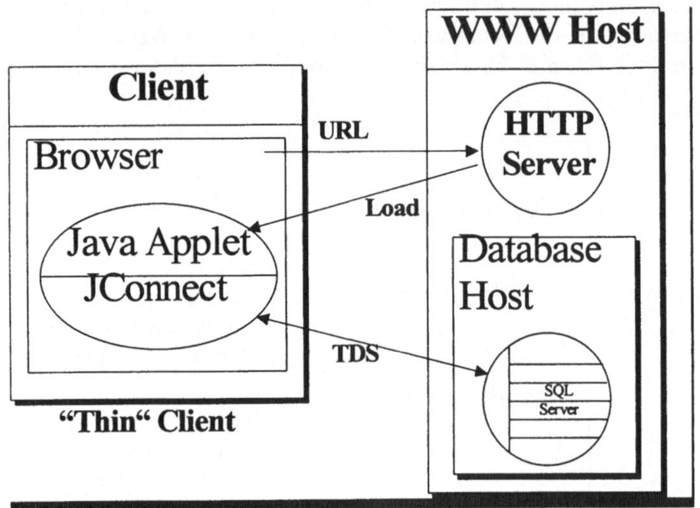

Abbildung 10: 2-Ebenen Konfiguration

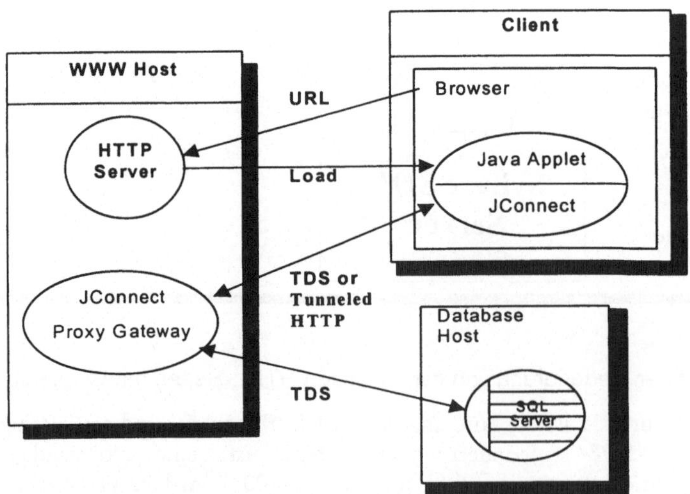

Abbildung 11: 3-Ebenen Konfiguration

Werden im Rahmen dieser Verarbeitung Daten aus der Datenbank benötigt, stellt der Applikationsserver die Verbindungen zum Datenbankserver (DBMS) her und übergibt die Anfragelogik (SQL-Statements). Auf dem DB-Server werden die SQL-Statements ausgeführt und die Ergebnisse zurückgeschickt. Das Besondere am Jaguar CTS ist, daß die Anwendungslogik ganz verschiedenartig vorliegen kann, z. B. als Java-Servlets, ActiveX-Komponenten, verteilte Power Builder User Objekte, C/C++ - Programme, CORBA-Objekte, Power Dynamo-Anwendungen.

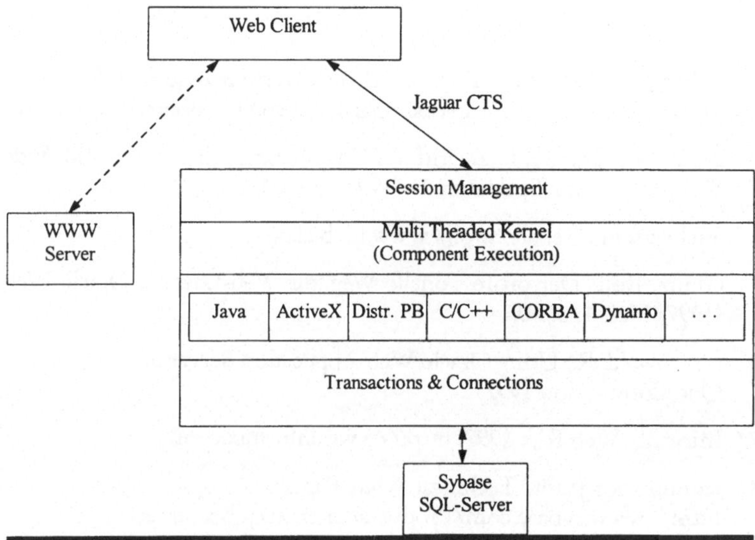

Abbildung 12: Jaguar CTS

Damit ist Jaguar CTS äußerst flexibel und legt sich nicht auf eine Technologie fest, die sich später als nicht praxisrelevant herausstellen könnte.

Der Applikationsserver ist das Herzstück der sogenannten NetOLTP-Technologie, Online Transaktionsverarbeitung im WWW. Oracle bietet im Rahmen seiner Network Computing Architecture (NCA) ebenfalls einen proprietären Applikationsserver an.

Tendenzen

Für den Zugriff zu Datenbanken über das WWW sind z.Z. folgende Tendenzen für die Zukunft sichtbar:

- Verbindung von WWW-Technologien und DB-Technologien,
- Ergänzung der Client-Server-Architektur durch eine 3-Ebenen-Architektur DB-gestützter WWW-Anwendungen,
- Bereitstellung von Anwendungsservern für die mittlere Ebene,
- WWW vom „reinen" Informationssystem zu DB-basierten Anwendungen
  - Application on the Web
  - database-managed Web-Application
  - Network Computing Architecture
  - Net Online Transaction Processing,

- vom WWW-Server zum WWW-Anwendungsserver – vom Informationsverwalter zum Informationsverarbeiter,
- Hauptanforderungen an RDBMS
  - DBMS muß belastungsgesteuert skalierbar werden
  - Ausweitung der Palette der beherrschten Datentypen.

Dabei werden die Datenbanksysteme durch aktuelle Daten und vielfältige Technologien das WWW bereichern und auch verändern.

Literatur

/Ashley 1996/ Ashley, Ed; Epperson, Beth; De Rosier, Kerri: Sybase SQL Server on the World Wide Web, International Thomson Computer Press 1996.

/Benn 1998/ Benn, W.; Gringer, I.: Zugriff auf Datenbanken über das World Wide Web, Informatik Spektrum 21 (1998), Heft 1, S. 1.

/Fireball 1998/ Suchsystem Fireball: http://www.fireball.de

/Glunz97/ Glunz, Rolf: Der professionelle Weg zur Web-Lösung, Oracle Welt (1997) Heft 1, S. 40.

/Greenwald 1997/ Greenwald, R.: Using Oracle Web Application Server 3, Que Corporation 1997.

/Informix 1997/ Informix Web Kits 1997: http://www.informix.com/.

/Jconnect 1998/ jconnect for JDBC Technical White Paper: http://www.sybase.com/Products/internet/jdbcconnect/jdbcwpaper.html.

/ISAPI 1998/ Internet Server API Dokumentation, 1998: http://www.micro-soft.com/win32dev/apiext/isalegal.html.

/Java 1996/ The Java Electronic Commerce Framework, 1996 http://www.sun.com./products/commerce/doc.white_paper.html.

/Loeser 1997/ Loeser, H.: Datenbankanbindung an das WWW. Informatik aktuell: Datenbanksysteme im Büro, Technik und Wissenschaft, GI-Tagung Ulm 1996, Springer Verlag 1996.

/Masermann 1998/ Masermann, U.; Vossen, G.: Suchmaschinen und Anfragen im World Wide Web, Informatik Spektrum 21 (1998), Heft 1, S. 9.

/Microsoft 1998/ Microsoft Internet Database Connector: http://www.microsoft.com.sql/inet/inetderstrat2.htm

/NSAPI 1998/ Netscape API Functions, 1998: http://home.netscape.com/comprod/sewrver_central/config/nsapi.html.

/Oracle 1997/ Oracle 8 und Java: An Oracle Technical White Paper 1997, http://www.oracle.com/st/o8collateral/html/xncaytwp.html.

VIII Multimediale Systeme

Entwicklung wiederverwendbarer Komponenten zur Erstellung von Multimedia-Lernprogrammen

Jürgen Becker

Zusammenfassung

Der Beitrag soll Erfahrungen bei der Entwicklung von Komponenten für Lehr- und Lernsysteme mit dem oft als reines Datenbankfrontend verkannten Werkzeug Borland Delphi 3.0 widerspiegeln. Ausgehend von den Anforderungen sollen beispielhaft deren Entwurf und Implementierung erläutert, sowie erste Ergebnisse aufgezeigt werden. Besonderer Augenmerk wird dabei auf die Möglichkeiten der dauerhaften Ablage der Komponenten gelegt.

Ausgangssituation

Traditionell werden multimediale Lehr- und Lernsysteme unter Verwendung von Autorentools (Macromedia Director, Macromedia Authorware, Toolbook) implementiert. Dabei wird Seite für Seite bzw. Rahmen für Rahmen mit Inhalten und Interaktionsmöglichkeiten gefüllt und durch Querverweise und/oder geeignete Menüstrukturen miteinander verknüpft. Diese Seiten können dann vom Benutzer betrachtet werden.

Leider erweisen sich Autorensysteme bei großen Anwendungen als zu träge und unflexibel, die Möglichkeiten zur Anbindung an Datenbanksysteme fehlt entweder völlig oder läßt zu wünschen übrig. Deshalb wurde nach anderen Entwicklungswerkzeugen gesucht, die folgende Anforderungen erfüllen:

- Erweiterbarkeit durch eigene und fremde Komponenten,
- Wiederverwendbarkeit von Komponenten (Objekten),
- Möglichkeiten zur Datenbankanbindung (Verwaltung von Medien und Führen von Protokolldateien),
- Programmierung in einer gebräuchlichen Sprache, die auch systemnahe Programmierung zuläßt.

Ein Entwicklungssystem, das die genannten Forderungen erfüllt, ist Borland Delphi (hier in der Version 3).

Motivation

Dieser Vortrag entstand im Zusammenhang mit einem Projekt zur Realisierung eines Lernprogramms mit hohem interaktiven Anteil zum Thema UML (Unified Modeling Language). Neben dem Zeigen und Erklären der Beschreibungsmethoden und -elemente soll der Benutzer die Möglichkeit erhalten, selbst Beschreibungselemente zu erzeugen, diese zu bearbeiten und so eigene Modelle aufzustellen. Um das gewährleisten zu können, ist es notwendig, die Beschreibungselemente als Komponenten zu realisieren.

Dies soll hier am Beispiel der Komponente für das Klassendiagramm erläutert werden. Ein Klassendiagramm wird dargestellt durch ein Rechteck mit dem Namen der Klasse und optional Attributen und Operationen der Klasse. Zwischen dem Namen, den Attributen und den Operationen wird jeweils ein Trennstrich gezogen.

Beipiel:

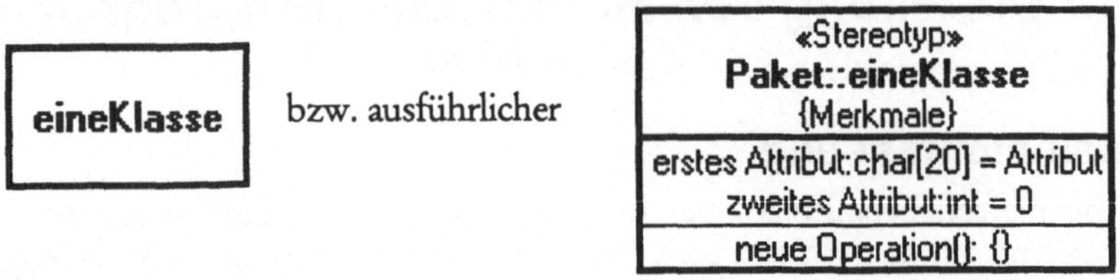

Abbildung 1: Darstellungsmöglichkeiten einer Klasse in UML-Notation nach /Oesterreich 1997/

Entwurf

Für den Entwurf wird von einer Trennung zwischen den eigentlichen Daten und der Anzeige ausgegangen. Das Klassendiagramm übernimmt bei diesem Modell die Rolle des Viewers, der die in der Klassendefinition enthaltenen Daten anzeigt. Das Klassendiagramm ist innerhalb des Fensters frei verschiebbar (falls eine Bearbeitung zugelassen wird, d. h. bearbeitbar=true ist), über das Attribut „sichtbarkeit" wird bestimmt, wie detailliert die Anzeige erfolgt.

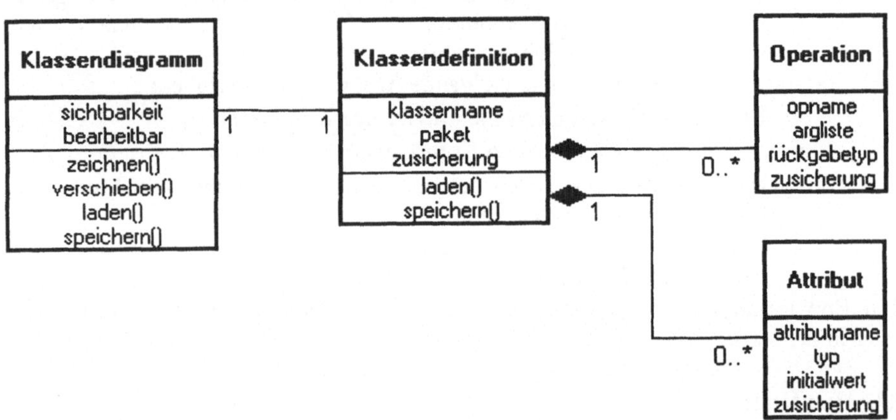

Abbildung 2: Beziehung zwischen den View- und Datenklassen

Die Klassen Operation und Attribut sind über eine Kompositionsbeziehung mit der Klassendefinition verbunden, d. h., ihre Lebenszeit ist von der der Behälterklasse abhängig. Die Assoziationsbeziehung zwischen dem Klassendiagramm und der Klassendefinition ermöglicht es, einem Klassendiagramm zu Laufzeit eine andere Klassendefinition zuzuordnen.

Implementierung

Für die Implementierung ist es zunächst erforderlich, nach geeigneten Basisklassen zu suchen. Hierbei ergeben sich folgende Randbedingungen:

- Für die Präsentation des Lehrstoffes sollen die benötigten Objekte von einem Datenträger bzw. aus einer Datenbank geladen werden, d. h., sie müssen die Fähigkeit besitzen, sich in einen **Stream** Schreiben bzw. aus ihm Lesen zu lassen.

- Die View-Komponenten müssen sich grafisch darstellen lassen und sollten die notwendigen Methoden zum Zeichen und zum Behandeln von Mausereignissen mitbringen.

- Die grafischen Komponenten sollen zur Entwurfszeit in der Delphi IDE zur Verfügung stehen.

Für die nichtgrafischen Komponenten wird daher als Basisklasse „TComponent" gewählt, für die grafischen Komponenten TCustomcontrol.

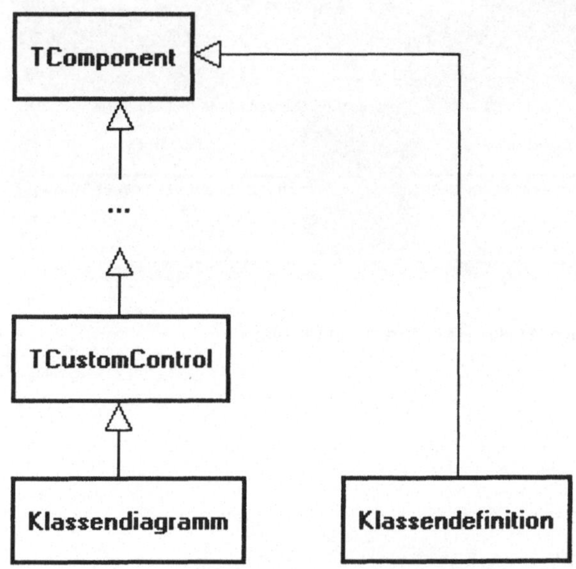

Abbildung 3: Vererbungsdiagramm

Die Benutzerschnittstelle

Als Container für die grafischen Komponenten dient ein Formular, das mit einer geeigneten Menüstruktur versehen wird. Zum Bearbeiten der Klassendiagramme erhalten diese ein Kontextmenü.

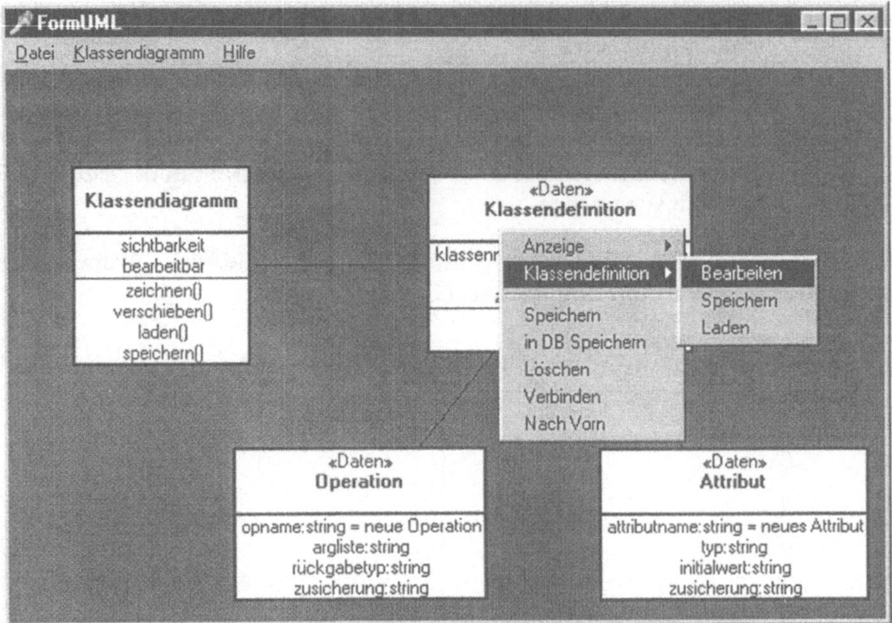

Abbildung 4: die Benutzerschnittstellen

Das Bearbeiten der Klassendefinition erfolgt über einen Registerdialog.

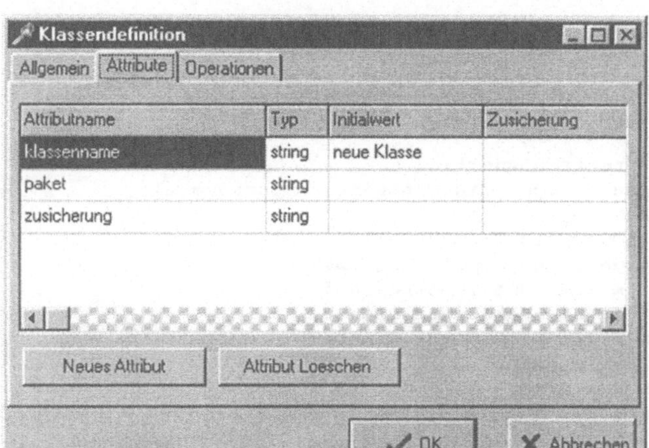

Abbildung 5: Dialog für das Einstellen der Klassendefinition

Verwendung der Komponenten

Einfügen zur Entwurfszeit

Dephi-Komponenten können in der VCL (Visual Component Library) registriert werden und stehen dann während der Entwurfszeit über die Komponentenpalette zur Verfügung. Diese können dann interaktiv auf ein Formular oder eine andere Container-Komponente gezeichnet werden.

Abbildung 6: die registrierte Komponente Klassdia4 (Klassendiagramm) in der Komponentenpalette von Delphi

Dynamisches Erzeugen zur Laufzeit

Über die Create Methode können zur Laufzeit neue Komponenten erzeugt werden.

```
// Konstruktor fuer ein Klassendiagramm
constructor TKlassdia4.Create(AOwner: TComponent);
begin
     inherited Create(AOwner);
     // das Formular bzw. die Containerkomponente als
     // Parent setzen
     parent := AOwner as TWinControl;
     // zugehörige Datenkomponente erzeugen
     fklassdef := TKlassDef.Create(self);
     // Liste fuer die Verbindungslinien
     fverbindungslinien := TList.Create;
     Anzeigemodus := amKurz;
     KontextMenuErzeugen;
     neuzeichnen;
end;


// Erzeugen der neuen Komponente ueber den entspr.
// Menueeintrag im Formular
procedure TFormUML.MenuKlassdiaNeuClick(Sender: TObject);
begin
     TKlassdia4.Create(Self);
end;
```

Wie das Code-Beispiel zeigt, wird mit der Anzeigekomponente eine neue Klassendefinition erzeugt. Die Werte können dann über den Dialog eingegeben bzw. geladen werden.

Speichern und Laden

Da alle Komponenten von der Basisklasse Tcomponent abgeleitet wurden, verfügen diese auch über Mechanismen, ihre Eigenschaften in Streams auszugeben. Die Verwendung von Streams zum Speichern der Eigenschaften bringt den Vorteil, daß nur eine Methode für unterschiedliche Arten von Streams (Dateistreams, Datenbankstreams über BLOB-Felder) implementiert werden muß. Das eigentliche Lesen/Schreiben der Daten wird nicht von der Komponente, sondern von einer Instanz der Klasse TStream erledigt. Zu beachten ist dabei, daß nur solche Eigenschaften geschrieben und gelesen werden, die als **published** vereinbart sind. Durch die Trennung der Daten vom View sind zwei Möglichkeiten des Ladens/Speicherns vorhanden:

- Laden/Speichern der Klassendefinition.
- Laden/Speichern des Klassendiagramms.
  Hier werden neben den enthaltenen Daten auch solche Attribute gespeichert, die von der Basisklasse geerbt werden, z. B. Position, Größe.

Beispiel: Laden eines Klassendiagramms

```pascal
        // Klassendiagramm aus einem Stream laden
        // der Stream wird als Parameter uebergeben
        procedure TKlassdia4.Laden(S : TStream);
        begin
            // Komponenteneigenschaften lesen
            S.ReadComponent(self);
            ...
            neuzeichnen;
        end;
        // Laden der Komponenteneigenschaften aus einer Datei
        // Benutzer klickt den Punkt Laden im Kontextmenue
        // einer Instanz der Komponente TKlassdia4 an
        procedure TKlassdia4.PopupLadenClick;
        var
            S    : TFileStream;
            OD   : TOpenDialog;
        begin
            // Dialog erzeugen
            OD := TOpenDialog.Create(self);
            OD.Title := 'Klassendiagramm laden';
            if OD.Execute then
            begin
                // Stream erzeugen
                S := TFileStream.Create(OD.FileName, fmOpenRead);
                // Aufruf der Mothode Laden der Komponente
                Laden(S);
                S.Free;
            end;
            OD.Free;
        end;
        // Laden der Komponenteneigenschaften aus einer
        // Tabelle (TableObjekte) einer Datenbank
        // Die Methode gehoert zur uebergeordneten Komponente
        // des Klassendiagramms (in diesem Fall: das Formular vom
        // Typ TFormUML
        // Vorbedingung der gewuenschte Datensatz der Tabelle ist aktiv
        procedure TFormUML.MenuDiaausDBLadenClick(Sender: TObject);
        var
            kd : TKlassdia4;
            bs  : TBlobStream;
        begin
            kd := TKlassdia4.Create(Self);
            kd.visible := False;
            bs := TBlobStream.Create(BlobInhalt,bmRead);
            kd.Laden(bS);
            bs.Free;
            kd.visible := True;
            TableObJekte.Active := False;
        end;
```

Der Programmcode für das Speichern sieht entsprechend aus.

Ausblick

Nach den Komponenten für die Klassendiagramme sollen als nächstes die notwendigen Verbindungskomponenten und ein Containerobjekt entwickelt werden, das es ermöglicht, ganze Szenerien zu speichern. Die Ablage der Daten soll dann vorzugsweise in einer Datenbank erfolgen, die auch alle anderen multimedialen Daten (Sounds, Videos, Bilder etc.), die Kursstruktur und Protokolltabellen (zur Benutzermodellierung) enthält. Gute Erfahrungen wurden hierbei mit dem PC-Datenbanksystem Paradox gemacht, die das Abspeichern binärer Daten in sog. Blobs (binary large objects) unterstützt.

Literatur

/Oesterreich97/   Bernd Oesterreich: Objektorientierte Softwareentwicklung mit der Unified Modeling Language, Oldenbourg Verlag, München, 1997.

Neue Informationstechnologien
für Training und Dokumentation im Anlagenbau

Kai-Holger Liebert, Thomas Kegel

Zusammenfassung

Der Einsatz von multimedialen Lern- und Informationsmedien ist im Anlagenbau, bedingt durch die Kosten-/Komplexitätsproblematik, eher eine Seltenheit. Für Kundenschulungen der Siemens ElectroCom werden seit 1992 multimediale Lernprogramme für komplexe Anlagensysteme auf dem Gebiet der Postdienst-Automatisierung serienmäßig produziert. Erzielt wurde dadurch eine signifikante Reduzierung der Schulungsdauer und damit der Projektlaufzeit bei gleichzeitiger Steigerung der Qualität der Schulungen. Ausgehend von einem ganzheitlichen Medienkonzept war der Aufbau nichtlinearer Informationssysteme (zum Beispiel digitale Archive oder 'intelligente' Hilfesysteme) die konsequente Ergänzung von multimedialen Lernprogrammen. Hierbei steht im Vordergrund, Bedienkräften und technischem Personal auf Knopfdruck alle Informationen zur Verfügungen zu stellen, die zum Betrieb, Wartung und Instandhaltung der Maschinen notwendig sind. Durch die Verknüpfung des Informationssystems mit der Maschinendiagnose wird das Betriebspersonal multimedial bei der Fehlerbeseitigung unterstützt.
Diese neue Art der Informationsdistribution ermöglicht es auch, den Fluß und die Verteilung der Informationen innerhalb der Firma neu zu organisieren.

Die Ausgangssituation

Um komplexe Anlagen angemessen betreiben und warten zu können, sind eine Vielzahl unterschiedlicher Dokumente notwendig, die an verschiedensten Stellen einer Firma zu verschiedensten Zeitpunkten erstellt und gespeichert werden. Die folgende Abbildung zeigt die Dokumente und ihre Verknüpfungen, die für eine bestimmte Anlagenkonfiguration generiert werden müssen.

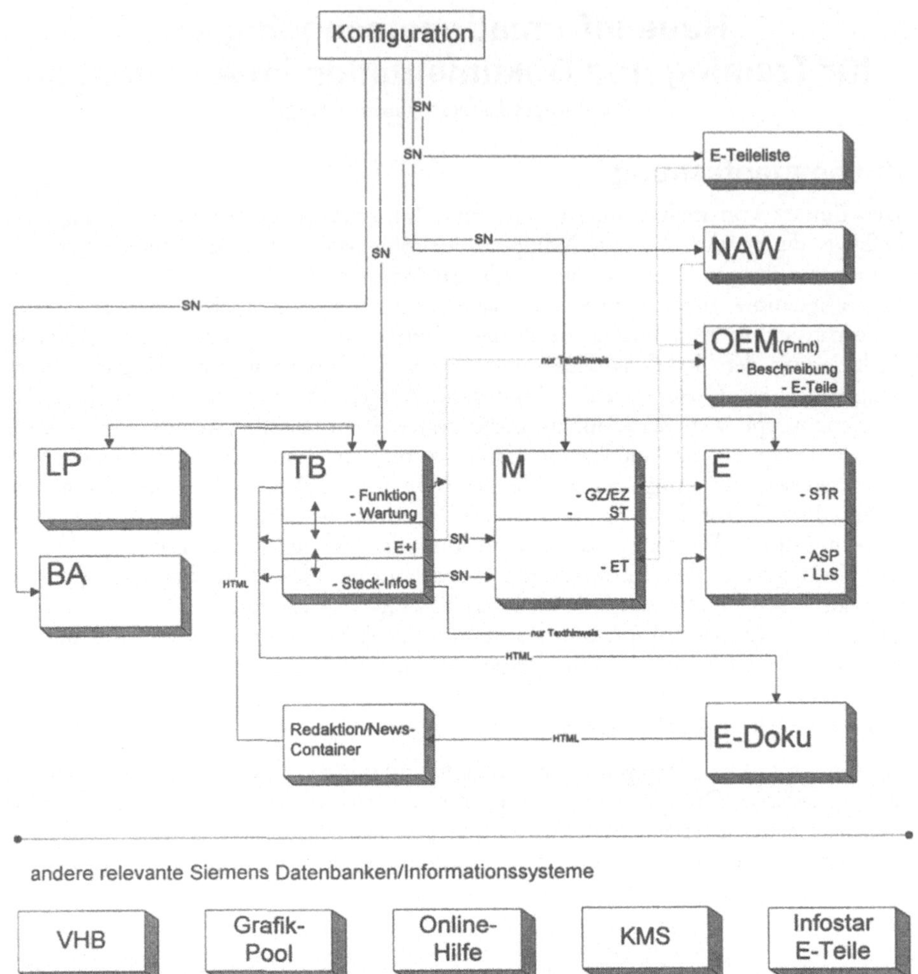

SN=Sachnummer;   NAW=Nachrüstanweisung;   OEM=Original   Equipment   Manufacturer; LP=Lernprogramm; BA=Bedienungsanleitung; TB=Technische Beschreibung; E+I=Einstellung und Instandsetzung; M=Mechanikunterlagen; GZ/EZ=Gruppenzeichnung/Einzelzeichnung; ST=Stückliste; ET=Ersatzteile; E=Elektrikunterlagen; STR=Stromlaufpläne; ASP=Anschlußpläne; LLS=Leitungslisten; VHB=Vetriebshandbuch; KMS=Konfigurationsmanagementsystem

Abbildung 1: Informationsfluß und Verküpfungen

In der Vergangenheit wurden die meisten Dokumente, ihre Varianten, Versionen und Verknüpfungen dezentral gespeichert (wenn überhaupt). Bei Updates mußte mühsam in diversen Datenbanken und Aktenschränken recherchiert werden, um aktuelle Konfigurationen und die dazu gehörigen Dokumente festzustellen. Aktuelle Versionen waren vor allem im Feld so gut wie nicht verfügbar.

Die Verteilung der Information

Ausgehend von dieser wenig befriedigenden Ausgangssituation wurde zur Strukturierung der Informationen und des Workflows bei der Siemens ElectroCom das sogenannte 4-Ebenen-Konzept entwickelt. In diesem Konzept wird der Informationsfluß von der Entwicklung über die Abteilung Informationsmedien (Dokumentation, Kundenschulung, CBT) bis hin zum Kunden und die Datenorganisation in groben Zügen skizziert.

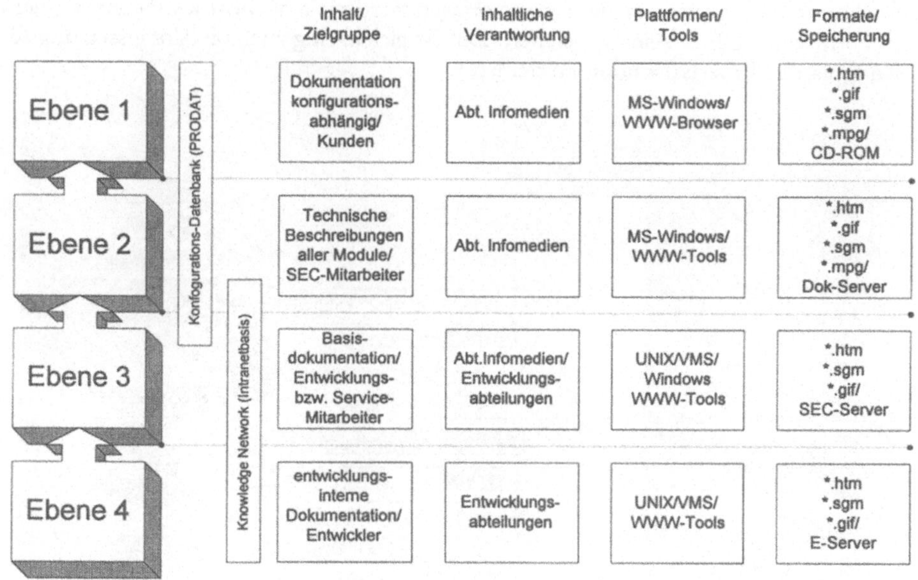

Abbildung 2: Vier-Ebenen-Konzept

Zwei im Aufbau befindliche Systeme sorgen für die redundanzfreie Speicherung der Informationen. Das '**Knowledge Network**' basiert auf dem SEC-Intranet und stellt Informationen firmenweit zur Verfügung. Spezielle Sichtweisen auf die Dokumente lassen sich dynamisch, je nach Anforderungen der Zielgruppen, generieren. Die, spezielle für den Bereich Informationsmedien entwickelte, **Konfigurations- und Management-Datenbank 'PRODAT'** stellt die Verbindung zwischen kundenspezifischer Anlagenkonfiguration und der Dokumentations-Produktstruktur her. Sie konfiguriert die einzelnen Dokumentationsteile entsprechend der aktuellen Maschinenkonfiguration und überwacht den Erstellungsprozeß bis hin zur

Ressourcensteuerung. In einer weiteren Ausbaustufe soll ein durchgängiger Dokumenten-Workflow vom Entwickler bis hin zum Kunden erzielt werden.

Knowledge-Network

Als erste Bestandteile eines firmenweiten Knowledge-Networks wurden im Bereich Dokumentation und Computer Based Training zentrale Zugriffsmöglichkeiten im Intranet geschaffen. So sind alle Lernprogramme direkt anwählbar. Im Bereich der Dokumentation wurde aufgrund der großen Anzahl der verfügbaren Dokumente über ein Java-Applet eine Selektionsmöglichkeit nach unterschiedlichsten Kriterien geschaffen. Auf Mausklick wird dann das selektierte Dokument angezeigt. Es kann auf Wunsch in Postscript-Qualität ausgedruckt werden. Da diese Datenbank zentral gepflegt wird, ist sichergestellt, daß jeder Mitarbeiter mit Zugriff auf das Intranet die aktuellste Version aller Dokumente ständig verfügbar hat. Für Mitarbeiter ohne Zugriff auf das Intranet werden in regelmäßigen Abständen CDs hergestellt. Diese CDs dienen gleichzeitig als digitales Archiv. Druckvorlagen werden nicht mehr als Papier, sondern in Form von PDF-Dateien gepeichert. Das ist gleichzeitig auch die Voraussetzung für den geplanten Prozeß ‚Printing-on-demand'.

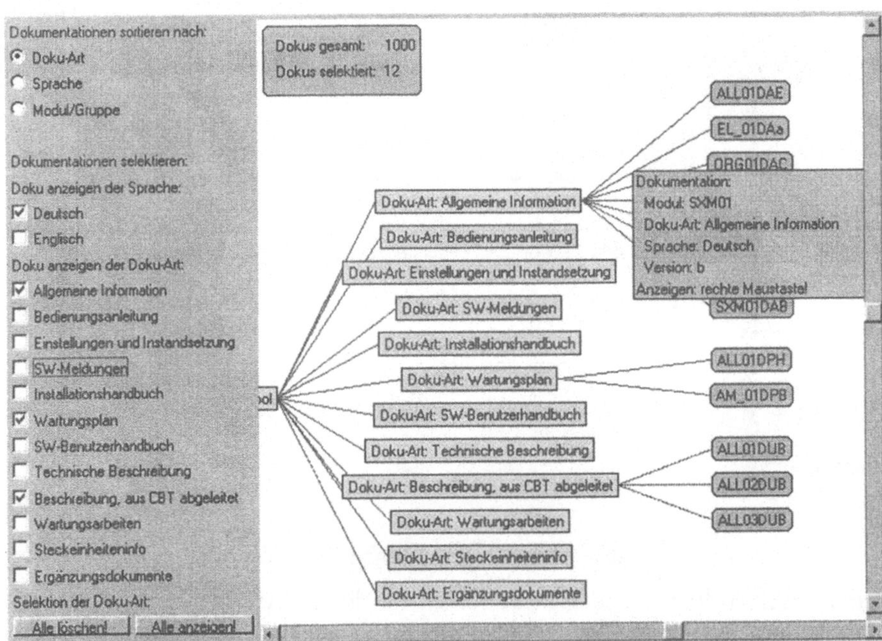

Abbildung3: Dokumentationspool im Intranet

Über das Intranet laufen auch abteilungsübergreifende Prozesse zur Dokumentationserstellung. Dabei werden Teildokumente via Intranet freigegeben und aktualisiert.

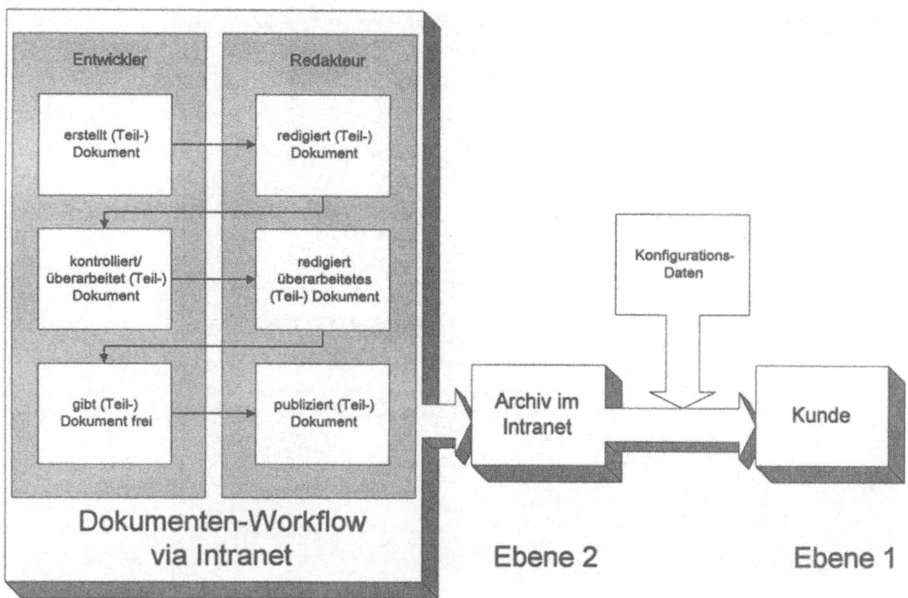

Abbildung 4: Abteilungsübergreifender Workflow zur Dokumentationserstellung

Zeitkritische Dokumente, wie zum Beispiel Software-Installationshandbücher, werden von mehreren Mitarbeitern im Intranet bearbeitet und gepflegt. Der jeweilige aktuelle Status der Dokumente wird dann kurz vor Auslieferung der Dokumente automatisch von HTML in den Corporate-Design-Richtlinien in entsprechende Word-Dateien und PDF-Dateien konvertiert und können dann an den Kunden ausgeliefert werden. Der Arbeitsprozeß konnte hiermit um annähernd 200 Prozent beschleunigt werden.

Konfigurations-Datenbank

Die Komplexität der Anlagen und der hohe kundenspezifische Entwicklungsanteil erfordern ein ebenso komplexes Projektmanagement im Bereich Dokumentation und Computer Based Training. Für diese Zwecke wurde die Konfigurations-Datenbank PRODAT entwickelt. PRODAT erlaubt das Konfigurieren der Dokumente, die für ein Projekt benötigt werden. Dazu gehören das Verwalten der Dokumente und ihrer Versionen, die Ressourcenplanung für diese Projekte bis hin zum automatischen Generieren der Inhaltsverzeichnisse und der Ordnerbeschriftungen.

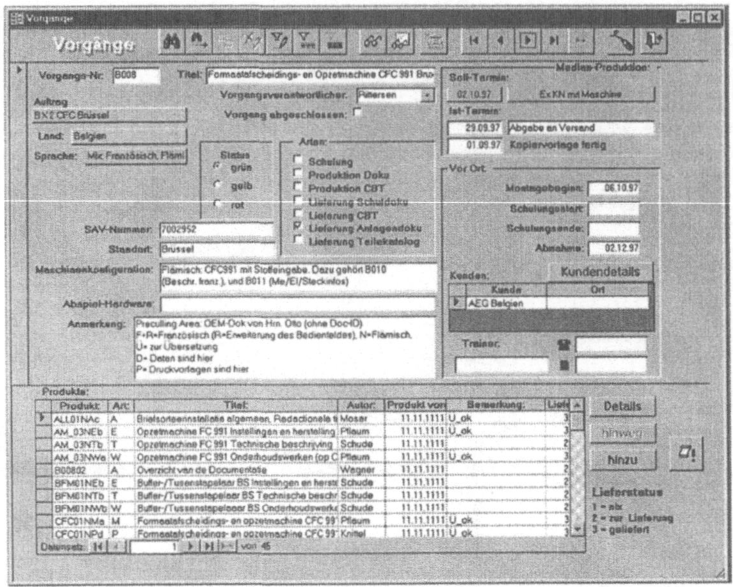

Abbildung 5: Vorgangsverwaltung

Darüber hinaus können alle Dokumente, inklusive ihrer Spezifikationen (z. B. lauffähig aus System X) und der verwendeten externen Grafiken und Videos, verwaltet werden.

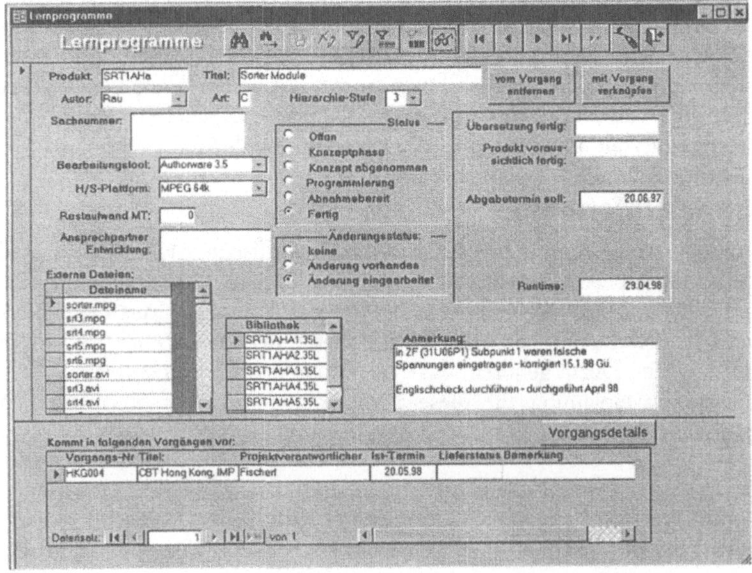

Abbildung 6: Dokumentenverwaltung

Die Produkte

Computer Based Training (CBT)

* Zur Zeit werden pro Jahr ca. 50 bis 80 Lernprogramme in mehreren Sprachen erstellt.

* Die Lernprogramme werden im Rahmen eines ganzheitlichen Schulungskonzeptes als gleichwertige Bausteine (neben Dokumentation, Praxis etc.) eingesetzt.

* Der gesamte Produktionsprozeß bis hin zum CD-Master findet in-house statt, auch alle benötigten Medien (Video inklusive Digitalisierung, Grafiken, 3D-Computeranimationen) werden ohne externe Partner hergestellt.

Hochkomplexe Anlagen erfordern ein Höchstmaß an Ausbildung der Servicekräfte, um die Rentabilität der Maschinen nicht durch unnötige Stillstandszeiten im Reparaturfall zu gefährden. Speziell im Anlagen- oder Sondermaschinenbau müssen die Schulungen darüber hinaus vor Ort an der Kundenmaschine selbst gehalten werden. Das bedeutet, daß die Anlagen während der Schulung nicht (oder nur sehr eingeschränkt) produktiv arbeiten können. Das ist natürlich nicht gewünscht, und so ist eine der meistgenannten Forderungen der Kunden, daß die Schulungen möglichst kurz sein sollen, selbstverständlich ohne das Niveau der Ausbildung zu verringern. Bei der Siemens ElectroCom wurde deshalb das BASIS-Schulungssystem (Baukastensystem integrierter Schulungen) entwickelt. Im Mittelpunkt dieses Schulungssystems stehen multimediale Lernprogramme (Computer Based Training - CBT). Durch den Einsatz von CBT konnten die Kundenforderungen nach kürzeren Schulungszeiten erfüllt werden - bis zu 35 Prozent kürzere Schulungen, und das bei höherer Qualität der Ausbildung. Durch eine konsequente Optimierung der CBT-Konzepte und des Erstellungsprozesses konnten die Kosten für multimediale Lernprogramme, im Verhältnis zum marktüblichen Preis, um bis zu 80 Prozent gesenkt werden.

Dokumentation

* Die Dokumentation ist in allen Sprachen auf CD-ROM erhältlich inklusive gescannter technischer Unterlagen.

* Im Jahr 1998 werden etwa drei Millionen Seiten Dokumentation produziert und in 19 Länder verschickt.

* PRODAT, eine selbstentwickelte Dokumentations-Management-Datenbank, unterstützt die maschinen- und kundenspezifische Konfiguration der Dokumentation.

* DirectDOC, ein multimediales Dokumentationssytem mit direkter Schnittstelle zur Maschinendiagnose, ist seit Februar 1998 im operationellen Einsatz.

* Ein elektronischer Ersatzteilkatalog befindet sich im Entwicklungsstadium.

Da mit den Lernstationen für die CBT-Programme bereits multimediafähige PCs vor Ort sind, können auch andere Multimedia-Applikationen eingesetzt werden. Ab Ende 1998 wird die technische Dokumentation, weitgehend redundanzfrei, in einer Hypermedia-Datenbank auf Internet-Basis verfügbar sein. Für die nächste Anlagengeneration ist die integrierte online-Dokumentation fest geplant. Damit geht auch das Zeitalter der Papierdokumentation langsam aber sicher dem Ende zu. Es ist angedacht, daß spätestens in zwei Jahren bei unseren Kunden nur noch große Pläne und OEM-Dokumentation auf Papier geliefert werden, die restliche technische Dokumentation kommt auf elektronischen Datenträgern oder übers Internet. Das Ziel ist dabei, die Unterstützung des Kunden noch weiter zu optimieren, um so die Verfügbarkeit der teuren Maschinen weiter zu erhöhen, ohne daß teure Spezialisten vor Ort vorgehalten werden müssen. Das Expertenwissen soll zentral gehalten werden und die Übertragungswege sollen so komfortabel wie möglich gestaltet werden.

Literatur

/Brown 1996/   Lesley A. Brown: Designing and Development Electronic Performance Support Systems 1996.

/Jarz 1997/   Ewald M. Jarz: Entwicklung multimedialer Systeme
Planung von Lern- und Masseninformationssystemen
Wiesbaden 1997.

/Liebert 1996/   Kai-Holger Liebert: Elektronische Dokumentation auf Basis der Intranet-Technologie, in: H.-J. Bullinger (Hrsg.): Electronic Business II: Internet & Intranet - Strategien, Anwendungen, Technologien, Stuttgart 1996.

/Liebert 1998/   Kai-Holger Liebert: Kundenschulungen mit CBT, in: Andrea Nispel, Richard Stang, Friedrich Hagedorn (Hrsg.): Pädagogische Innovationen mit Multimedia 2, Frankfurt 1998.

Verzeichnis der Autoren und Herausgeber

Tagungsprogramm

Die Autoren
(alphabetische geordnet)

Dr. **Gerhard Adler**
Hauptgeschäftsführer
Diebold Deutschland GmbH
Frankfurter Straße 27
D-65760 Eschborn
E-Mail: gadler@debis.com
Telefon: 06196 903-0

Dipl.-Inform. (FH) **Jürgen Becker**
FH Merseburg
Fachbereich Informatik und angewandte Naturwissenschaften
Geusaer Straße
06217 Merseburg
E-Mail: juergen.becker@in.fh-merseburg.de
Telefon: 03461/462964

Dipl.-Inform. (FH) **Andreas Bernhard**
Helvetia Patria Versicherung
St. Alban Anlage 26
CH-4002 Basel
E-Mail: abernhard@helvetiapatria.ch

Andreas Brüggenthies
GMD - Forschungszentrum Informationstechnik GmbH
Institut für angewandte Informationstechnik (FIT)
Schloß Birlinghoven
53754 Sankt Augustin
E-Mail: andreas.brueggenthies@gmd.de
Telefon: 02241/14-0

Dipl.-Ing. (FH) **Dietrich Cerny** *über Herrn Prof. Pohl*

Dipl.-Kauffr. (FH) **Sabine Daniel**
Fachhochschule Darmstadt / FB I
Schöfferstraße 8b
64295 Darmstadt
E-Mail: s.daniel@fbi.fh-darmstadt.de
Telefon: 06151/16-8463

Prof. Dr. **Wolfgang Gerken**
FH Hamburg / FB E/I
Berliner Tor 3
20099 Hamburg
E-Mail: gerken@informatik.fh-hamburg.de
Telefon: 040/2488-0

Volker Grunewald
Mummert + Partner
FBL Systems Consult
Hans-Henny-Jahnn-Weg 9
22085 Hamburg
E-Mail: faure@mummert.de
Telefon: 040/22703-0

Emmanuel Haufe
GFT Informationssysteme GmbH & co. KG
Leopoldstr. 1
78112 St. Georgen
E-Mail: Emmanuel.Haufe@gft.de
Telefon: 07724/9411-0

Mario Jeckle
Daimler-Benz Forschung Ulm
Abt. Prozeßkette Produktentwicklung (FT3/EK)
Wilhelm-Runge-Str. 11
89013 Ulm
E-Mail: mario.jeckle@dbag.ulm.daimlerbenz.com

Dipl.-Inform. (FH) **Volkher Kassner**
Helvetia Patria Versicherung
St. Alban Anlage 26
CH-4002 Basel
E-Mail: vkassner@helvetiapatria.ch

Thomas Kegel *über Dr. Kai-Holgert Liebert*

Roland Klemke
GMD - FIT.MMK
Schloß Birlinghoven
53754 St. Augustin
Telefon: 02241/14-0
E-Mail: sigel@gmd.de

Dipl.-Ing. **Frank Lemke**
Delta Design Software Berlin
Bergener Str. 1
10439 Berlin

Dr. **Kai-Holgert Liebert**
Siemens Electrocom GmbH & Co.
Service/Informationsmedien
78459 Konstanz
E-Mail: kai.liebert@kst.siemens.de
Telefon: 07531/86-3163

Hans Günter Lindner (GMD)
humanIT
Human Information Technologies GmbH
GMD TechnoPark
Rathausalle 10
53754 Sankt Augustin
E-Mail: lindner@humanit.de

Prof. Dr. **Johann-Adolf Müller**
HTW Dresden
Postfach 12 07 01
01008 Dresden
E-Mail: muellerj@informatik.htw-dresden.de
Telefon: 0351/462 33 22

Achim Nick
GMD-FIT.MMK
Schloß Birlinghoven
53754 Sankt Augustin
E-Mail: achim.nick@gmd.de
Telefon: 02241/14-0

Prof. Dr. **Hartmut Pohl**
Informationssicherheit - Angewandte Informatik
Fachhochschule Rhein-Sieg, St. Augustin
(University of Applied Sciences),
KompEC – Kompetenzzentrum
Electronic Commerce Bonn/Rhein-Sieg und
ISIS - InStitut für InformationsSicherheit
Max-Pechstein-Str. 4
50858 Köln - Junkersdorf
E-Mail: hartmut.pohl@fh-rhein-sieg.de
Telefon: 0201/84658-32

Dipl.-Ing. **Wolfgang Pott**
FH Merseburg
Geusaer Str.
06217 Merseburg
E-Mail: pott@mni-pool.in.fh-merse.de
Telefon: 03461/462934

Prof. Dr. **Jörg Raasch**
FH Hamburg / FB E/I
Berliner Tor 3
20099 Hamburg
E-Mail: 100326.3706@compuserve.com **oder** raasch@informatik.fh-hamburg.de
Telefon: 040/2488-0

Anja Rockenberg
GMD - FIT.MMK
Schloß Birlinghoven
53754 St. Augustin
E-Mail: sigel@gmd.de
Telefon: 02241/14-0

Stefan Rohr
r & p
Vorsitzender der Geschäftsführung
Stresemannstraße 342
22761 Hamburg
E-Mail: ruphamburg@aul.com
Telefon: 040/851 3925

Dr. **Joachim Rosenpflanzer**
Universitätsklinikum der TU Dresden
Medizinisches Rechenzentrum
Fetscherstraße 74
01307 Dresden
E-Mail: jrosen@tudurz.urz.tu-dresden.de
Telefon: 0351/458 3843

Prof. Dr. **Ulf Schreier**, FH Furtwangen, HTW
Fachhochschule Furtwangen
- Hochschule für Technik und Wirtschaft -
Gerwigstrasse 11
78120 Furtwangen
E-Mail: schreier@fh-furtwangen.de
Tel. 07723/920-(0)184

Alexander Sigel
GMD - FIT.MMK
Schloß Birlinghoven
53754 St. Augustin
Telefon: 02241/14-0
E-Mail: sigel@gmd.de

Prof.Dipl.-Math. **Manfred Soeffky**
FHW Berlin
Badensche Straße 50-51
10825 Berlin
E-Mail: soeffky@fhw-berlin.de
Telefon: 030/8768 275

Dr. **Christoph G. Thomas**
GMD - FIT.MMK
Schloß Birlinghoven
53754 St. Augustin
E-Mail: christoph.thomas@gmd.de
Telefon: 02241/14-0

Herr Dipl.-Wirtsch.-Inf. (FH) **Ronny Weinkauf**
FH Merseburg
Fachbereich Informatik und angewandte Naturwissenschaften
Geusaer Straße
06217 Merseburg
E-Mail: weinkauf@in.fh-merseburg.de
Telefon: 03461/462934

Prof. Dr. Ivan Seder
FH Merseburg
Fachbereich Informatik und angewandte Naturwissenschaften
Geusaer Straße
06217 Merseburg
E-Mail: seder@in.fh-merseburg.de
Telefon.: 03461/462959

Dipl.-Inform. (FH) **Alexander Winterer**
Ungererstr. 50
80802 München
E-Mail: awinni@aol.com
Telefon: 07668/16 20

Herr Prof. Dr. **Uwe Wloka**
HTW Dresden / FB I/M
Postfach 120 701
01008 Dresden
E-Mail: wloka@informatik.htw-dresden.de
Telefon: 0351/462-0

Regine Zülch
Helvetia Patria Versicherung
St. Alban Anlage 26
CH-4002 Basel
E-Mail: rzuelch@helvetiapatria.ch

Die Herausgeber

Prof. Dr. rer. pol. **Rainer Bischoff**, Dipl.-Math.
-      Vorsitzender des FBT-I –
Seine Arbeits- und Forschungsgebiete umfassen Softwaretechnologie, Data Warehouse,
Information Management und die Aus- und Weiterbildung an Hochschulen.
Fachbereich Wirtschaftsinformatik
Fachhochschule Furtwangen
- Hochschule für Technik und Wirtschaft -
Gerwigstrasse 11
78120 Furtwangen
Tel. 07723/920-(0)184
E-Mail: bischoff@fh-furtwangen.de

Prof. Dr.-Ing. **Karsten Hartmann**, Dipl.-Inform.
Seine Arbeits- und Forschungsgebiete umfassen Künstliche Intelligenz, Welt- und
Benutzermodelle, Rechnernetze und Intranets. Seit 1997 Direktor des An-Institut für
multimediale Informationssysteme, Kommunikationstechnik und Entwicklungs-
tendenzen (MIKE) e.V..
Fachbereich Informatik und Angewandte Naturwissenschaften
Fachhochschule Merseburg
Geusaerstr
06217 Merseburg
Tel.: 03461/462913
E-Mail: karsten.hartmann@in.fh-merseburg.de.

Prof. Dr. rer. nat. habil. **Karl-Udo Jahn.**
Er arbeitet und forscht an der in den Gebieten Informatikgrundlagen, Programmierung
paralleler Prozesse, Computergeometrie, wissenschaftliches Rechnen mit
Ergebnisverifikation sowie digitale Bildverarbeitung.
Fachbereich Informatik, Mathematik und Naturwissenschaften
Hochschule für Technik, Wirtschaft und Kultur in Leipzig (FH)
Karl-Liebknecht-Strasse 132
04277 Leipzig
Tel.: 0341/307-6413
E-Mail: jahn@imn.htwk-leipzig.de

Prof. Dr.-Ing. et Dr.rer.oec.habil. **Johann-Adolf Müller**
wirkt an der Hochschule für Technik und Wirtschaft in Dresden (FH). Seine Arbeits-
und Forschungsgebiete umfassen Self-organizing Data Mining, Analyse und Vorhersage
in Ökonomie und Ökologie, Systemanalyse und Simulation.
Hochschule für Technik und Wirtschaft Dresden
Fachbereich Informatik
Friedrich-List-Platz 1
01069 Dresden
Tel.: 0351/462-2123
E-Mail: muellerj@htw-dresden.de

Prof. **Burkhard Stork**, Dipl. Wirtsch.-Inf..
Er lehrt seit 1990 an der Fachhochschule Augsburg. Seine Arbeitsschwerpunkte liegen auf den Gebieten Verteilte Systeme, Objektorientierte Systeme und Kryptographie. Er war lange Jahre Vorsitzender der German Unix Users Group GUUG und ist heute Herausgeber der Fachzeitschrift Offene Systeme (Springer Verlag).
Fachbereich Informatik
Fachhochschule Augsburg
Baumgartnerstraße 16
86161 Augsburg
Tel.: 0821/5586-450
E-Mail: stork@guug.m.shuttle.de

Prof. Dr. **Helge Klaus Rieder**
– Sprecher des AKWI –
ist an der Fachhochschule Trier tätig und befaßt sich mit den Gebieten e-Commerce, Internet-Softwareentwicklung, Multimedia, Intelligente, endbenutzerorientierte Informationssysteme sowie Interneteinsatz für Anwendungen im Tourismus.
Fachbereich Betriebswirtschaft III
Fachhochschule Trier
Schneidershof
54208 Trier
Tel.: 0651/8103-206
E-Mail: h.rieder@fh-trier.de

Tagungsprogramm

Montag, 26. Oktober 1998

	Begrüßung Raum L329
9.00	Prof. Dr. Rainer Bischoff, Fachhochschule Furtwangen Vorsitzender des FBT-I Prof. Dr. Klaus Steinbock Rektor der HTWK Leipzig Wolfgang Tiefensee Oberbürgermeister der Stadt Leipzig
	Einführung Raum L329
9.15	J. W. Möllemann, MdB ehem. Bundesminister für Bildung und Wissenschaft *Bildungsoffensive!*
10.00	Dr. G. Adler Hauptgeschäftsführer Diebold Deutschland GmbH *Entwicklungslinien in der Informatik*
11.00	*Data Mining in der Finanzanalyse* F. Lemke, Delta Design Software, Berlin Prof. Dr. J.-A. Müller, HTW Dresden
11.45	*Parallelisierung Neuronaler Netze im* *Workstation-Cluster mittels CORBA* A. Winterer, META Finanz-Informationssysteme GmbH, München

	Data Warehouse Moderation: K.-U. Jahn Raum L 329	Internet/Intranet Moderation: B. Stork Raum L 327	Brokering Architekturen Moderation: J.-A. Müller Raum L 121
14.00	*Modellierungsaspekte eines Data Warehouse* Prof. Dr. W. Gerken, FH Hamburg	*Allgemeines Dateninterface für Anwendungen im Intranet-Bereich* W. Pott, FH Merseburg	*Die Rolle von Informations- und Kommunikationstechnologien in modularen Unternehmen* S. Daniel, FH Darmstadt
14.45	*Data Warehouse und Information-Brokering welche Anforderungen müssen heutige Datenbank- systeme erfüllen?* Prof. Dipl.-Math. M. Soeffky, FHW Berlin	*Information Brokering im Intranet und Internet* Dr. C. G. Thomas, H.-G Lindner, GMD, St. Augustin	*Komponentenarchitektur für Information Brokering* Prof. Dr. J. Raasch, FH Hamburg
15.30	*Datenbanken im World Wide Web* Prof. Dr. U. Wloka HTW Dresden	*Ein Modell zur Skalierung vertrauenswürdiger Schlüssel-Archive in Unternehmen* Prof. Dr. H. Pohl, Fachhochschule Rhein-Sieg, St. Augustin Dietrich Cerny, ISIS - Institut für Informationssicherheit, Essen	*Durchgängige Prozeßketten in der Produktentwicklung* M. Jeckle, Daimler-Benz Forschung, Ulm

16.30	**Podiumsdiskussion** *Neue Arbeitsstrukturen in der Informatik - modernes Tagelöhnertum?!* Podiumsteilnehmer: Markus Albrecht, ALSOFT, VS-Villingen Karola Brause-Muenzer, SNI, Frankfurt/Main Dr. Werner Dostal, Bundesanstalt für Arbeit, Nürnberg Stefan Rohr, r+p management consulting, Hamburg Prof. Dr. Rainer Bischoff, Fachhochschule Furtwangen, HTW (Moderation)
19.30	Empfang im Neuen Rathaus (Wandelhalle) durch Herrn Wolfgang Tiefensee, Oberbürgermeister der Stadt Leipzig

Dienstag 27. Oktober 1998

	Informationssysteme Moderation: R. Bischoff Raum L 329	Brokering-Anwendungen Moderation: H. Rieder Raum 327
8.45	*City-online - Digitale Informationsverarbeitung für zukunftsorientierte Kommunen* E. Haufe, gft, St. Georgen	*Die Praxis des externen Information Brokering mit Experten-Knowhow* S. Rohr, r+p management consulting, Hamburg
9.30	*Informationsmanagement im Krankenhaus-Informations- und Kommunikationssystem* Dr. J. Rosenpflanzer Univ.-klinikum TU Dresden	*Brokering von Firmeninformationen mit bizzyB* A. Sigel, A. Rockenberg, R. Klemke, GMD, St. Augustin
10.15	*ELFI - die Servicestelle für Forschungsförderinformationen in Deutschland* A. Nick, A. Brüggenthies, GMD, St. Augustin	*Information Brokering - neue Strukturen in der Umweltverwaltung* R. Weinkauf, Prof. Dr. I. Seder, FH Merseburg
	Multimediale Systeme Moderation: K. Hartmann Raum L 329	Dokumentenmanagement Moderation: K.-U. Jahn Raum L 327
11.30	*Entwicklung wiederverwendbarer Komponenten zur Erstellung von Multimedia-Lernprogrammen* J. Becker, FH Merseburg	*Das Spektrum des Dokumenten-managements - Die strategische Integration* V. Grunewald, Mummert+Partner, Hamburg
12.15	*Neue Informationstechnologien für Training und Dokumentation im Anlagenbau* Dr. K. Liebert, Siemens Electrocom GmbH, Konstanz	*Einsatz von Datenbanken und Web-Technologie für das Dokumentenmanagement eines Versicherungs-unternehmens* V. Kassner, A. Bernhard, Helvetia Patria Versicherung, Basel; Prof. Dr. U. Schreier, FH Furtwangen
14.00	*Prämierung von Diplomarbeiten durch den FBT-I und die Siemens AG*